中小型水利工程施工监理技术指南

贺国林　张　飞　王　飞　著

吉林科学技术出版社

图书在版编目（CIP）数据

中小型水利工程施工监理技术指南 / 贺国林，张飞，王飞著. -- 长春 : 吉林科学技术出版社，2020.11

ISBN 978-7-5578-7892-4

Ⅰ. ①中… Ⅱ. ①贺… ②张… ③王… Ⅲ. ①水利工程—工程施工—施工监理—指南 Ⅳ. ①TV52-62

中国版本图书馆 CIP 数据核字（2020）第 217140 号

中小型水利工程施工监理技术指南

ZHONGXIAOXING SHUILI GONGCHENG SHIGONG JIANLI JISHU ZHINAN

著　　者　贺国林　张　飞　王　飞
出 版 人　宛　霞
责任编辑　朱　萌
封面设计　李　宝
制　　版　张　凤
开　　本　16
字　　数　380 千字
页　　数　276
印　　张　17.25
印　　数　1-500 册
版　　次　2021 年 6 月第 1 版
印　　次　2021 年 6 月第 1 次印刷

出　　版　吉林科学技术出版社
发　　行　吉林科学技术出版社
地　　址　长春市福祉大路 5788 号
邮　　编　130118
发行部电话 / 传真　0431—81629529　81629530　81629531
81629532　81629533　81629534
储运部电话　0431—86059116
编辑部电话　0431—81629520
印　　刷　北京宝莲鸿图科技有限公司

书　　号　ISBN 978-7-5578-7892-4
定　　价　70.00 元

前　言

水利部明确提出水利工程建设要推行项目法人制、招标投标制和建设监理制，指出："在我国境内的大中型水利工程建设项目，必须实施建设监理，小型水利工程应根据具体情况逐步实施建设监理。"尤其是1998年长江、嫩江大水过后，国家和有关部委颁发了一系列法规、规定或制度，大大地促进了水利工程建设监理制的实施，使我国水利建设监理开始向建设活动全过程发展，由大中型水利枢纽工程为重点向以河道整治、灌区改造、病险库除险加固等中小型工程（包括具有点多、面广中小型水利工程特点的大型水利工程）全面推进监理制发展。实践证明，建设监理制的实施不论是在大型水利枢纽工程建设中，还是在中小型水利工程建设中都发挥了巨大的作用。

本书对我国中小型水利工程质量监督管理实践探索予以全面、系统的总结。书中选用了大量通用表格样式和工程实践案例，对实际工作具有较强的借鉴意义。由于时间仓促，书中不足之处在所难免，望各位读者、专家不吝赐教。

作　者

2020年10月

目　录

第一章　水利工程施工监理业务承接

第一节　水利工程建设监理制

一、水利工程建设项目管理体制

水利工程建设项目管理体制是投资管理体制的一部分，是对投资运动过程（包括筹集、分配、运用和回收增值）的管理。建设项目管理是指工程建设项目在立项后，对投资运动过程的管理，包括设计、招标、施工及竣工验收、缺陷责任期的全过程管理。

建设管理体制因国情不同而各国相异，我国为公有制国家，政府投资的项目规模较大，在改革开放以来，投资主体向多元化发展，因此建设管理体制具有中国特色，对由政府投资的项目，为了确保投资的效果，避免无谓的浪费，执行严格的审批程序；对建设项目的经济效益、建设布局、对国民经济发展计划的适应性、环境保护和整体规划等公共利益进行严格的审查。并且在项目管理上实行项目法人责任制、招投标制、工程监理制和合同管理制。

二、水利工程建设项目管理体制改革与发展

项目法人责任制、招标投标制、工程建设监理制、合同管理制，简称工程项目建设管理“四制”，是随着我国改革开放，吸收国外的先进管理经验和总结我国基本建设实践经验而逐步形成的，是与建立社会主义市场经济相适应的。

（一）项目法人责任制

我国投资管理体制改革中，确立了企业是投资的基本主体，国家计委于 1992 年颁发《关于建设项目实行业主责任制的暂行规定》，1994 年实施的《中华人民共和国公司法》，国家计委于 1996 年 4 月 6 日以计建设［1996］673 号文印发的《关于实行建设项目法人责任制的暂行规定》（见附件 1），要求国有单位经营性基本建设大中型项目在建设阶段必须组建项目法人。项目法人可按《公司法》的规定设立有限责任公司（包括国有独资公司）和股份有限公司形式。由项目法人对项目的策划、资金筹措、建设实施、生产经营、债务偿还和资产的保值增值，实行全过程负责，并享有相应利益，实行债、权、利相统一的项目法人责任制。项目法人责任制

是一种投资责任约束机制，同时也是项目建设管理的主体和核心。

建设单位不等同于项目法人，建设单位只是接受项目法人委托，代表项目法人对工程建设进行管理的机构。

项目法人责任制的作用：

a. 由于明确了由项目法人承担投资风险，因而强化了项目法人及投资方和经营方的自我约束机制，对控制工程投资、工程质量和建设进度起到了积极的作用。

b. 项目法人既负责建设又负责建成后的经营和还贷，把建设的责任和生产经营的责任密切结合起来，从而较好地克服了基建管花钱、生产管还钱，建设与生产经营相互脱节的弊端。

c. 可以促进招标投标工作、建设监理工作、合同制等基本建设管理制度的健康发展，提高投资效益。

（二）招标投标制

招投标制是建设项目管理体制的重要内容。

招投标制是项目法人运用竞争性交易方式，择优选择设计、施工、设备、材料供应、监理单位的一种制度，有利于提高投资效益。国家计委以建设［1997］1466号文印发了《国家基本建设大中型项目实行招标投标暂行规定》。《中华人民共和国招标投标法》第九届全国人民代表大会常务委员会第十一次会议通过，从2000年1月1日起实行。

为了保护国家的社会公共利益以及招标投标当事人的合法权益，使招投标活动遵循公开、公平、公正和诚实信用的原则，“招标投标法”不仅规定了招标和投标的程序和要求，规定了评标的方法，此外还规定了招投标当事人的法律责任，要求招投标活动及其当事人接受法律的监督，对各种违规行为的处罚分别做出了规定。

（三）工程建设监理制

工程建设监理制是建设项目管理体制的重要制度。工程项目建设监理制度是借鉴国际工程项目管理经验，促进工程建设管理水平提高，保障工程质量和投资效益的重要措施。工程项目建设监理是指依法注册建立的社会监理单位接受项目法人的委托和授权，根据国家的法律法规、工程项目建设批准文件和监理合同以及其他合同文件对工程项目建设过程实施监督和管理。工程监理的中心任务是对投资、进度、质量和安全四大目标实施控制，其基本方法是目标规划、动态控制、组织协调、信息管理、合同管理。

（四）合同管理制

（1）合同是在市场经济条件下约束和规范合同双方行为的重要依据。合同是平等主体的自然人、法人、其他组织之间设立、变更、终止民事权利与义务关系的协议。政企分开以后，工程建设项目法人与参与建设各方的关系，是通过合同确立的。

（2）《中华人民共和国合同法》已在1999年3月公布，它对保护合同当事人的合法权益，维护社会主义经济秩序，促进社会主义现代化建设起着重要的作用。

（3）合同法的基本原则是平等原则，自愿原则、公平原则、诚实信用原则、合法原则。所称合法就是当事人订立、履行合同，应当遵守法律、行政法规、尊重社会公德，不得扰乱社会经济秩序、损害社会公共利益。有效合同受法律保护；不合法，不符合社会公共利益的合同，是无效合同，不受法律保护。

三、水利工程建设监理制度

我国在工程建设领域于1984年开展工程建设监理，最早实行的项目是鲁布革水电站工程，该项目需要从世界银行贷款融资，按照世界银行的要求必须进行国际招标和建设监理。1988年建设部颁发《关于开展建设监理工作的通知》开始，正式确立了工程建设监理制度在我国开展的政策基础，开始在建设领域推行建设监理制，这是工程建设管理体制的一项重大改革。

1989年4月水利部颁发《水利工程施工招标投标工作管理规定（试行）》，1990年11月颁发了《水利工程建设监理规定（试行）》和水利工程建设监理单位管理办法（试行）〉，1992年5月颁发了《水利工程建设监理工程师管理办法（试行）》，水利部1996年重新对上述文件进行了修订，决定自1996年起全面推行水利工程建设监理制。1997年《建筑法》的颁布与实施，使建设监理制在我国的实施纳入了法治的轨道。

我国水利工程建设监理制推行20多年来，依据国家的法律法规逐步建立了一套比较完整的监理法规和标准体系，随着我国社会主义市场经济的发展、政府职能的转变以及水利工程建设管理体制改革的不断深化，水利工程建设监理有关的法律、法规和规章等发生了较大变化，2017年2月水利部重新修订了《水利工程建设监理规定（2006版）》和《水利工程建设监理单位管理办法（2006版）》，进一步规范了水利工程建设监理活动。

（一）监理政策法规变化

根据《国务院关于取消第二批行政审批项目和改变一批行政审批项目管理方式的决定》（国发［2003］5号）、《国务院关于第三批取消和调整行政审批项目的决定》（国发［2004］16号）和《国务院对确保需保留的行政审批项目设定行政许可的决定》，行政许可保留了水利工程建设监理单位资质审批，要求水利工程建设监理人员资格审批等原行政审批转变管理方式，由行业自律组织或中介机构管理。

2005年6月，水利部以《关于将一批改变管理方式的行政审批项目移交有关行业自律组织（或中介机构）的通知》（水建管［2005］244号），正式将水利工程建设监理人员审批移交到中国水利工程协会。水利部建设与管理司印发了《水利工程建设监理工程师注册管理办法》（水建管［2006］600号），中国水利工程协会印发了《水利工程建设监理人员资格管理办法》（中水协［2007］3号）。

为进一步深化改革，转变政府职能，水利部（水建管〔2015〕267号文）取消了水利工程建设监理工程师、造价工程师、质量检测员等人员的注册管理，不再对三类人员实行注册管理，取得三类人员资格的人员在资格有效期内且受聘于一家单位从业的，即可上岗执业。

2016年12月8日，国务院取消了一批职业资格许可和认定事项（国发〔2016〕68号文件），其中水利工程建设监理工程师人员被取消后，纳入监理工程师职业资格统一实施

2020年2月住建部、交通部、水利部和人社部联合发布了《监理工程师职业资格制度规定》和《监理工程师职业资格考试实施办法》，统一、规范了监理工程师职业资格的设置和管理。

监理法规是规范工程建设监理行为的依据，只有制定了科学、合理、完善且可操作的监理法规，才能做到有法可依，依法惩戒监理违规行为，规范监理市场秩序。原有监理法规设定的法则条款粗放，缺乏可操作性，不利于惩处监理违规行为。

《水利工程建设监理规定（2017）》等一系列规章和规范性文件的修订，将有利于推进依法行政、转变政府职能；有利于加强政府监督；有利于规范水利工程建设监理市场秩序，严格市场准入制度，有利于促进提高监理单位水平和能力，强化监理单位的作用和地位，确保监理单位在项目的质量、资金、进度、安全生产、环境保护等方面发挥重要作用，进而确保工程建设质量和工程投资效益得到充分发挥。

（二）质量、安全、环境保护等管理法规赋予建设监理新的职责

近年来，国务院颁布施行的《建设工程质量管理条例》，对监理单位的资质条件业务范围、质量责任等提出了新的要求。

《中华人民共和国安全生产法》《建设项目安全生产管理条例》和《水利工程建设安全生产管理规定》（水利部令第26号）的实施，对监理单位提出了新的安全管理要求。《建设项目安全生产管理条例》第14条规定："工程监理单位应当审查施工组织设计中的安全技术措施或者专项施工方案是否符合工程建设强制性标准。工程监理单位在实施监理过程中，发现存在安全事故隐患的，应当要求施工单位整改；情况严重的，应当要求施工单位暂时停止施工，并及时报告建设单位。施工单位拒不整改或者不停止施工的，工程监理单位应当及时向有关主管部门报告。工程监理单位和监理工程师应当按照法律、法规和工程建设强制性标准实施监理，并对建设工程安全生产承担监理责任。"

随着我国环境保护法律法规的健全和环境保护工作的深入，施工期的环境保护引起了广泛的重视并在实践中取得了成绩。2002年10月，国家环境保护总局等六部委联合发布了《关于在重点建设项目中开展工程环境监理试点的通知》（环发［2002］141号），并指出："为贯彻《建设项目环境保护管理条例》，落实国务院第五次全国环境保护会议的精神，严格执行环境保护'三同时'制度，进一步加强建设项目设计和施工阶段的环境管理，控制施工阶段的环境污染和生态破坏，逐步推行施工期工程环境监理制度，决定在生态环境影响突出的国家十三个重点建设项目中开展工程环境监理试点。"

因此，工程建设发展新的需要，赋予建设监理新的使命，《水利工程施工监理规范》（SL288-2014）和《水利工程建设监理规定（2017）》重新界定监理单位和监理人员在工程建

设监理中的责任、权利和义务。

四、中小型水利工程建设监理

中小型水利工程建设监理是指具有相应资质的监理单位受工程项目建设单位的委托，依据国家有关工程建设的法律、法规，经建设主管部门批准的工程项目建设文件、建设工程监理合同及其建设工程合同，对中小型水利工程工程建设实施的专业化管理。《水利工程建设监理规定（2017）》第二条规定："水利工程建设监理是指具有相应资质的水利工程建设监理单位（以下简称监理单位），受项目法人（建设单位，下同）委托，按照监理合同对水利工程建设项目实施中的质量、进度、资金、安全生产、环境保护等进行的管理活动，包括水利工程施工监理、水土保持工程施工监理、机电及金属结构设备制造监理、水利工程建设环境保护监理。"

（一）监理单位是水利工程建设监理的行为主体

水利工程建设监理的行为主体是具有相应资质的水利工程建设监理单位。水利工程建设监理单位是具有独立法人资格，并依法取得水利工程建设监理单位资质等级证书专门从事水利工程建设监理的社会组织，只有监理单位才能按照独立、自主的原则，以"公正的第三方"的身份开展建设监理活动，非监理单位所进行的监督管理活动一律不能称为建设监理，在市场经济条件下，项目法人作为建设项目管理的主体，应当拥有监督管理权，但项目法人实施的项目管理不能称为建设监理。

（二）水利工程建设监理必须由项目法人委托

建设监理的实施需要项目法人委托和授权。建设监理的产生源于市场经济条件下社会的需求，始于项目法人的委托和授权，而建设监理发展成为一项制度，是根据这样的客观实际建立的。通过项目法人委托和授权方式来实施建设监理是建设监理与政府对工程建设所进行的行政性监督管理的重要区别，这种方式也决定了在实施工程建设监理的项目中，项目法人与监理单位的关系是委托与被委托关系、授权与被授权的关系；决定了它们之间是合同关系，是需求与供给关系，是一种委托与服务的关系，这种委托和授权方式说明，在实施建设监理的过程中，监理单位的权力主要是由作为建设项目管理主体的项目法人通过授权而转移过来的。在工程项目建设过程中，项目法人始终是以建设项目管理主体身份掌握着工程项目建设的决策权，并承担项目建设风险。

（三）安全生产管理和环境保护管理的监理任务

《水利工程施工监理规范》（SL288-2014）和《水利工程建设监理规定（2017）》中明确了水利工程建设监理的任务，包括了安全生产管理和环境保护管理。

安全生产管理主要是严格按照《中华人民共和国安全生产法》《建设项目安全生产管理条例》

和《水利工程建设安全生产管理规定》等法律法规，加强安全生产管理。《水利工程建设监理规定（2017）》第18条规定："监理单位应当审查被监理单位提出的安全技术措施、专项施工方案和环境保护措施是否符合工程建设强制性标准和环境保护要求，并监督实施。监理单位在实施监理过程中，发现存在安全事故隐患的，应当要求被监理单位整改；情况严重的，应当要求被监理单位暂时停止施工，并及时报告项目法人。被监理单位拒不整改或者不停止施工的，监理单位应当及时向有关水行政主管部门或者流域管理机构报告。"

水利工程建设规模大、周期长，投入机械设备、人员数量大且范围集中，露天施工作业规模很大，因此，在施工中产生大量的废水、废气、粉尘、噪声和固体垃圾等污染对环境造成的影响大。实行水利工程建设环境保护监理，是对水利工程建设项目实施中产生的废（污）水、垃圾、废渣、废气、粉尘、噪声等采取的控制措施所进行的管理。

五、中小型水利工程建设监理的范围

《水利工程建设监理规定（2017）》以水利工程社会功能、投资来源、投资规模等指标明确了水利工程强制监理范围。《水利工程建设监理规定（2017）》第3条规定，水利工程建设项目依法实行建设监理。总投资200万元以上且符合下列条件之一的水利工程建设项目，必须实行建设监理：

（1）关系社会公共利益或者公共安全的；

（2）使用国有资金投资或者国家融资的；

（3）使用外国政府或者国际组织贷款、援助资金的。

水利工程是指防洪、排涝、灌溉、水力发电、引《供）水、滩涂治理、水土保持、水资源保护等各类工程（包括新建、扩建、改建、加固、修复、拆除等项目）及其配套和附属工程。水利工程建设监理活动是围绕工程项目建设来进行的，其对象应为新建扩建、改建、加固、修复、拆除等各种水利工程建设工程项目。

六、水利工程建设监理的监督管理

《水利工程建设监理规定（2017）》规范并强化了各级水行政主管部门和流域管理机构在监理管理中的职责："县级以上人民政府水行政主管部门和流域管理机构应当加强对水利工程建设监理活动的监督管理，对项目法人和监理单位执行国家法律法规、工程建设强制性标准以及履行监理合同的情况进行监督检查。项目法人应当依据监理合同对监理活动进行检查。"

"县级以上人民政府水行政主管部门和流域管理机构在履行监督检查职责时，有关单位和人员应当客观、如实反映情况，提供相关材料。县级以上人民政府水行政主管部门和流域管理机构实施监督检查时，不得妨碍监理单位和监理人员正常的监理活动，不得索取或者收受被监督检查单位和人员的财物，不得谋取其他不正当利益。县级以上人民政府水行政主管部门和流域管理机构在监督检查中，发现监理单位和监理人员有违规行为的，应当责令纠正，并依法查处。任何单位和个人有权对水利工程建设监理活动中的违法违规行为进行检举和控告。水行政主管部门和流域管理机构以及有关单位应当及时核实、处理。”

七、中小型水利工程监理业务委托与承接

《水利工程建设监理规定（2017）》规范了项目法人、监理单位在委托、承揽和实施监理业务中的行为和义务，明确了监理单位的职责，确立了监理单位在工程建设中的法定地位。

按照《水利工程建设监理规定（2017）》必须实施建设监理的水利工程建设项目，项目法人应当按照水利工程建设项目招标投标管理的规定，确定具有相应资质的监理单位，并报项目主管部门备案，项目法人和监理单位应当依法签订监理合同，项目法人委托监理业务，应当执行国家规定的工程监理收费标准。项目法人及其工作人员不得索取、收受监理单位的财物或者其他不正当利益。

监理单位应当按照水利部的规定，取得《水利工程建设监理单位资质等级证书》，并在其资质等级许可的范围内承揽水利工程建设监理业务。两个以上具有资质的监理单位，可以组成一个联合体承接监理业务。联合体各方应当签订协议，明确各方拟承担的工作和责任，并将协议提交项目法人，联合体的资质等级，按照同一专业内资质等级较低的一方确定。联合体中标的，联合体各方应当共同与项目法人签订监理合同，就中标项目向项目法人承担连带责任。

监理单位与被监理单位以及建筑材料、建筑构配件和设备供应单位有隶属关系或者其他利害关系的，不得承担该项工程的建设监理业务，监理单位不得以串通、欺诈、胁迫、贿赂等不正当竞争手段承揽水利工程建设监理业务。监理单位不得允许其他单位或者个人以本单位名义承揽水利工程建设监理业务。监理单位不得转让监理业务。

八、水利工程建设监理单位实施监理的程序

水利工程建设监理单位应当按下列程序实施建设监理：

（1）按照监理合同，选派满足监理工作要求的总监理工程师、监理工程师和监理员组建项目监理机构，进驻现场；

（2）编制监理规划，明确项目监理机构的工作范围、内容、目标和依据，确定监理工作制度、程序、方法和措施，并报项目法人备案；

（3）按照工程建设进度计划，分专业编制监理实施细则；

（4）按照监理规划和监理实施细则开展监理工作，编制并提交监理报告；

（5）监理业务完成后，按照监理合同向项目法人提交监理工作报告、移交档案。

九、监理业务实施

（一）总监理工程师负责制

水利工程建设监理实行总监理工程师负责制。总监理工程师负责全面履行监理合同约定的监理单位职责，发布有关指令，签署监理文件，协调有关各方之间的关系。

监理工程师在总监理工程师授权范围内开展监理工作，具体负责所承担的监理工作，并对总监理工程师负责。监理员在监理工程师或者总监理工程师授权范围内从事监理辅助工作。

（二）水利工程建设监理单位聘用的人员要求

（1）水利工程建设监理单位应当聘用具有相应资格的监理人员从事水利工程建设监理业务。监理人员包括总监理工程师、监理工程师和监理员。水利工程建设监理人员资格应当按照《监理工程师职业资格制度规定》和《监理工程师职业资格考试实施办法》（2020 年住建部、交通部、水利部、人社部联合颁发）的规定取得相应的监理人员资证书。取得监理工程师职业资格证书且从事工程监理及相关业务活动的人员，经注册方可以监理工程师名义执业。

（2）水利工程建设监理工程师应当由其聘用监理单位（以下简称注册监理单位）报水利部注册备案，并在其注册监理单位从事监理业务；需要临时到其他监理单位从事监理业务的，应当由该监理单位与注册监理单位签订协议，明确监理责任等有关事宜。

（3）监理人员应当保守执业秘密，并不得同时在两个以上水利工程项目从事监理业务，不得与被监理单位以及建筑材料、建筑构配件和设备供应单位发生经济利益关系。

（三）中小型水利工程建设监理单位实施监理办法

水利工程建设监理单位应当按照《水利工程施工监理规范》的要求，采取旁站、巡视、跟踪检测和平行检测等方式实施监理，发现问题应当及时纠正、报告。

《水利工程施工监理规范》（SL288-2014）规定的实施建设监理的方法如下：

1. 现场记录

监理机构认真、完整记录每日施工现场的人员、设备和材料、天气、施工环境以及施工中出现的各种情况。

2. 发布文件

监理机构采用通知、指示、批复、签认等文件形式进行施工全过程的控制和管理。它是施工现场监督管理的重要手段，也是处理合同问题的重要依据，如开工通知、质量不合格通知、变更通知、暂停施工通知、复工通知和整改通知等。

3. 旁站监理

监理机构按照监理合同约定，在施工现场对工程项目的重要部位和关键工序的施工，实施连续性的全过程检查、监督与管理。需要旁站监理的重要部位和关键工序一般应在监理合同中明确规定。

4. 巡视检验

监理机构对所监理的工程项目进行的定期或不定期的检查、监督和管理。监理机构在实施监理过程中,为了全面掌握工程的进度、质量等情况,应当采取定期和不定期的巡视监察和检验。

5. 跟踪检测

在承包人进行试样检测前，监理机构对其检测人员、仪器设备以及拟订的检测程序和方法进行审核；在承包人对试样进行检测时，实施全过程的监督，确认其程序、方法的有效性以及检测结果的可信性，并对该结果进行确认。

6. 平行检测

监理机构在承包人对试样自行检测的同时，独立抽样进行的检测，核验承包人的检测结果。

7. 协调解决

监理机构对参加工程建设各方之间的关系以及工程施工过程中出现的问题和争议进行的调解。

（四）水利工程建设监理单位的禁止行为

（1）监理单位不得与项目法人或者被监理单位串通，弄虚作假、降低工程或者设备质量；

（2）监理人员不得将质量检测或者检验不合格的建设工程、建筑材料、建筑构配件和设备按照合格签字；

（3）未经监理工程师签字，建筑材料、建筑构配件和设备不得在工程上使用或者安装，不得进行下一道工序的施工。

（五）水利工程建设监理单位实施监理的行为

1. 实施监理的行为

《水利工程建设监理规定》明确指出：

（1）监理单位应当协助项目法人编制控制性总进度计划，审查被监理单位编制的施组织设计和进度计划，并督促被监理单位实施。

（2）监理单位应当协助项目法人编制付款计划，审查被监理单位提交的资金流计划，按照合同约定核定工程量，签发付款凭证。未经总监理工程师签字，项目法人不得支付工程款。

（3）监理单位应当审查被监理单位提出的安全技术措施、专项施工方案和环境保护措施是否符合工程建设强制性标准和环境保护要求，并监督实施。

（4）监理单位在实施监理过程中，发现存在安全事故隐患的，应当要求被监理单位整改；情况严重的，应当要求被监理单位暂时停止施工，并及时报告项目法人。被监理单位拒不整改或者不停止施工的，监理单位应当及时向有关水行政主管部门或者流域管理机构报告。

（5）监理单位应当将项目监理机构及其人员名单、监理工程师和监理员的授权范围书面通知被监理单位。监理实施期间监理人员有变化的，应当及时通知被监理单位。

（6）监理单位更换总监理工程师和其他主要监理人员的，应当符合监理合同的约定。

（7）监理单位应当按照监理合同，组织设计单位等进行现场设计交底，核查并签发施工图。未经总监理工程师签字的施工图不得用于施工。

（8）监理单位不得修改工程设计文件。

2. 建设监理的主要工作制度

水利工程建设监理单位应当按照《水利工程建设项目施工监理规范》（SL288-2003）规定，建立建设监理的工作制度，主要包括：

（1）技术文件审核、审批制度，根据施工合同约定由双方提交的施工图纸、施工组织设计、施工措施计划、施工进度计划、开工申请等文件均应通过监理机构核查、审核或审批方可实施。

（2）原材料、构配件和工程设备检验制度。进场的原材料、构配件和工程设备应有出厂合格证明和技术说明书，经承包人自检合格后，方可报监理机构检验。不合格的材料、构配件和工程设备应按监理指示在规定时限内运离工地或进行相应处理。

（3）工程质量检验制度，承包人每完成一道工序或一个单元工程，都应经过自检合格后方可报监理机构进行复核检验，上道工序或上一单元工程未经复核检验或复核检验不合格，不得进行下一道工序或下一单元工程施工。

（4）工程计量付款签证制度，所有中请付款的工程量均应进行计量并经监理机构确认。未经监理机构签证的付款申请，委托人不应支付。

（5）会议制度。监理机构应建立会议制度，包括第一次工地会议、监理例会和监理专题会议，会议由总监理工程师或由其授权的监理工程师主持。工程建设有关各方应派员参加。各次会议应符合下列要求：

1）第一次工地会议。第一次工地会议应在合同项目开工令下达前举行，会议内容应包括工程开工准备检查情况；介绍各方负责人及其授权代理人和授权内容；沟通相关信息：进行监理工作交底，会议的具体内容可由有关各方会前约定。会议由总监理工程师或总监理工程师与委托人的负责人联合主持召开。

2）监理例会。监理机构应定期主持召开由参建各方负责人参加的会议，会上应通报工程进展情况，检查上次监理例会中有关决定的执行情况，分析当前存在的问题，提出问题的解决方案或建议，明确会后应完成的任务。会议应形成会议纪要。

3）监理专题会议。监理机构应根据需要，主持召开监理专题会议，研究解决施工中出现的涉及施工质量、施工方案、施工进度、工程变更、索赔、争议等方面的专门问题。

总监理工程师应组织编写由监理机构主持召开的会议纪要，并分发与会各方。

（6）施工现场紧急情况报告制度。监理机构应针对施工现场可能出现的紧急情况编制处理程序、处理措施等文件。当发生紧急情况时，应立即向委托人报告，并指示承包人立即采取有效紧急措施进行处理。

（7）工作报告制度。监理机构应及时向委托人提交监理月报或监理专题报告；在工程验收时，提交监理工作报告；在监理工作结束后，提交监理工作总结报告。

（8）工程验收制度。在承包人提交验收申请后，监理机构应对其是否具备验收条件进行审核，并根据有关水利工程验收规程或合同约定，参与、组织或协助委托人组织工程验收。

十、对监理单位违规行为处罚的有关规定

《水利工程建设监理规定》对水利工程建设监理单位违规处罚做出了明确的规定，分述如下：

（1）水利工程建设监理单位超越本单位资质等级许可的业务范围承揽监理业务的，依照《建设工程质量管理条例》（以下简称《质量管理条例》）第60条第一款规定给予处罚：即工程监理单位超越本单位资质等级承揽工程的，责令停止违法行为，对工程监理单位处合同约定的监理酬金1倍以上2倍以下的罚款。

（2）水利工程建设监理单位未取得相应资质等级证书承揽监理业务的，依照《质量管理条例》第60条第二款规定给予处罚：即未取得资质证书承揽工程的，予以取缔，对工程监理单位处合同约定的监理酬金1倍以上2倍以下的罚款；有违法所得的，予以没收。

（3）水利工程建设监理单位以欺骗手段取得的资质等级证书承揽监理业务的，依照《质量管理条例》第60条第三款规定给予处罚：即以欺骗手段取得资质证书承揽工程的，吊销资质证书，对工程监理单位处合同约定的监理酬金1倍以上2倍以下的罚款；有违法所得的，予以没收。

（4）水利工程建设监理单位允许其他单位或者个人以本单位名义承揽监理业务的依照《质量管理条例》第61条规定给予处罚：即工程监理单位允许其他单位或者个人以本单位名义承揽工程的，责令改正，没收违法所得，对工程监理单位处合同约定的监理酬金1倍以上2倍以下的罚款。

（5）水利工程建设监理单位转让监理业务的，依照《质量管理条例》第62条规定给予处罚：即工程监理单位转让工程监理业务的，责令改正，没收违法所得，处合同约定的监理酬金25%以上50%以下的罚款；可以责令停业整顿，降低资质等级；情节严重的，应吊销资质证书。

（6）水利工程建设监理单位与项目法人或者被监理单位串通，弄虚作假、降低工质量，依照《质量管理条例》第67条规定给予处罚：即责令改正，处50万元以上100万元以下的罚款，降低资质等级或者吊销资质证书；有违法所得的，予以没收；造成损失的，承担连带赔偿责任。

（7）水利工程建设监理单位将不合格的建设工程、建筑材料、建筑构配件和设备按照合格签字的，依照《质量管理条例》第67条规定给予处罚：即责令改正，处50万元以上100万元以下的罚款，降低资质等级或者吊销资质证书；有违法所得的，予以没收；造成损失的，承担连带赔偿责任。

（8）水利工程建设监理单位与被监理单位以及建筑材料、建筑构配件和设备供应单位有

隶属关系或者其他利害关系承担该项工程建设监理业务的，依照《质量管理条例》第68条规定给予处罚：即责令改正，处5万元以上10万元以下的罚款，降低资质等级或者吊销资质证书；有违法所得的，予以没收。

（9）水利工程建设监理单位以串通、欺诈、胁迫、贿赂等不正当竞争手段承揽监理业务或者利用工作便利与项目法人、被监理单位以及建筑材料、建筑构配件和设备供应单位串通，谋取不正当利益的，依照《水利工程建设监理规定》第28条规定给予处罚：即责令改正，给予警告；无违法所得的，处1万元以下罚款，有违法所得的，予以追缴，处违法所得3倍以下且不超过3万元罚款；情节严重的，降低资质等级；构成犯罪的，依法追究有关责任人员的刑事责任。

（10）水利工程建设监理单位有下列行为之一的，依照《建设工程安全生产管理条例》第57条给予处罚：即责令限期改正；逾期未改正的，责令停业整顿，并处10万元以上30万元以下的罚款；情节严重的，降低资质等级，直至吊销资质证书；造成重大安全事故，构成犯罪的，对直接责任人员，依照刑法有关规定追究刑事责任；造成损失的，依法承担赔偿责任。

1）未对施工组织设计中的安全技术措施或者专项施工方案进行审查的；

2）发现安全事故隐患未及时要求施工单位整改或者暂时停止施工的；

3）施工单位拒不整改或者不停止施工，未及时向有关水行政主管部门或者流域管理机构报告的；

4）未依照法律、法规和工程建设强制性标准实施监理的。

（11）水利工程建设监理单位聘用无相应监理人员资格的人员从事监理业务的或隐瞒有关情况、拒绝提供材料或者提供虚假材料的，依照《水利工程建设监理规定》第30条规定给予处罚：即责令改正，给予警告；情节严重的，降低资质等级。

（12）《质量管理条例》第74条规定：监理单位违反国家规定，降低工程质量标准造成重大安全事故，构成犯罪的，对直接责任人员依法追究刑事责任。

（13）监理单位有下列行为之一的，责令改正；无违法所得的，处1万元以下罚款；有违法所得的，予以没收，并处1万元以上3万元以下罚款；可以责令停业整顿，降低资质等级；情节严重的，吊销资质等级证书；构成犯罪的，依法追究直接责任人的刑事责任。

1）与建设单位或者施工单位（被监理单位）串通，弄虚作假、降低环境保护标准的；

2）未对施工组织设计中的施工区环境保护措施进行审查的；

3）发现环境保护措施不符合要求或存在生态破坏、环境污染隐患，未及时要求施单位（被监理单位）整改或者暂时停止施工的。

十一、关于监理人员的处罚

（1）监理人员从事水利工程建设监理活动，有下列行为之一的，责令改正，给予警告；其中，监理工程师违规情节严重的，注销注册证书，2年内不子注册；有违法所得的，子以追缴，并处1万元以下罚款；造成损失的，依法承担赔偿责任；构成犯罪的，依法追究刑事责任：

1）利用执（从）业上的便利，索取或者收受项目法人、被监理单位以及建筑材料建筑构配件和设备供应单位财物的；

2）与被监理单位以及建筑材料、建筑构配件和设备供应单位串通，谋取不正当利益的；

3）非法泄露执（从）业中应当保守的秘密的。

（2）监理人员因过错造成质量事故的，责令停止执（从）业1年，其中，监理工程师因过错造成重大质量事故的，注销注册证书，5年内不予注册，情节特别严重的，终身不予注册。

（3）监理人员未执行法律、法规和工程建设强制性标准的，责令停止执（从）业3个月以上1年以下，其中，监理工程师违规情节严重的，注销注册证书，5年内不予注册，造成重大安全事故的，终身不予注册；构成犯罪的，依法追究刑事责任。

（4）监理单位的工作人员因调动工作、退休等原因离开该单位后，被发现在该单位工作期间违反国家有关工程建设质量管理规定，造成重大工程质量事故的，仍应当依法追究法律责任。

十二、关于项目法人的有关规定

（1）项目法人应当向监理单位提供必要的工作条件，支持监理单位独立开展监理业务，不得明示或者暗示监理单位违反法律法规和工程建设强制性标准，不得更改总监理工程师指令。

（2）项目法人应当按照监理合同，及时、足额支付监理单位报酬，不得无故削减或者拖延支付。

（3）项目法人可以对监理单位提出并落实的合理化建议给予奖励。奖励标准由项目法人与监理单位协商确定。

（4）项目法人将水利工程建设监理业务委托给不具有相应资质的监理单位，或者必须实行建设监理而未实行的，依照《质量管理条例》第54条、第56条处罚。

（5）项目法人对监理单位提出不符合安全生产法律、法规和工程建设强制性标准要求的，依照《建设工程安全生产管理条例》第55条处罚。

（6）项目法人及其工作人员收受监理单位贿赂、索取回扣或者其他不正当利益的予以追缴，并处违法所得3倍以下且不超过3万元的罚款；构成犯罪的，依法追究有关责任人员的刑事责任。

十三、行政处罚主体

（1）降低监理单位资质等级、吊销监理单位资质等级证书的处罚以及注销监理工程师注册证书，由水利部决定；

（2）其他行政处罚，由有关水行政主管部门依照法定职权决定。

第二节 水利工程建设监理单位资质管理

水利建设施工监理单位是我国推行建设监理制度之后的新兴企业。主要是向工程发包人（项目法人）提供高质量、高智能的施工现场监理服务，受发包人（项目法人）委托对建设项目的投资、工期、质量和安全依据合同进行监督管理。水利部2017年对《水利工程建设监理单位资质管理办法》进行了修正，主要是对监理单位的资质管理、经营准则以及监理人员资格管理等方面的规定。

一、监理单位的概念

监理单位是指依法取得《水利工程建设监理单位资质等级证书》，并经工商注册取得营业执照、从事水利工程建设施工监理的单位，并在其资质等级许可的范围内承担工程监理业务，具有自己的名称、组织机构和场所，有与承担监理业务相适应的经济、法律、技术及管理人员，完善的组织章程和管理制度，并应具有一定数量的资金和设施。符合条件的单位经申请，由水利部进行资质审查，符合条件者由水利部颁发《水利工程建设监理单位资质等级证书》。

监理单位资质的等级反映了该监理单位从事某项监理业务的资格和能力，主要体现在监理能力和监理效果上。所谓监理能力，是指所能监理的建设项目的类别和等级。所谓监理效果，是指对建设项目实施监理后，在工程投资控制、工程进度控制、工程质量控制、安全监理等方面所取得的成果。监理单位的监理能力和监理效果主要取决于：监理人员素质、专业配套能力、监理经历以及管理水平等。

（一）监理人员素质

监理单位的产品是高智能、高质量的技术服务，是智能型企业。监理单位的工作性质决定了监理单位的人员素质要求，一个监理人员如果没有较高的专业技术水平，就难以胜任监理工作，就不可能提供高质量的监理服务，因此，监理单位的人员具有较好的素质是非常重要的，也是监理单位在监理市场上立于不败之地的根本保证。

建设监理是一项管理与技术有机结合的活动，在科学发达的今天，监理人员必须能够应用先进技术和科学管理方法开展监理工作。

（二）专业配套能力

在水利水电工程建设中，其生产工艺十分复杂，涉及的学科知识很广，需要水工建筑、机电设备安装、金属结构设备安装、地质勘查、工程测量等多个专业的人员共同努力才能完成。因此，承担监理业务的监理单位也必须配备相应专业的监理人员才能完成监理任务。一个监理单位，按照其从事的监理业务范围的要求，配备的专业监）员是否齐全，在很大程度上决定了它的监理能力的大小强弱。专业监理人员配备齐全，每个监理人员的素质又好，那么，这个监理单位的整体素质就高。如果一个监理帅某一方面缺少专业监理人员，或者某一方面的专业监理人员素质很低，那么，这个单位就不能从事相应的监理业务。

（三）监理经历

监理经历是指监理单位成立之后，从事监理工作的历程。一般情况下，监理单位从事监理业务的年限越长，监理的项目就可能越多，监理成效会越大，监理的经验随丰富，因此，监理经历是确定监理单位资质的重要因素之一。

（四）管理水平

管理是一门科学。对于监理企业来说，管理包括组织管理，人事管理、财务管理、设备管理、生产经营管理、合同管理、档案文书管理等诸多方面的内容。一个管理水平高的监理企业，既要有一个好的领导班子，还要有严格的管理制度，才能达到人尽其才，物尽其用，成效突出，监理企业才具有蓬勃发展的巨大动力。

二、监理单位的经营活动准则

水利工程建设监理单位从事水利工程建设监理活动，应当遵循“守法、诚信、公正、科学”的准则。

（一）守法

守法，这是任何一个具有民事行为能力的单位或个人最起码的行为准则，对于监理单位企业法人来说，守法就是要依法经营。

（1）监理单位只能在核定的业务范围内开展经营活动。这里所说的核定的业务范围，是指监理单位资质证书中填写的、经建设监理资质管理部门审查确认的经营业务范围。核定的业务范围有两层内容，一是监理业务的性质；二是监理业务的等级。监理业务的性质是指可以监理什么专业的工程。如只具备水利工程施工监理资质的监理单位，不能承担水土保持工程施工监理或金属结构制造监理等业务。第二层意思是指要按照核定的监理资质等级承接监理业务。如取得水利工程施工监理甲级资质的监理单位可以承担各等级水利工程的施工监理业务；而取得水利工程施工监理丙级资质的监理单位，只可以承担Ⅲ等（堤防3级）以下各等级水利工程的施工监理业务。

（2）监理单位不得伪造、涂改、出租、出借、转让、出卖《水利工程建设监理单位资质等级证书》。

（3）建设监理合同一经双方当事人依法签订，即具有法律约束力，监理单位应按照合同的规定认真履行，不得无故或故意违背自己的承诺。

（4）遵守国家关于企业法人的其他法律，法规的规定，包括行破的、经济的和技术的。

（二）诚信

所谓诚信，简单地讲，就是忠诚老实、讲信用。为人处事都要讲诚信，这是做人的基本品德，也是考核企业信誉的核心内容。监理单位向项目法人提供的是技术咨询服务，按照市场经济的观念，监理单位主要是依靠自己的智力。每个监理单位，甚至每一个监理人员能否做到诚信，都会对这一事业造成一定的影响，尤其对监理单位、对监理人员自己的声誉带来很大影响。所以说，诚信是监理单位经营活动基本准则的重要内容之一。

（三）公正

所谓公正，主要是指监理单位在处理项目法人与承包人之间的矛盾和纠纷时，要做到“一碗水端平”，维护双方的合法权益，为此，监理单位必须做到以下几点：

（1）要培养良好的职业道德，不为私利而违心地处理问题；

（2）要坚持实事求是的原则，不唯上级或项目法人的意见是从；

（3）要提高综合分析问题的能力，不为局部问题或表面现象而模糊自己的“视听”；

（4）要不断提高自己的专业技术能力，尤其是要尽快提高综合理解、熟练运用工程建设有关合同条款的能力，以便以合同条款为依据，恰当地协调、处理问题。

（四）科学

所谓科学，是指监理单位的监理活动要依据科学的方案，要运用科学的手段，采取科学的方法。工程项目监理结束后，还要进行科学的总结。总之，监理工作的核心问题是“预控”，必须有科学的思想、科学的方法。凡是处理业务，要有可靠依据和凭证；判断问题，要用数据说话。监理机构实施监理要制定科学的计划，要采用科学的手段和科学的方法。只有这样，才能提供高智能的、科学的服务，才能符合建设监理事业发展的规律、监理单位资质等级和标准。

三、水利工程建设监理单位资质专业和等级

监理单位的资质等级按水利部《水利工程建设监理单位资质管理办法》（2017 年修正）第 6 条规定：

监理单位资质分为水利工程施工监理、水土保持工程施工监理、机电及金属结构设备制造监理和水利工程建设环境保护监理四个专业，其中，水利工程施工监理专业资质和水土保持工程施工监理专业资质分为甲级、乙级和丙级三个等级，机电及金属结构设备制造监理专业资质分为甲级、乙级两个等级，水利工程建设环境保护监理专业资质暂不分级。

第三节　水利工程建设招标投标制度

一、我国招标投标制度建设

招标投标制是市场经济体制下建设市场买卖双方的一种主要的竞争性交易方式，20 世纪 80 年代以来，我国在工程建设领域逐步推行招标投标制，对创造公平竞争的市场环境，保障资金有效使用，起到了积极的作用，但是，在招标投标活动中也存在下列突出问题：推行招标投标的力度不够，不少单位不思意招标或想方设法规避招标；招标投标程序不规范，做法不统一，漏洞较多，不少项目有招标之名而无招标之实；招标投标中的不正当交易和腐败现象比较严重，吃回扣、钱权交易等违法犯罪行为时有发生；政企不分，对招标投标活动的行政干预过多；行政监督体制不顺，职责不清，在一定程度助长了地方保护主义和部门保护主义等，因此，迫切需要依法规范招标投标活动，第八届全国人大常委会和第九届全国人大常委会均将招标投标法列入一类立法规划。我国的《中华人民共和国招标投标法》（以下称《招标投标法》）从 1994 年 6 月开始起草到 1999 年 8 月 30 日第九届全国人大常委会第十一次会议审议通过，并已于 2000 年 1 月 1 日起实施。该法的颁布实施，对规范招标投标行为，保护国家利益、社会公共利益和招标投标活动当事人的合法权益，提高经济效益，保证项目质量，具有重要的意义。2001 年水利部等七部委 12 号令发布施行《评标委员会和评标办法暂行规定》，2002 年《政府采购法》颁布施行，标志着工程建设领域招标投标法规全面确立。

水利部为加强水利工程建设项目招标投标工作的管理，规范招标投标活动，根据《招标投标法》和国家有关规定，结合水利工程建设的特点，2001 年以来陆续颁布了《水利工程建设项目招标投标管理规定》（水利部（2001 第 14 号令）、《水利工程建设项目监理招标投标管理办法》（水建管（2002587 号）、《水利工程建设项目重要设备及材料招投标管理办法》等一系列办法、规定，标志着适用于水利工程建设的招投标制度已基本形成建立。

为了进一步规范水利工程建设监理市场秩序，促进水利工程建设项目施工监理招标投标活动依法、科学、有序地进行，充分体现公开、公平、公正和诚实信用的原则，维护招标人、投标人双方的合法权益，指导水利工程施工监理招标活动开展，水利部于 2007 年 5 月 9 日印发了《水利工程施工监理招标文件示范文本》（水建管（2007165 号）。

二、招标的范围

《招标投标法》规定，在中华人民共和国境内进行下列工程建设项目，包括项目的助察、设计、施工，监理以及与工程建设有关的重要设备、材料等的采购，必须进行招标。

（1）大型基础设施、公用事业等关系社会公共利益、公众安全的项目；

（2）全部或者部分使用国有资金投资或者国家融资的项目；

（3）使用国际组织或者外国政府贷款、援助资金的项目。

《工程建设项目招标范围和规模标准规定》（国家计委令第3号）进一步规定了上述依法必须招标项目的具体范围和规模标准：

（1）关系社会公共利益、公众安全的基础设施项目的范围包括：

1）煤炭、石油、天然气、电力、新能源等能源项目；

2）铁路、公路、管道、水运、航空以及其他交通运输业等交通运输项目；

3）邮政、电信枢纽、通信、信息网络等邮电通信项目；

4）防洪、灌溉、排涝、引（供）水、滩涂治理、水土保持，水利枢纽等水利项目；

5）道路、桥梁、地铁和轻轨交通、污水排放及处理、垃圾处理、地下管道、公共停车场城市设施项目；

6）生态环境保护项目；

7）其他基础设施项目。

（2）关系社会公共利益、公众安全的公用事业项目的范围包括：

1）供水、供电、供气、供热等市政工程项目；

2）科技、教育、文化等项目；

3）体育、旅游等项目；

4）卫生、社会、福利等项目；

5）商品住宅，包括经济适用住房；

6）其他公用事业项目。

（3）使用国有资金投资项目的范围包括：

1）使用各级财政预算资金的项目；

2）使用纳入财政管理的各种政府专项建设基金的项目；

3）使用国有企业事业单位自有资金，并且国有资产投资者实际拥有控制权的项目。

（4）国家融资项目的范围包括：

1）使用国家发行债券所筹资金的项目；

2）使用国家对外借款或者担保所筹资金的项目；

3）使用国家政策性贷款的项目；

4）国家授权投资主体融资的项目；

5）国家特许的融资项目。

（5）使用国际组织或者外国政府资金的项目的范围包括：

1）使用世界银行、亚洲开发银行等国际组织贷款资金的项目；

2）使用外国政府及其机构贷款资金的项目；

3）使用国际组织或者外国政府援助资金的项目。

并明确规定以上范围内的各类工程建设项目，包括项目的勘察、设计、施工、监理以及与工程有关的重要设备、材料等的采购，达到下列标准之一的，必须进行招标：

（1）施工单项合同估算价在200万元人民币以上的；

（2）重要设备、材料等货物的采购，单项合同估算价在100万元人民币以上的；

（3）勘察、设计、监理等服务的采购，单项合同估算价在50万元人民币以上的；

（4）单项合同估算价低于前三项规定的标准，但项目总投资额在3000万元人民币以上的。

水利工程建设项目招标投标管理规定》（水利部令第14号）第3条明确了水利工程建设项目必须进行招标的具体范围为：

（1）关系社会公共利益、公共安全的防洪、排涝、灌溉、水力发电、引（供）水、滩涂治理、水土保持、水资源保护等水利工程建设项目；

（2）使用国有资金投资或者国家融资的水利工程建设项目；

（3）使用国际组织或者外国政府贷款、援助资金的水利工程建设项目。

三、水利工程建设项目招标投标行政监督与管理

（一）水利部是全国水利工程建设项目招标投标活动的行政监督与管理部门，其主要职责是：

（1）负责组织、指导、监督全国水利行业贯彻执行国家有关招标投标的法律、法规规章和政策；

（2）依据国家有关招标投标法律、法规和政策，制定水利工程建设项目招标投标的管理规定和办法；

（3）受理有关水利工程建设项目招标投标活动的投诉，依法查处招标投标活动中的违法违规行为；

（4）对水利工程建设项目招标代理活动进行监督；

（5）对水利工程建设项目评标专家资格进行监督与管理；

（6）负责国家重点水利项目和水利部所属流域管理机构（以下简称流域管理机构）主要负责人兼任项目法人代表的中央项目的招标投标活动的行政监督。

（二）流域管理机构受水利部委托，对除上文“（1）中第6）项“规定以外的中央项目的招标投标活动进行行政监督。

（三）省（自治区、直辖市）人民政府水行政主管部门是本行政区域内地方水利工程建设项目招标投标活动的行政监督与管理部门，其主要职责是：

（1）贯彻执行有关招标投标的法律、法规、规章和政策；

（2）依照有关法律，法规和规章，制定地方水利工程建设项目招标投标的管理办法；

（3）受理管理权限范围内的水利工程建设项目招标投标活动的投诉，依法查处招标投标活动中的违法违规行为；

（4）对本行政区域内地方水利工程建设项目招标代理活动进行监督；

（5）组建并管理省级水利工程建设项目评标专家库；

（6）负责本行政区城内除上文“（1）中第6）项“规定以外的地方项目的招标投标活动的行政监督。

（四）水行政主管部门依法对水利工程建设项目的招标投标活动进行行政监督，内容包括：

（1）接受招标人招标前提交备案的招标报告；

（2）可派员监督开标、评标、定标等活动。对发现的招标投标活动的违法违规行为，应当立即责令改正，必要时可做出包括暂停开标或评标以及宣布开标、评标结果无效的决定，对违法的中标结果予以否决；

（3）接受招标人提交备案的招标投标情况书面总结报告。

四、水利工程建设项目招标

（一）招标人

招标人是指依照《招标投标法》规定提出招标项目，进行招标的法人或者其他组织。

（二）招标方式

招标分为公开招标和邀请招标两种：公开招标是指招标人以招标公告的方式邀请不特定的法人或者其他组织投标；邀请招标是指招标人以投标邀请书的方式邀请特定的法人或者其他组织投标。国务院发展计划部门确定的国家重点项目和省（自治区、直辖市）人民政府确定的地方重点项目不适宜公开招标的，经国务院发展计划部门或者省（自治区、直辖市）人民政府批准，可以进行邀请招标。

《水利工程建设项目招标投标管理规定》（水利部令第14号）第10条规定：依法必须招标的项目中，国家重点水利项目、地方重点水利项目及全部使用国有资金投资或者国有资金投资占控股或者主导地位的项目应当公开招标，但有下列情况之一的，按第11条的规定经批准后可采用邀请招标：

（1）属于《水利工程建设项目招标投标管理规定》第3条第2项第4目规定的项目；

（2）项目技术复杂，有特殊要求或涉及专利权保护，受自然资源或环境限制，新技术或技术规格事先难以确定的项目；

（3）应急度汛项目；

（4）其他特殊项目。

采用邀请招标的，招标前招标人必须履行下列批准手续：

（1）国家重点水利项目经水利部初审后，报国家发展和改革委员会批准；其他中央项目报水利部或其委托的流域管理机构批准；

（2）地方重点水利项目经省（自治区、直辖市）人民政府水行政主管部门会同同级发展和改革行政主管部门审核后，报本级人民政府批准；其他地方项目报省（自治区、直辖市）人民政府水行政主管部门批准。

《水利工程建设项目招标投标管理规定》第12条规定，以下可不进行招标，但须经项目主管部门批准：

（1）涉及国家安全、国家秘密的项目；

（2）应急防汛、抗旱、抢险、救灾等项目；

（3）项目中经批准使用农民投工、投劳施工的部分（不包括该部分中勘察设计、监理和重要设备、材料采购）；

（4）不具备招标条件的公益性水利工程建设项目的项目建议书和可行性研究报告；

（5）采用特定专利技术或特有技术的；

（6）其他特殊项目。

（三）自行招标与招标代理

1.招标人自行招标

《招标投标法》规定：招标人具有编制招标文件和组织评标能力的，可以自行办理招标事宜，任何单位和个人不得强制其委托招标代理机构办理招标事宜。依法必须进行招标的项目招标人自行办理招标事宜的应当向有关行政监督部门备案。

《水利工程建设项目招标投标管理规定》第12条规定：当招标人具备以下条件时，按有关规定和管理权限经核准可自行办理招标事宜：

（1）具有项目法人资格（或法人资格）；

（2）具有与招标项目规模和复杂程度相适应的工程技术、概预算、财务和工程管理等方面专业技术力量；

（3）具有编制招标文件和组织评标的能力；

（4）具有从事同类工程建设项目招标的经验；

（5）设有专门的招标机构或者拥有三名以上专职招标业务人员；

（6）熟悉和掌握招标投标法律、法规、规章。

当招标人不具备上述条件时，应当委托符合相应条件的招标代理机构办理招标事宜。招标人申请自行办理招标事宜时，应当报送以下书面材料：

（1）项目法人营业执照、法人证书或者项目法人组建文件；

（2）与招标项目相适应的专业技术力量情况；

（3）内设的招标机构或者专职招标业务人员的基本情况；

（4）拟使用的评标专家库情况；

（5）以往编制的同类工程建设项目招标文件和评标报告，以及招标业绩的证明材料；

（6）其他材料。

2.招标代理

依照《招标投标法》的规定，招标人有权自行选择招标代理机构委托其办理招标事宜，任何单位和个人不得以任何方式为招标人指定招标代理机构。招标代理机构是依法设立从事招标代理业务并提供相关服务的社会中介组织。

招标代理机构应当具备下列条件：

（1）有从事招标代理业务的营业场所和相应资金；

（2）有能够编制招标文件和组织评标的相应专业力量；

（3）有符合《招标投标法》第37条第3款规定条件可以作为评标委员会成员的技术经济等方面的专家库。

从事工程建设项目招标代理业务的招标代理机构，其资格由国务院或者省（自治区、直辖市）人民政府的建设行政主管部门认定，具体办法由国务院建设行政主管部门会同国务院有关部门制定。从事其他招标代理业务的招标代理机构，其资格认定的主管部门由国务院规定。

招标代理机构与行政机关和其他国家机关不得存在隶属关系或者其他利益关系，招标代理机构应当在招标人委托的范围内办理招标事宜，并遵守《招标投标法》关于招标人的规定。

（四）招标公告和投标邀请书

招标投标活动应当遵循公开、公平、公正和诚实信用原则。招标人采用公开招标方式的，应当发布招标公告。依法必须进行招标的项目的招标公告，应当通过国家指定的报刊、信息网络或者其他媒介发布。招标人采用邀请招标方式的，应当向三个以上具备承担招标项目的能力、资信良好的特定的法人或者其他组织发出投标邀请书。招标公告或投标邀请书应当载明招标人的名称和地址，招标项目的性质、数量、实施地点和时间以及获取招标文件的办法等事项。

招标人可以根据招标项目本身的要求，在招标公告或者投标邀请书中，要求潜在投标人提供有关资质证明文件和业绩情况，并对潜在投标人进行资格审查；国家对投标人的资格条件有规定的，依照其规定。招标人不得以不合理的条件限制或者排斥潜在投标人，不得对潜在投标人实行歧视待遇。

《水利工程建设项目招标投标管理规定》第18条规定：采用公开招标方式的项目，招标人应当在国家发展和改革委员会指定的媒介发布招标公告，其中大型水利工程建设项目以及国家重点项目、中央项目、地方重点项目同时还应当在《中国水利报》发布招标公告，公告正式媒介发布至发售资格预审文件（或招标文件）的时间间隔一般不少于10日，招标人应当对招标公告的真实性负责。招标公告不得限制潜在投标人的数量。采用邀请招标方式的，招标人应当向三个以上有投标资格的法人或其他组织发出投标邀请书。投标人少于三个的，招标人应当依照本规定重新招标。

（五）招标文件的编制

招标人应当根据招标项目的特点和需要编制招标文件。招标文件应当包括招标项目的技术要求，对投标人资格审查的标准，投标报价要求和评标标准等所有实质性要求和条件，以及拟签订合同的主要条款，国家对招标项目的技术、标准有规定的，招标人应当按照其规定在招标文件中提出相应要求。招标项目需要划分标段、确定工期的，招标人应当合理划分标段、确定工期，并在招标文件中载明。

招标文件不得要求或者标明特定的生产供应者以及含有倾向或者排斥潜在投标人的其他内容。招标人不得向他人透露已获取招标文件的潜在投标人的名称、数量以及可能影响公平竞争的有关招标投标的其他情况。

（六）招标文件的澄清与修改

招标人对已发出的招标文件进行必要的澄清或者修改的，应当在招标文件要求提交投标文件截止时间至少 15 日前，以书面形式通知所有招标文件收受人，该澄清或者修改的内容为招标文件的组成部分。

（七）编制投标文件的时间

招标人应当确定投标人编制投标文件所需要的合理时间，但是，依法必须进行招标的项目，自招标文件开始发出之日起至投标人提交投标文件截止之日止，最短不得少于 20 日。

五、投标

（一）投标人

投标人是指响应招标，参加投标竞争的法人或者其他组织。依法招标的科研项目允许个人参加投标的，投标的个人适用《中华人民共和国招标投标法》有关投标人的规定。

投标人应当具备承担招标项目的能力；国家有关规定对投标人资格条件或者招标文件对投标人资格条件有规定的，投标人应当具备规定的资格条件。

两个以上法人或者其他组织可以组成一个联合体，以一个投标人的身份共同投标。联合体各方均应具备承担招标项目的相应能力，国家有关规定或者招标文件对投标人资格条件有规定的，联合体各方均应当具备规定的相应资格条件。由同一专业的单位组成的联合体，按照资质等级较低的单位确定资质等级。联合体各方应当签订共同投标协议，明确约定各方拟承担的工作和责任，并将共同投标协议连同投标文件一并提交招标人。联合体中标的，联合体各方应当共同与招标人签订合同，就中标项目向招标人承担连带责任。招标人不得强制投标人组成联合体共同投标，不得限制投标人之间的竞争。

（二）编制投标文件

投标人应当按照招标文件的要求编制投标文件，投标文件应当对招标文件提出的实质性要求和条件做出响应，招标项目属于建设施工的，投标文件的内容应当包括拟派出的项目负责人与主要技术人员的简历、业绩和拟用于完成招标项目的机械设备等。

投标人根据招标文件载明的项目实际情况，拟在中标后将中标项目的部分非主体非关键性工作进行分包的，应当在投标文件中载明。

（三）投标文件提交

投标人应当在招标文件要求提交投标文件的截止时间前，将投标文件送达投标地点，招标人收到投标文件后，应当签收保存，不得开启，投标人少于三个的，招标人应当依照《招标投标法》重新招标。在招标文件要求提交投标文件的截止时间后送达的投标文件，招标人应当拒收。

（四）投标文件的朴充修改

投标人在招标文件要求提交投标文件的截止时间前，可以补充、修改或者撤回已提交的投标文件，并书面通知招标人，补充修改的内容为投标文件的组成部分。

（五）投标人的禁止行为

（1）投标人不得相互串通投标报价，不得排挤其他投标人的公平竞争，损害招标人或者其他投标人的合法权益；

（2）投标人不得与招标人串通投标，损害国家利益、社会公共利益或者他人的合法权益；

（3）禁止投标人以向招标人或者评标委员会成员行贿的手段谋取中标；

（4）投标人不得以低于成本的报价竞标，也不得以他人名义投标或者以其他方式弄虚作假，骗取中标。

六、开标、评标和中标

（一）开标

开标应当在招标文件确定的提交投标文件截止时间的同一时间公开进行，开标地点应当为招标文件中预先确定的地点。

开标由招标人主持，邀请所有投标人参加。开标时，由投标人或者其推选的代表检查投标文件的密封情况，也可以由招标人委托的公证机构检查并公证；经确认无误后，由工作人员当众拆封，宣读投标人名称、投标价格和投标文件的其他主要内容。招标人在招标文件要求提交投标文件的截止时间前收到的所有投标文件，开标时都应当当众予以拆封、宣读。开标过程应当记录并存档备查。

《水利工程建设项目招标投标管理规定》第 39 条规定，开标一般按以下程序进行：

（1）主持人在招标文件确定的时间停止接收投标文件，开始开标；

（2）宣布开标人员名单；

（3）确认投标人法定代表人或授权代表人是否在场；

（4）宣布投标文件开启顺序；

（5）依开标顺序，先检查投标文件密封是否完好，再启封投标文件；

（6）宣布投标要素，并作记录，同时由投标人代表签字确认；

（7）对上述工作进行纪录，存档备查。

（二）评标

评标由招标人依法组建的评标委员会负责。

依法必须进行招标的项目，其评标委员会由招标人的代表和有关技术、经济等方面的专家组成，成员人数为五人以上单数，其中技术经济等方面的专家不得少于成员总数的2/3，评标专家应当从事相关领域工作满八年并具有高级职称或者具有同等专业水平。由招标人从国务院有关部门或者省（自治区、直辖市）人民政府有关部门提供的专家名册或者招标代理机构的专家库内的相关专业的专家名单中确定；一般招标项目可以采取随机抽取方式，特殊招标项目可以由招标人直接确定。

《评标委员会和评标方法暂行规定》（国家发展和改革委员会、国家经济贸易委员会、建设部、铁道部、交通部、信息产业部、水利部）令第12号第11条规定，评标专家应符合下列条件:

（1）从事相关专业领域工作满八年并具有高级职称或者同等专业水平；

（2）熟悉有关招标投标的法律法规，并具有与招标项目相关的实践经验；

（3）能够认真、公正、诚实、廉洁地履行职责。

与投标人有利害关系的人不得进入相关项目的评标委员会；已经进入的应当更换。评标委员会成员的名单在中标结果确定前应当保密。

招标人应当采取必要的措施，保证评标在严格保密的情况下进行。任何单位和个人不得非法干预，影响评标的过程和结果。评标委员会可以要求投标人对投标文件中含义不明确的内容作必要的澄清或者说明，但是澄清或者说明不得超出投标文件的范围或者改变投标文件的实质性内容。

评标委员会应当按照招标文件确定的评标标准和方法，对投标文件进行评审和比较；设有标底的，应当参考标底。评标委员会完成评标后，应当向招标人提出书面评标报告，并推荐合格的中标候选人。

评标委员会成员应当客观、公正地履行职务，遵守职业道德，对所提出的评审意见承担个人责任。评标委员会成员不得私自接触投标人，不得收受投标人的财物或者其他好处。评标委员会成员不得透露对投标文件的评审和比较中标候选人的推荐情况以及与评标有关的其他情况。

评标委员会经评审，认为所有投标都不符合招标文件要求的，可以否决所有投标。依法必须进行招标的项目的所有投标被否决的，招标人应当依照本法重新招标。

（三）中标

招标人根据评标委员会提出的书面评标报告和推荐的中标候选人确定中标人。招标人也可以授权评标委员会直接确定中标人，国务院对特定招标项目的评标有特别规定的，从其规定。

中标人的投标应当符合下列条件之一：

（1）能够最大限度地满足招标文件中规定的各项综合评价标准；

（2）能够满足招标文件的实质性要求，并且经评审的投标价格最低，但是投标价格低于成本的除外。

在确定中标人前，招标人不得与投标人就投标价格、投标方案等实质性内容进行谈判。中标人确定后，招标人应当向中标人发出中标通知书，并同时将中标结果通知所有未中标的投标人，中标通知书对招标人和中标人具有法律效力。中标通知书发出后，招标人改变中标结果的，或者中标人放弃中标项目的，应当依法承担法律责任。

（四）签订合同

招标人和中标人应当自中标通知书发出之日起 30 日内，按照招标文件和中标人的投标文件订立书面合同。招标人和中标人不得再行订立背离合同实质性内容的其他协议。招标文件要求中标人提交履约保证金的，中标人应当提交。

中标人应当按照合同约定履行义务，完成中标项目。中标人不得向他人转让中标项目，也不得将中标项目肢解后分别向他人转让。中标人按照合同约定或者经招标人同意，可以将中标项目的部分非主体、非关键性工作分包给他人完成。接受分包的人应当具备相应的资格条件，并不得再次分包。中标人应当就分包项目向招标人负责，接受分包的人就分包项目承担连带责任。

第三节　水利工程施工监理招标投标管理

一、水利工程建设监理业务委托和承接

《水利工程建设监理规定》（水利部令第 28 号 2017 年修正）第三条规定：“水利工程建设项目依法实行建设监理。总投资 200 万元以上且符合下列条件之一的水利工程建设项目，必须实行建设监理：①关系社会公共利益或者公共安全的；②使用国有资金投资或者国家融资的；③使用外国政府或者国际组织贷款、援助资金的。铁路、公路、城镇建设、矿山、电力、石油天然气、建材等开发建设项目的配套水土保持工程，符合前款规定条件的，应当按照本规定开展水土保持工程施工监理。其他水利工程建设项目可以参照本规定执行。”

《水利工程建设项目监理招标投标管理办法》（水建管〔2002]587 号）规定：国家和水利部对项目技术复杂或者有特殊要求的水利工程建设项目监理另有规定的，从其规定。项目监理招标一般不宜分标。如若分标，各监理标的监理合同估算价应当在 50 万元人民币以上。项目

监理分标的，应当利于管理和竞争，利于保证监理工作的连续性和相对独立性，避免相互交叉和干扰，造成监理责任不清。

一方面，项目法人通过招标的方式选择监理单位委托监理业务，监理单位通过投标承接监理业务，这是在市场经济体制下比较普遍的形式。表明监理单位通过投标竞争的形式取得监理业务是方向，是发展的大趋势，是一种普遍的企业行为。

另一方面，也蕴含着在特定的条件下，项目法人可以不采用招标的形式而把监理业务直接委托给监理单位。在不宜公开招标的机密工程或没有投标竞争对手的情况下，或者是工程规模比较小、比较单一的监理业务，或者是对原监理单位的续用等情况下，项目法人都可以直接委托监理单位。

无论是通过投标承揽监理业务，还是由项目法人直接委托取得监理业务，都有一个共同的前提，即监理单位的资质能力和社会信誉得到项目法人的认可。

一方面，监理单位在建设市场中开展经营活动，也必须遵守这个规律；另一方面，自由竞争也是市场经济的基本规律之一。监理单位必须参与市场竞争，通过竞争承揽业务，在竞争中求生存、求发展。

监理单位承揽监理业务的表现形式有两种：一是通过投标竞争取得监理业务；二由项目法人直接委托取得监理业务。在遵守有关法律、法规和政策的条件下，项目法人可以自由选择监理单位，可以从自己的需要出发自由确定委托事宜；同样，监理单位可以自行决定拒绝或接受委托的监理任务。交易自由是市场经济的基本准则，自由竞争是市场经济的基本规律，因此，监理单位必须积极参与市场竞争，通过竞争承揽监理业务，在竞争中生存与发展，项目法人必须严格按照国家的法律、法规的规定委托建设监理业务。

二、中小型水利工程监理项目招标

项目监理招标投标活动应当遵循公开、公平、公正和诚实信用的原则。项目监理招标工作由招标人负责，法律规定任何单位和个人不得以任何方式非法干涉项目监理招标投标活动。

项目监理招标分为公开招标和邀请招标。项目监理招标的招标人是该项目的项目法人。招标人自行办理项目监理招标事宜时，应当按有关规定履行核准手续。招标人委托招标代理机构办理招标事宜时，受委托的招标代理机构应符合水利工程建设项目招标代理有关规定的要求。

（一）项目监理招标具备的条件

项目监理招标应当具备下列条件：

（1）项目可行性研究报告或者初步设计已经批复；

（2）监理所需资金已经落实；

（3）项目已列入年度计划；

项目监理招标宜在相应的工程勘察、设计、施工、设备和材料招标活动开始前完成。

（二）招标公告或者投标邀请书的内容

招标公告或者投标邀请书应当至少载明下列内容：

（1）招标人的名称和地址；

（2）监理项目的内容、规模、资金来源；

（3）监理项目的实施地点和服务期；

（4）获取招标文件或者资格预审文件的地点和时间；

（5）对招标文件或者资格预审文件收取的费用；

（6）对投标人的资质等级的要求。

（三）资格审查

招标人应当对投标人进行资格审查，资格审查分为资格预审和资格后审。资格预审，是指在投标前对潜在投标人进行的资格审查；资格后审，是指在开标后，招标人对投标人进行资格审查，提出资格审查报告，经参审人员签字由招标人存档备查，同时交评标委员会参考。进行资格预审的，一般不再进行资格后审，但招标文件另有规定的除外。

资格预审一般按照下列原则进行：

（1）招标人组建的资格预审工作组负责资格预审；

（2）资格预审工作组按照资格预审文件中规定的资格评审条件，对所有潜在投标人提交的资格预审文件进行评审；

（3）资格预审完成后，资格预审工作组应提交由资格预审工作组成员签字的资格预审报告，并由招标人存档备查；

（4）经资格预审后，招标人应当向资格预审合格的潜在投标人发出资格预审合格通知书，告知获取招标文件的时间、地点和方法，并同时向资格预审不合格的潜在投标人预审结果。

资格审查应主要审查潜在投标人或者投标人是否符合下列条件：

（1）具有独立合同签署及履行的权利；

（2）具有履行合同的能力，包括专业、技术资格和能力，资金、设备和其他物质设施能力，管理能力，类似工程经验、信誉状况等；

（3）没有处于被责令停业，投标资格被取消，财产被接管、冻结等；

（4）在最近三年内没有骗取中标和严重违约及重大质量问题。

资格审查时，招标人不得以不合理的条件限制、排斥潜在投标人或者投标人，不得对潜在投标人或者投标人实行歧视待遇。任何单位和个人不得以行政手段或者其他不合理方式限制投标人的数量。

（四）编制招标文件

监理招标文件在监理招标中起着重要的作用：一方面，它是监理单位进行监理投标的重要依据；另一方面，其主要内容将成为组成监理合同的重要文件，因此，要求监理招标文件全面、准确、具体，不得含糊不清，不得相互矛盾，不得存在歧义。招标文件应当包括下列内容：

（1）投标邀请书；

（2）投标人须知，投标人须知应当包括：招标项目概况，监理范围、内容和监理服务期，招标人提供的现场工作及生活条件（包括交通、通信、住宿等）和试验检测条件，对投标人和现场监理人员的要求，投标人应当提供的有关资格和资信证明文件，投标文件的编制要求，提交投标文件的方式、地点和截止时间，开标日程安排，投标有效期等；

（3）书面合同书格式。依法必须招标项目的监理合同书应当使用《水利工程施工监理合同示范文本》（GF-2007-0211），其他项目可参照使用；

（4）投标报价书、投标保证金和授权委托书、协议书和履约保函的格式；

（5）必要的设计文件、图纸和有关资料；

（6）投标报价要求及其计算方式；

（7）评标标准与方法；

（8）投标文件格式；

（9）其他辅助资料。

（五）招标人注意的几个问题

（1）依法必须进行招标的项目，自招标文件开始发出之日起至投标人提交投标文件截止之日止，最短不得少于 20 日；

（2）招标文件一经发出，招标内容一般不得修改。如招标人对已发出的招标文件进行必要的修改和澄清的，应当于提交投标文件截止日期 15 日前书面通知所有潜在投标人。该修改和澄清的内容为招标文件的组成部分；

（3）投标人少于三个的，招标人应当依法重新招标；

（4）资格预审文件售价最高不得超过 500 元人民币。

三、中小型水利工程监理项目投标

（一）投标人具备的条件

监理项目的投标人必须具有水利部颁发的《水利工程建设监理单位资质等级证书》，并具备下列条件：

（1）具有招标文件要求的资质等级和类似项目的监理经验与业绩；

（2）与招标项目要求相适应的人力、物力和财力；

（3）其他条件。

（二）编制投标文件

监理投标文件是项目法人选择监理单位的重要依据，因此，要求投标文件既要在内容上和形式上符合监理招标文件的实质性要求和条件，又要在技术方案和投入的资源等方面极好地满足所委托的监理任务的要求，并且监理酬金报价合理；同时，应能通过监理投标文件反映出投标的监理单位在经历与业绩上、技术与管理水平上、资源与资信能力上足以胜任所委托的监理工作，并具有良好的合同信誉。

投标人应当按照招标文件的要求编制投标文件。投标文件一般包括下列内容：

（1）投标报价书；

（2）投标保证金；

（3）委托投标时，法定代表人签署的授权委托书；

（4）投标人营业执照、资质证书以及其他有效证明文件的复印件；

（5）监理大纲；监理大纲的主要内容应当包括：工程概况、监理范围、监理目标、监理措施、对工程的理解、项目监理机构组织机构、监理人员等；

（6）项目总监理工程师及主要监理人员简历、业绩、学历证书、职称证书以及监理工程师资格证书和岗位证书等证明文件；

（7）拟用于本工程的设施设备、仪器；

（8）近 3 ~ 5 年完成的类似工程、有关方面对投标人的评价意见以及获奖证明；

（9）投标人近三年财务状况；

（10）投标报价的计算和说明；

（11）招标文件要求的其他内容。

（三）投标人投标注意的几个问题

（1）投标人应当在招标文件要求提交投标文件的截止时间前，将投标文件密封送达招标人，投标人的投标文件正本和副本应当分别包装，包装封套上加贴封条，加盖“正本”或“副本”标记；

（2）投标人在招标文件要求提交投标文件截止时间之前，可以书面方式对投标文件进行修改、补充或者撤回，但应当符合招标文件的要求；

（3）两个以上监理单位可以组成一个联合体，以一个投标人的身份投标，联合体各方签订共同投标协议后，不得再以自己名义单独投标，也不得组成新的联合体或参加其他联合体在同一项目中投标；

（4）联合体参加资格预审并获通过的，其组成的任何变化都必须在提交投标文件截止之日前征得招标人的同意。如果变化后的联合体削弱了竞争，含有事先未经过资格预审或者资格预审不合格的法人，或者使联合体的资质降到资格预审文件中规定的最低标准下，招标人有权拒绝；

（5）联合体各方必须指定牵头人，授权其代表所有联合体成员负责投标和合同实施阶段的主办、协调工作，并应当向招标人提交由所有联合体成员法定代表人签署的授权书；

（6）联合体投标的，应当以联合体各方或者联合体中牵头人的名义提交投标保证金；

（7）投标人应当对递交的资格预审文件、投标文件中有关资料的真实性负责。

四、开标、评标和中标

（一）开标

（1）开标时间、地点应当为招标文件中确定的时间、地点，开标工作人员至少有主持人、监标人、开标人、唱标人、记录人组成，招标人收到投标文件时，应当检查其密封性，进行登记并提供回执，已收投标文件应妥善保管，开标前不得开启，在招标文件要求提交投标文件的截止时间后送达的投标文件，应当拒收；

（2）开标由招标人主持，邀请所有投标人参加；

（3）投标人的法定代表人或者投权代表人应当出席开标会议。评标委员会成员不得出席开标会议；

（4）开标人员应当在开标前检查出席开标会议的投标人法定代表人的证明文件或者授权代表人有关身份证明，法定代表人或者授权代表人应当在指定的登记表上签名；

（5）属于下列情况之一的投标文件，招标人可以拒绝或者按无效标处理：

1）投标人的法定代表人或者授权代表人未参加开标会议；

2）投标文件未按照要求密封或者逾期送达；

3）投标文件未加盖投标人公章或者未经法定代表人（或者授权代表人）签字（或者印鉴）；

4）投标人未按照招标文件要求提交投标保证金；

5）投标文件字迹模糊导致无法确认涉及关键技术方案、关键工期、关键工程质量保证措施、投标价格；

6）投标文件未按照规定的格式、内容和要求编制；

7）投标人在一份投标文件中，对同一招标项目报有两个或者多个报价且没有确定的报价说明；

8）投标人对同一招标项目递交两份或者多份内容不同的投标文件，未书面声明哪个有效；

9）投标文件中含有虚假资料；

10）投标人名称与组织机构与资格预审文件不一致；

11）不符合招标文件中规定的其他实质性要求。

（二）评标

1. 评标委员会的组成

评标由评标委员会负责。评标委员会的组成按照《水利工程建设项目招标投标管理规定》

第四十条的规定进行。评标委员会成员实行回避制度，有下列情形之一的，应当主动提出回避并不得担任评标委员会成员：

（1）投标人或者投标人、代理人主要负责人的近亲属；

（2）项目主管部门或者行政监督部门的人员；

（3）在五年内与投标人或其代理人曾有工作关系；

（4）五年内与投标人或其代理人有经济利益关系，可能影响对投标的公正评审的；

（5）曾因在招标、评标以及其他与招标投标有关活动中从事违法行为而受到行政处罚或者刑事处罚的人员；

招标人应当采取必要的措施，保证评标过程在严格保密的情况下进行。

2. 评标工作程序

评标工作一般按照以下程序进行：

（1）招标人宣布评标委员会成员名单并确定主任委员；

（2）招标人宣布有关评标纪律；

（3）在主任委员的主持下，根据需要，讨论通过成立有关专业组和工作组；

（4）听取招标人介绍招标文件；

（5）组织评标人员学习评标标准与方法；

（6）评标委员会对投标文件进行符合性和响应性评定；

（7）评标委员会对投标文件中的算术错误进行更正；

（8）评标委员会根据招标文件规定的评标标准与方法对有效投标文件进行评审；

（9）评标委员会听取项目总监理工程师陈述；

（10）经评标委员会讨论，并经 1/2 以上成员同意，提出需投标人澄清的问题，并以书面形式送达投标人；

（11）投标人对需书面澄清的问题，经法定代表人或者授权代表人签字后，作为投标文件的组成部分，在规定的时间内送达评标委员会；

（12）评标委员会依据招标文件确定的评标标准与方法，对投标文件进行横向比较，确定中标候选人推荐顺序；

（13）在评标委员会 2/3 以上成员同意并在全体成员签字的情况下，通过评标报告。评标委员会成员必须在评标报告上签字。若有不同意见，应明确记载并由其本人签字，方可作为评标报告附件。

3. 评标标准

项目监理评标标准和方法应当体现根据监理服务质量选择中标人的原则。评标标准和方法应当在招标文件中载明，在评标时不得另行制定或者修改、补充任何评标标准和方法。

评标标准一般包括投标人的业绩和资信、项目总监理工程师的素质和能力、资源配置、监理大纲以及投标报价等五个方面，其重要程度可分别赋予 20%、25%、25%、20%、10% 的权重，也可根据项目具体情况确定。

（1）业绩和资信可以从以下几个方面设置评价指标：

1）有关资质证书、营业执照等情况；

2）人力、物力与财力资源；

3）近 3-5 年完成或者正在实施的项目情况及监理效果；

4）投标人以往的履约情况；

5）近五年受到的表彰或者不良业绩记录情况；

6）有关方面对投标人的评价意见等。

（2）项目总监理工程师的素质和能力可以从以下几个方面设置评价指标：

1）项目总监理工程师的简历、监理资格；

2）项目总监理工程师主持或者参与监理的类似工程项目及监理业绩；

3）有关方面对项目总监理工程师的评价意见；

4）项目总监理工程师月驻现场工作时间；

5）项目总监理工程师的陈述情况等。

（3）资源配置可以从以下几个方面设置评价指标：

1）项目副总监理工程师、部门负责人的简历及监理资格；

2）项目相关专业人员和管理人员的数量、来源、职称、监理资格、年龄结构、人员进场计划；

3）主要监理人员的月驻现场工作时间；

4）主要监理人员从事类似工程的相关经验；

5）拟为工程项目配置的检测及办公设备；

6）随时可调用的后备资源等。

（4）监理大纲可以从以下几个方面设置评价指标：

1）监理范围与目标；

2）对影响项目工期、质量和投资的关键问题的理解程度；

3）项目监理组织机构与管理的实效性；

4）质量、进度、投资控制和合同、信息管理的方法与措施的针对性；

5）拟定的监理质量体系文件等；

6）工程安全监督措施的有效性。

（5）投标报价可以从以下几个方面设置评价指标：

1）监理服务范围、时限；

2）监理费用结构、总价及所包含的项目；

3）人员进场计划；

4）监理费用报价取费原则是否合理。

4. 评标方法

评标方法主要为综合评分法、两阶段评标法和综合评议法，可根据工程规模和技术难易程度选择采用。大、中型项目或者技术复杂的项目宜采用综合评分法或者两阶段评标法，项目规模小或者技术简单的项目可采用综合评议法。

（1）综合评分法。根据评标标准设置详细的评价指标和评分标准，经评标委员会集体评审后，评标委员会分别对所有投标文件的各项评价指标进行评分，去掉最高分和最低分后，其余评委评分的算术和即为投标人的总得分，评标委员会根据投标人总得分的高低排序选择中标候选人 1 ~ 3 名。若候选人出现分值相同情况，则对分值相同的投标人改为投票法，以少数服从多数的方式，也可根据总监理工程师、监理大纲的得分高低决定次序选择中标候选人；

（2）两阶段评标法。对投标文件的评审分为两阶段进行，首先进行技术评审，然后进行商务评审。有关评审方法可采用综合评分法或综合评议法。评标委员会在技术评审结束之前，不得接触投标文件中商务部分的内容。评标委员会根据确定的评审标准选出技术评审排序的前几名投标人，而后对其进行商务评审。根据规定的技术和商务权重，对这些投标人进行综合评价和比较，确定中标候选人 1 ~ 3 名；

（3）综合评议法。根据评标标准设置详细的评价指标，评标委员会成员对各个投标人进行定性比较分析，综合评议，采用投票表决的形式，以少数服从多数的方式，排序推荐中标候选人 1 ~ 3 名。

5. 评标报告

评标委员会按照评标程序、标准和方法评完标后，应当向招标人提交经评标委员签字的书面评标报告。评标报告应当包括以下内容：

（1）招标项目基本情况；

（2）对投标人的业绩和资信的评价；

（3）对项目总监理工程师的素质和能力的评价；

（4）对资源配置的评价；

（5）对监理大纲的评价；

（6）对投标报价的评价；

（7）评标标准和方法；

（8）评审结果及推荐顺序；

（9）废标情况说明；

（10）问题澄清、说明、补正事项纪要；

（11）其他说明；

（12）附件。

6. 其他注意的事项

（1）评标委员会要求投标人对投标文件中含义不明确的内容做出必要的澄清或者说明，但澄清或说明不得改变投标文件提出的主要监理人员、监理大纲和投标报价等实质性内容；

（2）评标委员会经评审，认为所有投标文件都不符合招标文件要求，可以否决所有投标，招标人应当重新招标，并报水行政主管部门备案；

（3）评标委员会成员应当客观、公正地履行职责，遵守职业道德，对所提出的评审意见承担个人责任；

（4）遵循根据监理服务质量选择中标人的原则，中标人应当是能够最大限度地满足招标文件中规定的各项综合评价标准的投标人。

（三）中标

招标人可授权评标委员会直接确定中标人，也可根据评标委员会提出的书面评标报告和推荐的中标候选人顺序确定中标人。当招标人确定的中标人与评标委员会推荐的中标候选人顺序不一致时，应当有充足的理由，并按项目管理权限报水行政主管部门备案。

在确定中标人前，招标人不得与投标人就投标方案、投标价格等实质性内容进行谈判。自评标委员会提出书面评标报告之日起，招标人一般应在 15 日内确定中标人，最迟应在投标有效期结束日 30 个工作日前确定。

中标人确定后，招标人应当在招标文件规定的有效期内以书面形式向中标人发出中标通知书，并将中标结果通知所有未中标的投标人。招标人不得向中标人提出压低报价、增加工作量、延长服务期或其他违背中标人意愿的要求，以此作为发出中标通知书和签订合同的条件。中标通知书对招标人和中标人具有法律效力。中标通知书发出后，招标人改变中标结果的，或者中标人放弃中标项目的，应当依法承担法律责任。

中标人收到中标通知书后，应当在签订合同前向招标人提交履约保证金。招标中标人应当自中标通知书发出之日起在 30 日内，按照招标文件和中标人的投标文件订立书面合同，招标人和中标人不得再行订立背离合同实质性内容的其他协议。当确定的中标人拒绝签订合同时，招标人可与确定的候补中标人签订合同。中标人不得向他人转让中标项目，同时也不得将中标项目肢解后向他人转让。

招标人与中标人签订合同后五个工作日内，应当向中标人和未中标的投标人退还投标保证金。在确定中标人后 15 日之内，招标人应当按项目管理权限向水行政主管部门提交招标投标情况的书面总结报告。

书面总结报告至少应包括下列内容：

（1）开标前招标准备情况；

（2）开标记录；

（3）评标委员会的组成和评标报告；

（4）中标结果确定；

（5）附件：招标文件。

第四节　监理项目投标文件编制

由于水利工程大多都以公开招标的方式，因此我们都需要及时关注相关招标信息，及时参加水利工程项目的招标投标过程。

目前项目的公开招标信息基本上在各地的公共资源交易中心发布，因此我们要随时关注公共资源交易中心网站上的招标公告，以免错失参加投标的机会。

为了提高水利工程项目的中标概率，通过近十年的工作实践，根据在水利工程监理招标投标过程的取得的经验和教训，我们总结了水利工程监理投标的编制方法，以使投标文件编制得更加完善，使监理企业更多地承揽任务。以下关于水利工程监理投标文件的编制方法，相关内容供以参考。

工程监理投标文件的编制是衡量一个企业的整体水平，包括企业的管理水平以及企业发展能力的标志，而投标文件的编制工作一项认真、细致、团结协助的综合性工作，经营投标常常会因为一些细小、不引人注目的问题左右结果，所谓的失之毫厘谬以千里说的就是这个意思，如何避免失误，最大限度地体现公司的整体实力，以最优的业绩、监理技术措施和商务报价呈现给评标专家，赢得一致地认可，是我们努力的方向。

一、投标文件的编制是一项细致入微的工作，需要我们仔细研读招标信息，准确把握招标人的意图，最大限度地响应招标文件的要求

投标文件编制前，首先必须对招标文件进行详细的阅读和研究，对招标文件和工程项目有一个总体的认识和把握，一定不能凭原来的经验行事，因为招标文件都会更改，即便是同一家业主招标，不同的项目招标文件也不相同，因此仔细阅读招标文件这是避免投标文件出现问题的关键。招标文件中往往会对有些条款进行强制性规定，违反这些强制性条款就触及“底线”，直接“废标”罚出场。对招标文件的用语，比如“必须”“应该”“或者”“而且”等用词格外注意，稍有不慎可能会被认为不响应招标文件。在开标过程中，常常因为对招标文件的研究不仔细出现如下问题：

（1）投标文件的格式和范本跟招标文件不一致，没有按照招标文件的要求签字和盖章或者缺少签字、盖章的地方；

（2）投标文件密封不符合要求，这种情况比较普遍，尤其在一些地方上投标的时候。招标文件对投标文件的密封的规定是明确的，有些标书是正副本分开双层密封，有些是技术商务分开密封，都不一样；

（3）开标现场提供的证书等原件不全或者投标保证金不符合要求，未提供法定代表人授权委托书，有些未按照招标文件要求提供“廉洁合同”或“承诺书”；

（4）监理服务范围和服务内容有实质性的偏离的、监理服务期不满足招标文件的要求的、对合同中规定的双方的权利和义务作实质性修改的、投标文件附有招标人不能接受的条件的、投标文件有不符合招标文件中规定的其他实质性要求的，都会造成投标文件有瑕疵，或者直接导致废标。

二、投标文件的编制工作是一项综合性工作，需要我们掌握技术、商务、法律规范等综合性知识

项目投标过程中会碰到各种各样的项目类别，各种各样的承发包模式，以及各种建筑结构，需要我们及时掌握工程全面的基础知识，另外招标过程中会出现各种承发包模式，比如工程施工监理、设计监理、项目管理等，以及适用的法律法规、规范等。比如水利水电工程又有不同类型的拦河坝、引水系统、厂房布置，所以投标工作对各类工程有一个比较深刻认识和理解，才能编制出针对性强的投标文件。

三、投标文件的编制是一项团队协作的过程

标书的编制往往是时间紧、内容多、涉及的信息量庞大，有些时候好几个工程项目投标工作在同一时间段进行，需要团队分工协作，很多工作都是环环相扣，最后完成统稿。在有限的时间内提供一套响应性强、内容完善、质量高的投标文件能充分体现良好的团队凝聚力。

通过不同项目投标文件的编制，要做好标书，必须反反复复做好以后几个步骤，通过不断得学习、锻炼，逐步提高标书编制能力。

（一）尽早跟踪项目，做好前期准备工作

中小型水利工程以社会效益为主，其资金多为国家投资，在经上级主管部门审核批准后，有条件的话尽早跟踪项目，及时掌握项目的进展信息和最新资料，赢得掌握主动权。市场竞争激烈，现在很多项目从前期工程、桥梁、供水、供电等准备工作开始就开始竞争白热化，为赢得主体工程打下基础。

（二）确保资格符合条件，做好现场踏勘

根据工程规模大小和等级，建设单位为了保证工程质量和进度，对参与竞标单位的资质进行规定，有些项目因管辖行业问题，需要用到所管辖行业的部委工程监理资质证书，因此要提前沟通做好这项工作；有些招标文件对公司业绩和项目总监业绩的要求比较苛刻，尤其是总监业绩，如果平时不注意收集，很难满足招标文件的要求。中小型水利业主一般不会组织投标单位进行现场踏勘。

（三）全力以赴编制好投标文件

通过阅读招标文件、招标补遗通知以及现场踏勘的等方面资料着手编制投标文件，投标文件必须严格按招标文件指定的格式编写，保证从形式到实质上对招标文件有较高的响应性和完整性。监理招标有着特殊性，不同于施工、采购招标，监理招标是对监理单位能力的选择，业主除了对商务报价和技术部分评选后，格外关心投入到工程服务中的监理人员专业业务能力、专长、经验、判断力、创新想象以及风险防范意识等能力，招标文件中对人员有很高的要求，

投标澄清函中会经常提到人力资源保证等，因此在安排监理人员时，尽量安排符合招标文件要求，监理业务水平高、个人能力强的监理人员。

（四）认真总结自己和对手历次投标的经验和教育

每一次投标过程，都是展现自己，认清和学习对手的一次最佳机会，对投标工作及时总结吸取经验教训，建立资源库，对以后类似工程项目投标有指导借鉴作用。

第五节　水利工程施工项目监理大纲

一、监理大纲编制的目的和作用

监理大纲是监理单位在建设单位委托监理的过程中为承揽监理业务而编写的监理方案性文件，是投标文件的重要技术文件，应由专业技术人员（如项目总监理工程师）组织编制。它的主要作用有：

（1）使建设单位认可监理大纲中的监理方案，其目的是让建设单位信服本监理单位能胜任该项目的监理工作，从而承揽到监理业务；

（2）为今后开展监理工作制订方案，也是作为制订监理规划的基础。

二、中小型水利工程施工监理大纲的主要内容

监理大纲的内容必须根据监理招标文件的要求编制。一般其主要内容有：

（1）监理单位拟派往监理项目的总监理工程师及主要监理人员，并对他们的资质情况作介绍；

（2）监理单位应根据建设单位所提供的和自己初步掌握的工程信息，制订准备采用的监理方案（如监理组织方案、目标控制方案、合同管理方案、组织协调方案等）；

（3）明确说明将提供给建设单位的反映监理阶段性成果的文件。

三、水利水电工程建设项目监理大纲主要内容

监理单位应根据监理项目的招标文件及监理单位自身的条件及经验编写监理大纲。通常监理大纲的具体内容如下：

（一）工程概况

（1）建设单位名称；

（2）工程项目名称；

（3）工程项目建设地点；

（4）工程规模及结构型式；

（5）工程项目总投资；

（6）建设工期，计划开工日期，计划竣工日期；

（7）其他。

（二）工程项目监理工作的目标和范围

工程建设监理是监理单位受建设单位委托，对工程项目的实施进行监督管理，即监理工作就是依据合同对工程项目实施目标控制。目标控制的内容与监理单位受建设单位委托的监理工作范围及监理业务有关。通常在招标文件中应明确建设单位要委托的监理工程范围及监理业务，即要写明是哪个阶段的监理业务，一般按如下阶段确定：

（1）项目规划立项阶段；

（2）设计阶段；

（3）施工招标阶段；

（4）施工制造安装阶段；

（5）保修阶段；

（6）全过程。

无论哪个阶段的监理业务或全过程的监理业务，具体内容包括：投资控制、进度控制、质量控制、合同管理、信息管理及组织协调。

（三）监理机构的组织形式

工程项目监理机构的组织形式通常有以下三种，监理单位可以根据监理项目的实际情况选用。

（1）按监理职能设置的组织形式，这种形式适用于中小型监理项目，其监理机构设置如图 1 所示。

（2）按监理子项目设置的组织形式，这种形式适用于大中型监理项目，其监理机构设置图 2 所示。

（3）矩阵式监理组织形式，这种组织形式适用于大型监理项目，其监理机构设置如图 3 所示。

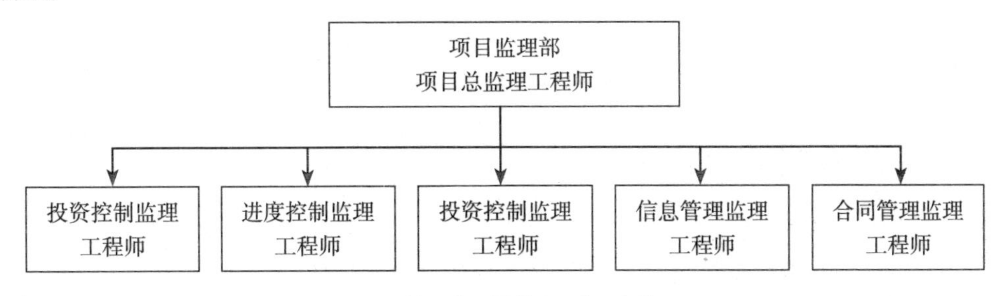

图1　按职能设置的项目监理机构

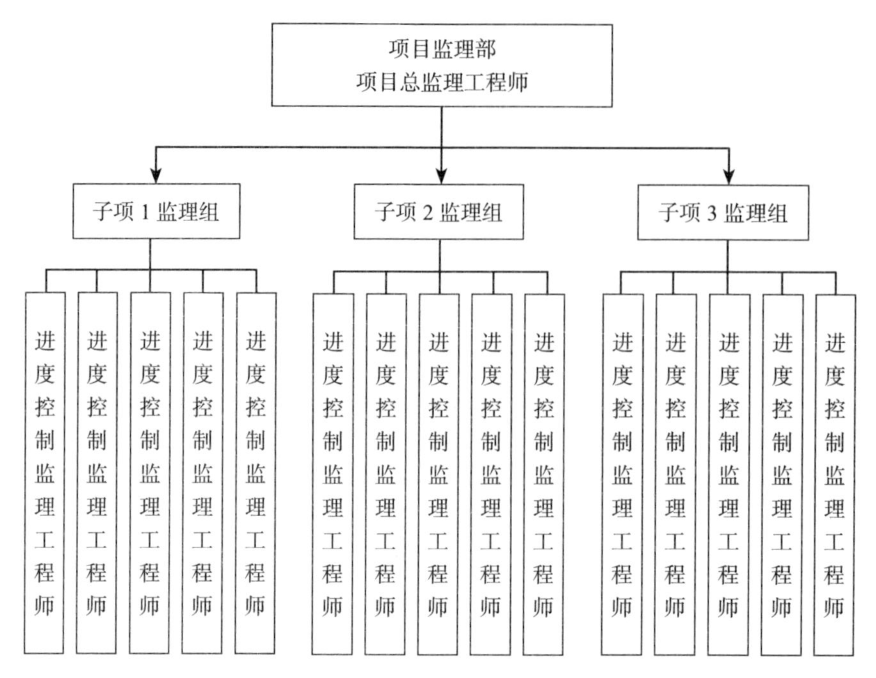

图2 按子项目设置的项目监理机构

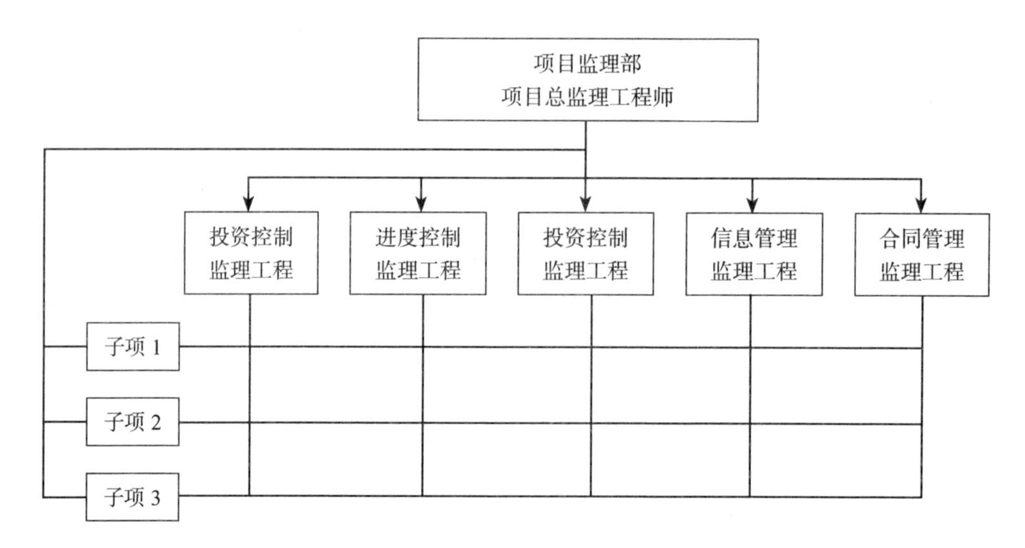

图3 按矩阵式设置的项目监理机构

（四）投资控制的内容

（1）对工程项目总投资的分析、论证；

（2）编制总投资分解规划，并在项目实施过程中控制其执行；

（3）监督工程项目各阶段、各年、季、月度资金使用计划，并控制其执行；

（4）审核工程概算、标底、预算、增减预算、决算；

（5）在项目实施过程中，每月进行投资计划值与实际值的比较，并按月、季、年提交各种投资控制报表；

（6）审核招投标文件和合同文件中有关投资的条款；

（7）审核各种工程付款单；

（8）计算、审核各类索赔金额。

（五）质量控制的内容

（1）确定本工程项目的质量要求和标准（包括设计、施工、工艺、材料及设备等方面）；

（2）确定、审核招标文件和合同文件中的质量条款；

（3）编制设计任务文件，确定有关设计质量方面的原则要求；

（4）审核各阶段的设计文件（图纸与说明）是否符合质量要求和标准，并根据需要提出见，把问题解决在施工之前；

（5）审核原材料、配件及设备的质量；

（6）检查施工质量，特别是重要工序、隐蔽工程及重要零部件加工的质量验收，检查分项分部工程质量，进行单位、单项工程验收和项目竣工验收；

（7）审核施工组织设计及施工技术安全措施；

（8）协助建设单位处理工程质量事故和安全事故；

（9）协助建设单位审核施工单位的资质及质量保证体系，并协助建设单位确认承包单位选择的分包单位。

（六）进度控制的内容

（1）对工程项目建设周期总目标的分析、论证；

（2）审核承包单位编制的工程项目总进度计划及各阶段进度计划，并控制其执行，必要时督促承包单位作及时修改调整；

（3）审核设计单位的进度计划和材料、设备供应商提出的供货计划，并检查、督促其执行；

（4）在项目实施过程中，进行计划进度与实际进度的比较，并按月、季、年提交各种进度控制报表。

（七）合同管理的内容

（1）协助建设单位确定工程项目的合同结构；

（2）协助建设单位起草与工程项目有关的各类合同（包括设计、施工，材料和设备订货等合同），并参与各类合同谈判；

（3）进行上述各类合同的跟踪管理，包括对合同各方执行合同情况的检查；

（4）协助建设单位处理与工程项目有关的索赔事宜及合同纠纷事宜。

（八）信息管理的内容

（1）建立工程项目的信息编码体系；

（2）负责工程项目各类信息的收集、整理和保存；

（3）运用计算机进行工程项目的投资控制、进度控制、质量控制和合同与信息管理，向建设单位提供有关工程项目的项目管理信息服务，定期提供各种监理报表；

（4）建立工程会议制度、整理各类会议记录；

（5）督促设计、施工、材料及设备供应等单位及时提交工程技术、经济资料。

（九）组织协调的内容

（1）组织协调与建设单位签订合同关系的、并参与工程建设的各单位的配合关系，协助建设单位处理有关问题，并督促总承包单位协调其各分包单位之间的关系；

（2）协助建设单位向各建设主管部门办理各项审批事项；

（3）协助建设单位处理各种与工程项目有关的纠纷事宜。

（十）监理报告目录

（1）监理工作月报；

（2）施工监理质量问题通知书；

（3）设计变更通知；

（4）不合格工程通知；

（5）工程暂停指令、停工指令；

（6）复工指令；

（7）工程款支付凭证，年度施工用款计划报表核定；

（8）单位工程施工进度计划审批表；

（9）工程质量事故处理审核意见；

（10）工程变更费用更改核定表；

（11）工程结算核定表；

（12）分部工程质量评定监理核查意见；

（13）主体结构质量评定监理核查意见；

（14）单位工程竣工预验监理意见；

（15）单位工程验收记录；

（16）索赔审批表。

（十一）其他技术服务

接受建设单位委托，处理上述未包括的其他与工程项目有关的事宜。

第六节　水利工程施工监理合同

水利工程施工监理合同书（格式）

委 托 人：____________________

监 理 人：____________________

合同编号：____________________

合同名称：________工程监理________

依据国家有关法律、法规，______________（以下简称委托人），委托（以下简称监理人）提供__________施工监理______（标段名称）______监理服务，经双方协商一致，订立本合同。

一、工程概况

1、工程名称：____________________

2、建设地点：____________________

3、工程等别（级）：____________________

4、工程总投资（人民币，下同）：______万元

5、工期：______________

二、监理范围

1、监理项目名称：__________________

2、监理项目内容及主要特性参数：__________________

3、监理项目投资：__________________

4、监理阶段：（施工期、保修期）____

三、监理服务内容、期限

1、监理服务内容：按专用合同条款约定。

2、监理服务期限：

自______年_____月_____日至______年_____月_____日。

四、监理服务酬金

监理正常服务酬金为（大写）______________，由委托人按专用合同条款约定的方式、时间向监理人支付。

五、总监理工程师

总监理工程师姓名：________________。

六、监理合同的组成文件及解释顺序

1、监理合同书（含补充协议）；

2、中标通知书；

3、投标函

4、专用合同条款；

5、通用合同条款；

6、监理规范

7、监理大纲；

8、投标报价书；

9、双方确认需进入合同的其他文件。

七、本合同书经双方法定代表人或其授权代表人签名并加盖本单位公章后生效。

八、本合同书正本一式两份，具有同等法律效力，由双方各执一份；副本 ______ 份，委托人执 ______ 份，监理人执 _______ 份。

委托人：（盖章）	监理人：（盖章）
法定代表人：（签名）	法定代表人：（签名）
或授权代表人：（签名）	或授权代表人：（签名）
单位地址：______________	单位地址：______________
邮政编码：______________	邮政编码：______________
电　　话：______________	电　　话：______________
电子信箱：______________	电子信箱：______________
传　　真：______________	传　　真：______________
开户银行：______________	开户银行：______________
帐　　号：______________	帐　　号：______________

签订地点：______________

签订时间：________ 年 _____ 月 _____ 日

第一部分　通用合同条款

词语含义及适用语言

第一条　下列名词和用语，除上下文另有约定外，具有本条所赋予的含义：

一、“委托人”指承担工程建设项目直接建设管理责任，委托监理业务的法人或其合法继承人；

二、“监理人”指受委托人委托，提供监理服务的法人或其合法继承人；

三、“承包人”指与委托人（发包人）签订了施工合同，承担工程施工的法人或其合法继承人；

四、“监理机构”指监理人派驻工程现场直接开展监理业务的组织，由总监理工程师、监理工程师和监理员以及其他人员组成；

五、“监理项目”是指委托人委托监理人实施建设监理的工程建设项目；

六、“服务”是指监理人根据监理合同约定所承担的各项工作，包括正常服务和附加服务；

七、“正常服务”指监理人按照合同约定的监理范围、内容和期限所提供的服务；

八、“附加服务”指监理人为委托人提供正常服务以外的服务；

九、“服务酬金”指本合同中监理人完成“正常服务”“附加服务”应得到的正常服务酬金和附加服务酬金；

十、“天”指日历天；

十一、“现场”指监理项目实施的场所。

第二条 本合同适用的语言文字为汉语文字。

监理依据

第三条 监理的依据是有关工程建设的法律、法规、规章和规范性文件；工程建设强制性条文、有关技术标准；经批准的工程建设项目设计文件及其相关文件；监理合同、施工合同等合同文件。具体内容在专用合同条款中约定。

通知和联系

第四条 委托人应指定一名联系人，负责与监理机构联系。更换联系人时，应提前通知监理人。

第五条 在监理合同实施过程中，双方的联系均应以书面函件为准。在不做出紧急处理即可能导致安全、质量事故的情况下，可先以口头形式通知，并在48小时内补做书面通知。

第六条 委托人对委托监理范围内工程项目实施的意见和决策，应通过监理机构下达，法律、法规另有规定的除外。

委托人的权利

第七条 委托人享有如下权利：

一、对监理工作进行监督、检查，并提出撤换不能胜任监理工作人员的建议或要求；

二、对工程建设中质量、安全、投资、进度方面的重大问题的决策权；

三、核定监理人签发的工程计量、付款凭证；

四、要求监理人提交监理月报、监理专题报告、监理工作报告和监理工作总结报告；

五、当监理人发生本合同专用条款约定的违约情形时，有权解除本合同。

监理人的权利

第八条 委托人赋予监理人如下权利：

一、审查承包人拟选择的分包项目和分包人，报委托人批准；

二、审查承包人提交的施工组织设计、安全技术措施及专项施工方案等各类文件；

三、核查并签发施工图纸；

四、签发合同项目开工令、暂停施工指示，但应事先征得委托人同意；签发进场通知、复工通知；

五、审核和签发工程计量、付款凭证；

六、核查承包人现场工作人员数量及相应岗位资格，有权要求承包人撤换不称职的现场工作人员；

七、发现承包人使用的施工设备影响工程质量或进度时，有权要求承包人增加或更换施工设备；

八、当委托人发生本合同专用条款约定的违约情形时，有权解除本合同；

九、专用合同条款约定的其他权利。

委托人的义务

第九条 工程建设外部环境的协调工作。

第十条 按专用合同条款约定的时间、数量、方式，免费向监理机构提供开展监理服务的有关本工程建设的资料。

第十一条 在专用合同条款约定的时间内，就监理机构书面提交并要求做出决定的问题做出书面决定，并及时送达监理机构。超过约定时间，监理机构未收到委托人的书面决定，且委托人未说明理由，监理机构可认为委托人对其提出的事宜已无不同意见，无须再作确认。

第十二条 与承包人签订的施工合同中明确其赋予监理人的权限，并在工程开工前将监理单位、总监理工程师通知承包人。

第十三条 提供监理人员在现场的工作和生活条件，具体内容在专用合同条款中明确。如果不能提供上述条件的，应按实际发生费用给予监理人补偿。

第十四条 按本合同约定及时、足额支付监理服务酬金。

第十五条 为监理机构指定具有检验、试验资质的机构并承担检验、试验相关费用。

第十六条 维护监理机构工作的独立性，不干涉监理机构正常开展监理业务，不擅自做出有悖于监理机构在合同授权范围内所作出的指示的决定；未经监理机构签字确认，不得支付工程款。

第十七条 为监理人员投保人身意外伤害险和第三者责任险。如要求监理人自己投保，则应同意监理人将投保的费用计入报价中。

第十八条 将投保工程险的保险合同提供给监理人作为工程合同管理的一部分。

第十九条 未经监理人同意，不得将监理人用于本工程监理服务的任何文件直接或间接用于其他工程建设之中。

监理人的义务

第二十条 本着“守法、诚信、公正、科学”的原则，按专用合同条款约定的监理服务内容为委托人提供优质服务。

第二十一条 在专用合同条款约定的时间内组建监理机构，并进驻现场。及时将监理规划、监理机构及其主要人员名单提交委托人，将监理机构及其人员名单、监理工程师和监理员的授权范围通知承包人；实施期间有变化的，应当及时通知承包人。更换总监理工程师和其他主要监理人员应征得委托人同意。

第二十二条 发现设计文件不符合有关规定或合同约定时，应向委托人报告。

第二十三条 核验建筑材料、建筑构配件和设备质量，检查、检验并确认工程的施工质量；检查施工安全生产情况。发现存在质量、安全事故隐患，或发生质量、安全事故，应按有关规定及时采取相应的监理措施。

第二十四条 监督、检查工程施工进度。

第二十五条 按照委托人签订的工程保险合同，做好施工现场工程保险合同的管理。协助委托人向保险公司及时提供一切必要的材料和证据。

第二十六条 协调施工合同各方之间的关系。

第二十七条 按照施工作业程序，采取旁站、巡视、跟踪检测和平行检测等方法实施监理。需要旁站的重要部位和关键工序在专用合同条款中约定。

第二十八条 及时做好工程施工过程各种监理信息的收集、整理和归档，并保证现场记录、试验、检验、检查等资料的完整和真实。

第二十九条 编制《监理日志》，并向委托人提交监理月报、监理专题报告、监理工作报告和监理工作总结报告。

第三十条 按有关规定参加工程验收，做好相关配合工作。委托人委托监理人主持的分部工程验收由专用合同条款约定。

第三十一条 妥善做好委托人所提供的工程建设文件资料的保存、回收及保密工作。在本合同期限内或专用合同条款约定的合同终止后的一定期限内，未征得委托人同意，不得公开涉及委托人的专利、专有技术或其他需保密的资料，不得泄露与本合同业务有关的技术、商务等秘密。

监理服务酬金

第三十二条 监理正常服务酬金的支付时间和支付方式在专用合同条款中约定。

第三十三条 除不可抗力外，有下列情形之一且由此引起监理工作量增加或服务期限延长，均应视为监理机构的附加服务，监理人应得到监理附加服务酬金：

一、由于委托人、第三方责任、设计变更及不良地质条件等非监理人原因致使正常的监理服务受到阻碍或延误；

二、在本合同履行过程中，委托人要求监理机构完成监理合同约定范围和内容以外的服务；

三、由于非监理人原因暂停或终止监理业务时，其善后工作或恢复执行监理业务的工作。

监理人完成附加服务应得到的酬金，按专用合同条款约定的方法或监理补充协议计取和支付。

第三十四条 国家有关法律、法规、规章和监理酬金标准发生变化时，应按有关规定调整监理服务酬金。

第三十五条 委托人对监理人申请支付的监理酬金项目及金额有异议时，应当在收到监理人支付申请书后 7 天内向监理人发出异议通知，由双方协商解决。7 天内未发出异议通知，则按通用合同条款第三十二条、第三十三条、第三十四条的约定支付。

合同变更与终止

第三十六条 因工程建设计划调整、较大的工程设计变更、不良地质条件等非监理人原因致使本合同约定的服务范围、内容和服务形式发生较大变化时，双方对监理服务酬金计取、监理服务期限等有关合同条款应当充分协商，签订监理补充协议。

第三十七条 当发生法律或本合同约定的解除合同的情形时，有权解除合同的一方要求解除合同的，应书面通知对方；若通知送达后 28 天内未收到对方的答复，可发出终止监理合同的通知，本合同即行终止。因解除合同遭受损失的，除依法可以免除责任的外，应由责任方赔偿损失。

第三十八条 在监理服务期内，由于国家政策致使工程建设计划重大调整，或不可抗力致使合同不能履行时，双方协商解决因合同终止所产生的遗留问题。

第三十九条 本合同在监理期限届满并结清监理服务酬金后即终止。

违约责任

第四十条 委托人未履行合同条款第十条、第十一条、第十三条、第十四条、第十五条、第十六条、第十七条、第十九条约定的义务和责任，除按专用合同条款约定向监理人支付违约金外，还应继续履行合同约定的义务和责任。

第四十一条 委托人未按合同条款第三十二条、第三十三条、第三十四条约定支付监理服务酬金，除按专用合同条款约定向监理人支付逾期付款违约金外，还应继续履行合同约定的支付义务。

第四十二条 监理人未履行合同条款第二十一条、第二十三条、第二十四条、第二十五条、

第二十七条、第二十八条、第二十九条、第三十条、第三十一条约定的义务和责任，除按专用合同条款约定向委托人支付违约金外，还应继续履行合同约定的义务和责任。

争议的解决

第四十三条　本合同发生争议，由当事人双方协商解决；也可由工程项目主管部门或合同争议调解机构调解；协商或调解未果时，经当事人双方同意可由仲裁机构仲裁；或向人民法院起诉。争议调解机构、仲裁机构在专用合同条款中约定。

第四十四条　在争议协商、调解、仲裁或起诉过程中，双方仍应继续履行本合同约定的责任和义务。

其　他

第四十五条　委托人可以对监理人提出并落实的合理化建议给予奖励。奖励办法在专用合同条款中约定。

第二部分　专用合同条款

监理依据

第三条　本合同的监理依据为：

1. 国家和建设主管部门制定的法律法规；
2. 国家及行业有关部门颁的技术规范和技术标准等；
3. 工程项目建设文件和设计文件；
4. 工程建设监理合同、工程承包合同，以及与其他有关单位签订的有关工程建设合同。

委托人的权利

第七条

五、当监理人发生下列违约情形时，委托人有权解除合同：

1. 监理人在执行合同过程中，向委托人提出额外条件且委托人不能接受，由此监理人影响监理工作的；
2. 监理人不按合同约定履行义务，经委托人催告后，仍不履行的；
3. 监理人迟延履行合同义务，使委托人不能按期实现合同目的的；
4. 因监理人违约行为，使委托人造成较大损失的；
5. 监理人将监理项目转让或分包其他监理人的；
6. 法律法规规定可以解除合同的其他情形。

监理人的权利

第八条

八、当委托人发生下列违约情形时，监理人有权解除合同：

1. 委托人未按本合同规定向监理人支付监理报酬，导致监理工作不能正常进行的；

2. 法律法规规定可以解除合同的其他情形。

九、委托人赋予监理人的其他权利：

1. 签发工程移交证书（若不授予则删除此款；若授予应约定监理人的具体权限）；

2. 签发保修责任终止证书（若不授予则删除此款；若授予应约定监理人的具体权限）；

3. 监理人享有处理工程变更、索赔的处置权，但处置前应征得委托人同意，并提交工程变更、索赔的书面审查意见。

委托人的义务

第十条 委托人向监理机构免费提供的资料为：

序号	资料名称	份数	提供时间	收回时间	保存和保密要求
1	施工合同文件	2	施工合同签订后 7天内	合同期满后 7 天内	不得复制和转让第三方
2	施工招标文件	2	施工合同签订后 7天内	合同期满后 7 天内	不得复制和转让第三方
3	施工投标文件	2	施工合同签订后 7天内	合同期满后 7 天内	不得复制和转让第三方
4	施工图纸	4	按供图计划提供	合同期满后 7 天内	不得复制和转让第三方
……					

第十一条 委托人对监理机构书面提交并要求做出决定的事宜做出书面决定并送达的时限：

一般文件 7 天；紧急事项 3 天；变更文件 14 天。

第十三条 委托人无偿向监理机构提供的工作、生活条件为：

序号	名称	单位	数量	提供时间	交换时间	管理要求	备注
1	生活、办公用房						
2	办公设施、设备						
3	检验、测试设备						
4	交通工具						
5	通信设施						
6	其他（水、电等）						

监理人的义务

第二十条 监理服务内容：初步设计批准全部施工内容。

第二十一条 监理人应当在本合同生效后 7 天内组建监理机构，并进驻现场。

第二十七条 需旁站监理的工程重要部位是：基础工程、主体结构工程、机电设备安装工程、钢筋混凝土工程等。

需旁站监理的关键工序是：测量放线、材料抽样试验，基础验槽，混凝土浇筑等。

第三十条 委托人委托监理人主持的分部工程验收：全部分部工程。

第三十一条 在本合同终止后 ______ 天内，未征得委托人同意，不得泄露与本合同业务有关的技术、商务等秘密。

监理服务酬金

第三十二条 监理正常服务酬金支付方法：

一、支付时间为：签订合同 15 个工作日支付总监理费的 20%，主体工程完工支付总监理费的 40%，单位工程或合同工程完工并经验收合格后，支付总监理费的 30%，剩余监理费待质量缺陷期满后付清。

二、支付方式为：银行转账。

第三十三条 监理附加服务酬金的计取与支付方法：

一、计取方法为：报酬 = 附加工作报酬 × 合同报酬 / 监理服务日 。

二、支付方式为：银行转账。

三、支付时间为：按月支付。

违约责任

第四十条 委托人违约，应支付给监理人违约金。

违约金：__________/__________。

第四十一条 因委托人延期支付监理服务酬金而向监理人支付逾期付款违约金的计算办法：__________/__________。

第四十二条 监理人违约，应支付给委托人违约金。

违约金：__________/__________。

争议的解决

第四十三条 争议调解、仲裁机构：

一、争议调解机构为：__________/__________ 。

二、仲裁机构为：项目所在地仲裁机构。

其　他

第四十五条　委托人对监理人提出并落实的合理化建议的奖励办法为：＿＿＿/＿＿＿。

第三部分　附　件

本合同监理服务内容：（具体内容由双方协商确定）

（一）设计方面

1. 核查并签发施工图，发现问题向委托人反映，重大问题向委托人做专题报告；

2. 主持或与委托人联合主持设计技术交底会议，编写会议纪要；

3. 协助委托人会同设计人对重大技术问题和优化设计进行专题讨论；

4. 审核承包人对施工图的意见和建议，协助委托人会同设计人进行研究；

5. 其他相关业务。

（二）采购方面

1. 协助委托人进行采购招标；

2. 协助委托人对进场的永久工程设备进行质量检验与到货验收；

3. 其他相关业务。

（三）施工方面

1. 协助委托人进行工程施工招标和签订工程施工合同。

2. 全面管理工程施工合同，审查承包人选择的分包单位，并报委托人批准。

3. 督促委托人按工程施工合同的约定，落实必须提供的施工条件；检查承包人的开工准备工作。

4. 审核按工程施工合同文件约定应由承包人提交的设计文件。

5. 审查承包人提交的施工组织设计、施工进度计划、施工措施计划；审核工艺试验成果等。

6. 进度控制。协助委托人编制控制性总进度计划，审批承包人编制的进度计划；检查实施情况，督促承包人采取措施，实现合同工期目标。当实施进度发生较大偏差时，要求承包人调整进度计划；向委托人提出调整控制性进度计划的建议意见。

7. 施工质量控制。审查承包人的质量保证体系和措施；审查承包人的实验室条件；依据工程施工合同文件、设计文件、技术标准，对施工全过程进行检查，对重要部位、关键工序进行旁站监理；按照有关规定，对承包人进场的工程设备、建筑材料、建筑构配件、中间产品进行跟踪检测和平行检测，复核承包人自评的工程质量等级；审核承包人提出的工程质量缺陷处理方案，参与调查质量事故。

8. 资金控制。协助委托人编制付款计划；审查承包人提交的资金流计划；核定承包人完成的工程量，审核承包人提交的支付申请，签发付款凭证；受理索赔申请，提出处理建议意见；处理工程变更。

9. 施工安全控制。审查承包人提出的安全技术措施、专项施工方案，并检查实施情况；检查防洪度汛措施落实情况；参与安全事故调查。

10. 协调施工合同各方之间的关系。

11. 按有关规定参加工程验收，负责完成监理资料的汇总、整理，协助委托人检查承包人的合同执行情况；做好验收的各项准备工作或者配合工作，提供工程监理资料，提交监理工作报告。

12. 档案管理。做好施工现场的监理记录与信息反馈，做好监理文档管理工作，合同期限届满时按照档案管理要求整理、归档并移交委托人。

13. 监督承包人执行保修期工作计划，检查和验收尾工项目，对已移交工程中出现的质量缺陷等调查原因并提出处理意见。

14. 按照委托人签订的工程保险合同，做好施工现场工程保险合同的管理。协助委托人向保险公司及时提供一切必要的材料和证据。

15. 其他相关工作。

第二章　现场监理机构组建及管理

监理机构是监理单位依据监理合同派驻工程现场，由总监理工程师、专业监理工程师、监理员和其他监理辅助人员组成的全面履行监理合同的现场机构，是监理单位对水利建设项目有效地实施监理、进行科学管理、严格控制，确保建设项目总目标最优实现的组织保障。

监理机构组织是否合理，总监理工程师、监理工程师的人选是否恰当，直接关系到监理业务能否有效地运行，同时也是直接影响监理目标能否很好地实现的重要前提，也是项目监理成败的关键性因素。

第一节　现场监理机构组建

监理企业与发包人签订监理合同后，应及时组建现场监理机构。配置满足监理工作需要的监理人员，并在监理合同约定的时间内，将总监理工程师、监理工程师、监理员派驻到监理工地。监理机构组建的步骤如下：

一、确定监理目标

监理目标是监理机构组建的前提，是监理合同约定的资金、质量、进度、安全文明等目标的控制值。

（一）资金目标

监理机构根据合同条件，通过建立合同工程付款台账，对付款情况进行记录，根据工程实际进展，对合同工程付款情况进行分析，并与各分部、单元工程的预算进行比较，检查其是否有差异，从而及时采取措施；同时正确地处理变更、索赔事宜，达到资金控制的目标。

（二）质量目标

在施工的过程中，监理机构通过建立健全有效的质量控制工作体系，对施工单位形成工程实体的材料、半成品、机具以及施工工艺质量进行控制，确保工程项目质量达到预定的标准和等级要求。

（三）进度目标

监理机构通过审核、审批施工组织设计和进度计划，并在计划实施中紧密跟踪，分析实际进度与实际进度偏差的原因，重点分析关键线路进展情况和进度延误的影响因素，并采取相应的监理措施，使单项工程及其分阶段目标工期逐步实现，从而保证项目工期的实现。

（四）安全文明监理目标

监理机构按照法律、法规和工程建设强制性标准对施工组织设计中的安全技术措施或者专项施工方案进行审查，监理过程中，及时检查施检查施工安全技术措施和专项施工方案的落实情况，对发现存在的安全隐患及时通知施工单位整改，情况严重的，要求施工单位暂停施工，并及时报告建设单位。对拒不整改或者不停止施工的施工单位，及时向有关主管部门报告。从而杜绝安全事故发生，达到安全监理目标的实现。

二、确定监理工作内容

水利工程监理工作是一项工作难度较大的技术性服务工作，它贯穿了从工程开工准备、实施、竣工验收等全过程，在整个水利工程建设管理过程中起着非常重要的作用，内容如下：

（一）设计方面

（1）核查并签发施工图，发现问题向委托人反映，重大问题向委托人做专题报告；

（2）主持或与委托人联合主持设计技术交底会议，编写会议纪要；

（3）协助委托人会同设计人对重大技术问题和优化设计进行专题讨论；

（4）审核承包单位对施工图的意见和建议，协助委托人会同设计人进行研究。

（二）采购方面

（1）协助委托人进行采购招标；

（2）协助委托人对进场的永久工程设备进行质量检验与到货验收。

（三）施工方面

（1）协助委托人进行工程施工招标和签订工程施工合同。

（2）全面管理工程施工合同，审查承包单位选择的分包单位，并报委托人批准。

（3）督促委托人按工程施工合同的约定，落实必须提供的施工条件；检查承包单位的开工准备工作。

（4）审核按工程施工合同文件约定应由承包单位提交的设计文件。

（5）审查承包单位提交的施工组织设计、施工进度计划、施工措施计划；审核工艺试验成果等。

（6）进度控制。协助委托人编制控制性总进度计划，审批承包单位编制的进度计划；检查实施情况，督促承包单位采取措施，实现合同工期目标。当实施进度发生较大偏差时，要求承包单位调整进度计划；向委托人提出调整控制性进度计划的建议意见。

（7）施工质量控制。审查承包单位的质量保证体系和措施；审查承包单位的实验室条件；依据工程施工合同文件、设计文件、技术标准，对施工全过程进行检查，对重要部位、关键工序进行旁站监理；按照有关规定，对承包单位进场的工程设备、建筑材料、建筑构配件、中间产品进行跟踪检测和平行检测，复核承包单位自评的工程质量等级；审核承包单位提出的工程质量缺陷处理方案，参与调查质量事故。

（8）资金控制。协助委托人编制付款计划；审查承包单位提交的资金流计划；核定承包单位完成的工程量，审核承包单位提交的支付申请，签发付款凭证；受理索赔申请，提出处理建议意见；处理工程变更。

（9）施工安全控制。审查承包单位提出的安全技术措施、专项施工方案，并检查实施情况；检查防洪度汛措施落实情况；参与安全事故调查。

（10）协调施工合同各方之间的关系。

（11）按有关规定参加工程验收，负责完成监理资料的汇总、整理，协助委托人检查承包单位的合同执行情况；做好验收的各项准备工作或者配合工作，提供工程监理资料，提交监理工作报告。

（12）档案管理。做好施工现场的监理记录与信息反馈，做好监理文档管理工作，合同期限届满时按照档案管理要求整理、归档并移交委托人。

（13）监督承包单位执行保修期工作计划，检查和验收尾工项目，对已移交工程中出现的质量缺陷等调查原因并提出处理意见。

（14）按照委托人签订的工程保险合同，做好施工现场工程保险合同的管理。协助委托人向保险公司及时提供一切必要的材料和证据。

实际工作中，监理工作内容已在监理合同中明确，监理单位可根据监理合同中已明确的监理工作内容，进行分类归并及组合。

三、监理机构组建

（一）合理确定组织形式

根据水利工程建设特点、工程规模、性质、承包模式、业务委托的任务以及监理单位自身情况。监理机构的组织形式一般有以下四种模式：直线制监理组织，职能制监理组织，直线职能制监理组织，矩阵制监理组织。

1. 直线制

最简单的组织形式，上下实行垂直领导，任何一个下级只接受唯一上级的命令。（图 1）

优点：组织机构简单，权力集中，命令统一，职责分明，决策迅速，隶属关系明确。

缺点：实行没有职能部门的“个人管理”，这就要求总监理工程师通晓各种业务，通晓多种知识技能。

适用于大、中、小型水利工程建设项目。

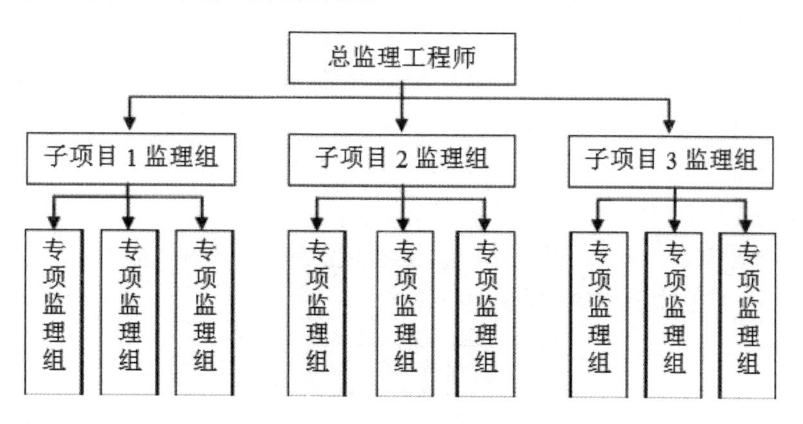

图1　直线制监理组织模式

2. 职能制

整个监理机构被分成若干个职能部门，总监理工程师将相应的管理职责和权力交给各职能部门负责人，后者在其职权范围内，直接指挥下级单位。（图 2）

优点：有利于发挥各职能机构的专业管理作用，提高工作效率，由于吸收各个方面专家参加管理，减轻了总监理工程师的负担，使总监可以集中精力履行自己的职责。

缺点：产生多头领导，在职能不多的情况下 . 这种组织形式还能适应管理的需求，但在职能部门较多的情况下，会对下级形成多头领导，不符合统一指挥的要求；相互协调困难；信息难于畅通，影响上层管理效果。

适用于地理位置上相对集中、监理业务不太复杂的水利工程建设项目。

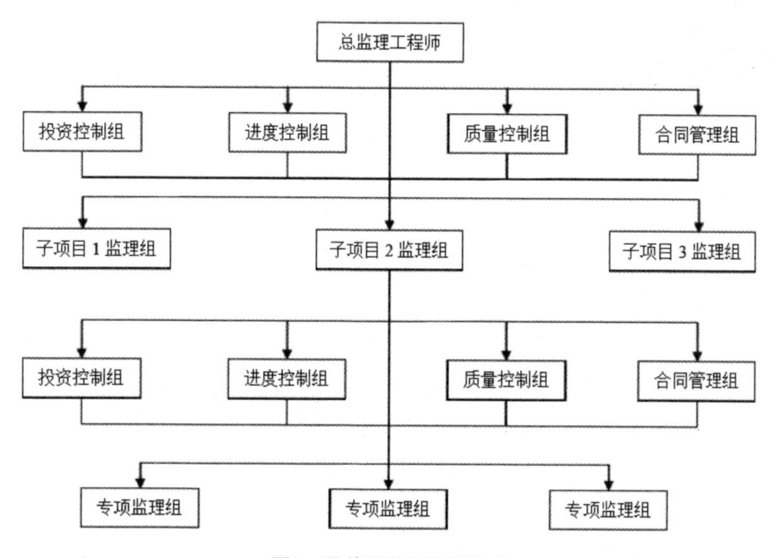

图2　职能制监理组织模式

3. 直线职能制

具有直线制组织模式和职能制组织模式的优点，在这种形式中，监理机构和人员被分成两类：一类是直线指挥机构和人员，按项目的区域或工程分段划分，对自己管辖的区域或者工程负责，对其下属有指挥和命令的权力；另一类是职能机构和人员，按专业或职能划分，只能对下级进行业务指导，无指挥权。（图 3）

优点：既保持了直线制组织实行直线领导、统一指挥、职责清楚的优点，又保持了职能制组织目标管理专业化的优点。

缺点：职能部门与指挥部门易产生矛盾，信息传递路线长，不利于互通情报。

适用于大中型水利建设工程项目。

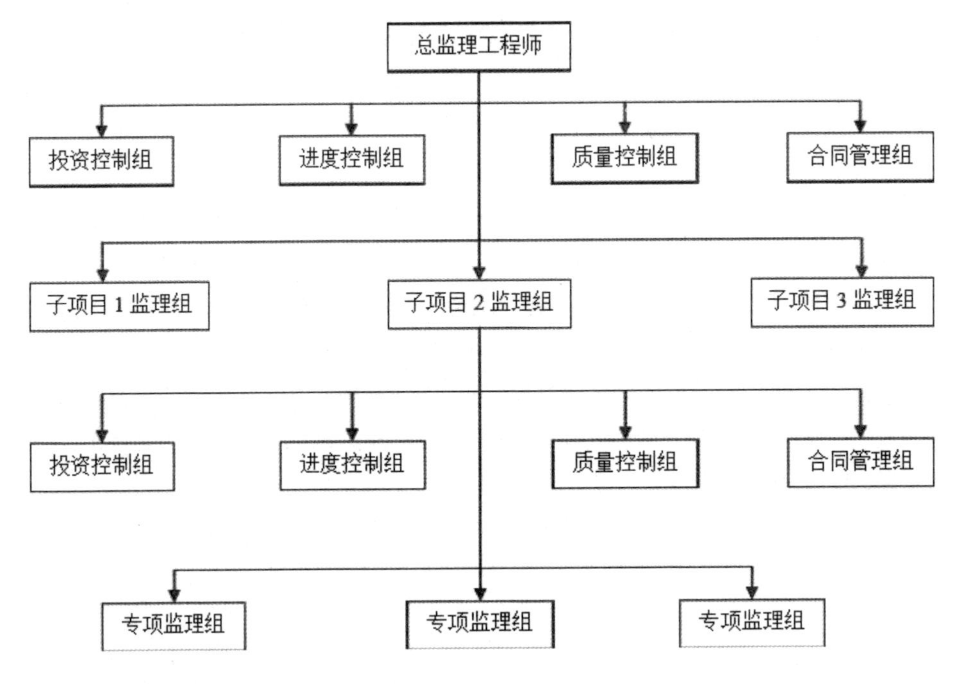

图3　直线职能制监理组织模式

（4）矩阵制

由纵横两套管理系统组成的矩阵式组织结构，一套是纵向的职能系统；另一套是横向的子项目系统。（图 4）

优点：加强了各职能部门的横向联系，具有较大的机动性和适应性，把上下左右集权与分权实行最优的结合，有利于解决复杂问题，有利于监理人员业务能力的培养。

缺点：纵横向协调工作量大，处理不当会造成扯皮现象，产生矛盾。

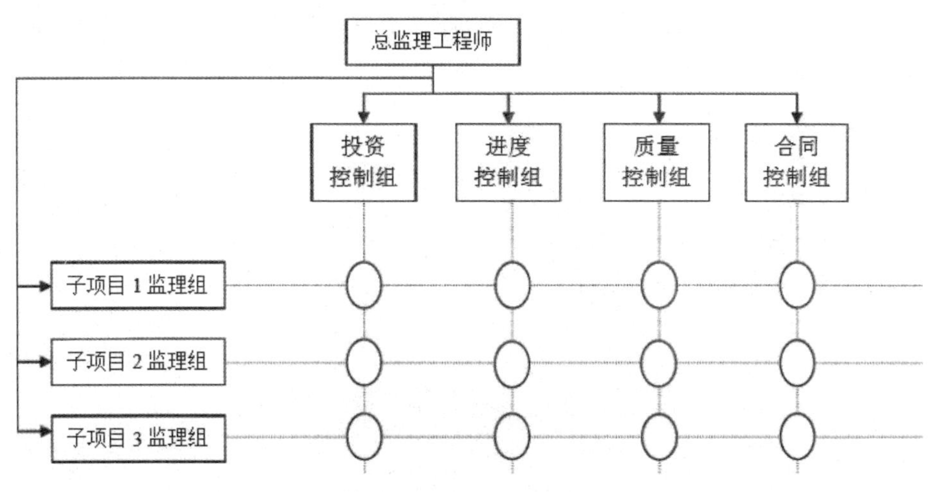

图4 矩阵制监理组织模式

（二）合理确定管理层次

管理层次是指从组织的最高管理者到基层工作人员之间的等级层次数量。

水利工程监理是一项技术性很强的工作，监理人员要具备良好的素质，不仅要懂设计、施工、试验和合同管理，而且要有强烈的责任心并能秉公办事。此外，监理人员配备上应考虑不同层次的人员适当搭配，项目监理机构中一般分为三个层次：

（1）决策层：由总监理工程师、副总监理工程师其他职能人员组成，根据监理合同的要求和监理活动内容进行科学化、程序化决策与管理；

（2）中间层：由各专业监理工程师组成，具体负责监理规划的落实，监理目标控制及合同实施的管理；

（3）作业层：主要由监理员、检查员等组成，具体负责监理活动的操作实施。

（三）合理确定管理跨度

管理跨度是指一个上级管理者直接管理的下级人数，管理跨度越大，管理者需要协调的工作量越大，因而监理单位组建监理机构时，必须确定合理的管理跨度。

（四）配备满足数量的监理人员

配备足够数量的监理人员，是保障监理工作的重要一环。监理单位应根据监理合同要求、水利工程项目类型、规模、复杂程度，以及监理人员素质和施工承包队伍的资质等综合因素合理配备监理机构人员数量。

（五）合理设置职能部门

应依据监理机构目标、合同相关条款以及可利用的人力、物力情况资源合理设置各职能部门，将资金控制、进度控制、质量控制、合同管理、组织协调等监理工作内容按不同的职能设置相应的管理部门。

（六）制定岗位职责及考核标准

岗位职务及职责的确定，要有明确的目的性，不可因人设事。根据责权一致的原则，对监理人员适当的授权，以承担相应的职责；并应确定考核标准，对监理人员的工作进行定期考核，包括考核内容，考核标准及考核时间。

第二节　监理职责和权限

一、监理机构职责和权限

监理机构是监理单位依据监理合同派驻工程现场，由总监理工程师、专业监理工程师、监理员和其他监理辅助人员组成，代表监理单位履行监理合同的机构。监理机构在项目监理中职责和权限是监理合同中约定和有关法律法规规定的。

（一）职责

1. 监理部组建后，应及时将总监理工程师和其他主要监理人员的姓名、分工和授权范围书面通知发包人和承包单位；

2. 制定与监理工作内容相适应的工作制度和管理制度；

3. 对施工图纸核查并签发；

4. 对承包单位提交的各类文件审批、审核或确认；

5. 对承包单位拟选择的分包项目和分包人进行审查并报发包人审批；

6. 签发指示、通知、批复等监理文件；

7. 监督、检查现场施工安全情况、文明施工情况、施工进度情况，对发现的问题按要求及时处理；

8. 核验承包单位申报的原材料、中间产品的质量，复核工程施工质量；

9. 参与或组织工程设备的交货验收；

10. 审核工程计量，签发各类付款证书；

11. 审批施工质量缺陷处理措施计划，监督、检查施工质量缺陷处理情况，组织施工质量缺陷备案表的填写；

12. 处置施工中影响工程质量和安全的紧急情况；

13. 处理变更、索赔和违约等合同事宜；

14. 依据有关规定参与工程质量评定，主持或参与工程验收；

15. 主持施工合同履行中发包人和承包单位之间的协调工作；

16. 完成监理合同约定的全部工作后，按有关档案管理规定，移交合同履行期间的监理档案资料。

（二）权限

1. 审查承包单位现场管理机构人员资质、质量保证体系。对不符合工程需要的，有权要求补充、更换。

2. 审批承包单位工程施工组织设计和技术方案，按照保证质量、保证工期和降低成本的原则，向承包单位提出建议，但不免除承包单位的责任。

3. 征得业主同意，监理人有权发布合同开工通知、暂停工通知、复工通知。

4. 工程上使用的材料和施工质量的确认。对于不符合设计要求和合同约定及国家质量标准的材料、构配件、设备，有权通知承包单位停止使用；对于不符合规范和质量标准的工序、单元分部工程和不安全施工作业，有权通知承包单位暂停工整改、返工。承包单位得到监理机构复工通知后才能复工。

5. 工程施工进度的检查、监督权，以及工程实际竣工日期提前或超过工程施工合同规定的竣工期限的签认权。

6. 在工程施工合同约定的工程价格范围内，工程款支付的审核和签认权，以及工程结算的复核确认权与否决权。

7. 在监理过程中如发现工程承包单位人员工作不力，监理机构可要求承包单位调换有关人员的权利。

二、总监理工程师职责

水利工程施工监理实行总监理工程师负责制。总监理工程师是具有工程类高级工程师职称的监理工程师，是监理单位派驻工程项目监理现场的最高行政、技术管理负责人，对内向公司负责，接受公司的检查和监督，全面管理和协调监理机构内部事务；对外向业主负责，代表公司全面履行监理合同中确定的全部权利和义务，组织开展工程监理业务。主要职责包括：

1. 主持编制监理规划（监理单位技术负责人审批），制定监理机构工作制度，审批监理实施细则。

2. 确定监理机构各部门职责及监理人员职责权限；协调监理机构内部工作；负责监理机构中监理人员的工作考核，调换不称职的监理人员；根据工程建设进展情况，调整监理人员。

3. 签发或授权签发监理机构的文件。

4. 主持审查承包单位提出的分包项目和分包人，报发包人批准。

5. 审批承包单位提交的合同工程开工申请、施工组织设计、施工进度计划、资金流计划。

6. 审批承包单位按有关安全规定和合同要求提交的专项施工方案、度汛方案和灾害应急预案。

7. 审核承包单位提交的文明施工组织机构和措施。

8. 主持或授权监理工程师主持设计交底；组织核查并签发施工图纸。

9. 主持第一次监理工地会议，主持或授权监理工程师主持监理例会和监理专题会议。

10. 签发合同工程开工通知、暂停施工指示和复工通知等重要监理文件。

11. 组织审核已完成工程量和付款申请，签发各类付款证书。

12. 主持处理变更、索赔和违约等事宜，签发相关文件。

13. 主持施工合同实施中的协调工作，调解合同争议。

14. 要求承包单位撤换不称职或不宜在本工程工作的现场施工人员或技术、管理人员。

15. 组织审核承包单位提交的质量保证体系文件、安全生产管理机构和安全措施文件并监督其实施，发现安全隐患及时要求承包单位整改或暂停施工。

16. 审批承包单位施工质量缺陷处理措施计划，组织施工质量缺陷处理情况的检查和施工质量缺陷备案表的填写；按相关规定参与工程质量及安全事故的调查和处理。

17. 复核分部工程、单位工程的施工质量等级，代表监理机构评定工程项目施工质量。

18. 参加或受发包人委托主持分部工程验收，参加单位工程验收、合同工程完工验收、阶段验收和竣工验收。

19. 组织编写并签发监理月报、监理专题报告和监理工作报告；组织整理监理档案资料。

20. 组织审核承包单位提交的工程档案资料，并提交审核专题报告。

三、副总监理工程师职责

副总监理工程师是由总监理工程师书面授权，代表总监理工程师行使总监理工程师部分职责和权力的监理工程师。总监理工程师可书面授权副总监理工程师或监理工程师履行其部分职责，但下列工作除外：

1. 主持编制监理规划，审批监理实施细则；

2. 主持审查承包单位提出的分包项目和分包人；

3. 承包单位提交的合同工程开工申请、施工组织设计、施工总进度计划、年施工进度计划、专项施工进度计划、资金流计划的审批；

4. 承包单位按有关安全规定和合同要求提交的专项施工方案、度汛方案和灾害应急预案的审批；

5. 施工图纸的签发；

6. 主持第一次监理工地会议，合同工程开工通知、暂停施工指示和复工通知的签发；

7. 各类付款证书的签发；

8. 变更、索赔和违约有关文件的签发；

9. 工程项目施工质量等级评定意见的签署；

10. 要求承包单位撤换不称职或不宜在本工程工作的现场施工人员或技术、管理人员；

11. 监理月报、监理专题报告和监理工作报告的签发；

12. 参加合同工程完工验收、阶段验收和竣工验收。

四、监理工程师职责

监理工程师是取得水利工程建设监理工程师资格证书，受聘于一家监理单位，在监理机构中承担监理工作的人员。监理工程师应按照职责权限开展监理工作，是所实施监理工作的直接责任人，并对总监理工程师负责。职责如下：

1. 参与编制监理规划，编制监理实施细则。

2. 预审承包单位提出的分包项目和分包人。

3. 预审承包单位提交的合同工程开工申请、施工组织设计、施工总进度计划、年施工进度计划、专项施工进度计划、资金流计划。

4. 预审承包单位按有关安全规定和合同要求提交的专项施工方案、度汛方案和灾害应急预案。

5. 根据总监理工程师的安排核查施工图纸。

6. 审批分部工程或分部工程部分工作的开工申请报告、施工措施计划、施工质量缺陷处理措施计划。

7. 审批承包单位编制的施工控制网和原始地形的施测方案；复核承包单位的施工放样成功；审批承包单位提交的施工工艺试验方案，专项检测试验方案，并确认试验成果。

8. 协助总监理工程师协调参建各方之间的工作关系。按照职责权限处理施工现场发生的有关问题，签发一般监理指示和通知。

9. 核查承包单位报验的进场原材料、中间产品的质量证明文件；核验原材料和中间产品的质量；复核工程施工质量；参与或组织工程设备的交货验收。

10. 检查、监督工程现场的施工安全和文明施工措施的落实情况，指示承包单位纠正违规行为；情节严重时，向总监理工程师报告。

11. 复核已完成工程量报表。

12. 核查付款申请单。

13. 提出变更、索赔及质量和安全事故处理等方面的初步意见。

14. 按照职责权限参与工程的质量评定工作和验收工作。

15. 收集、汇总、整理监理资料，参与编写监理月报，核签或填写监理日志。

16. 施工中发生重大问题和遇到紧急情况时，及时向总监理工程师报告、请示。

17. 指导、检查监理员的工作，必要时可向总监理工程师建议调换监理员。

18. 完成总监理工程授权的其他工作。

五、监理员职责

监理员是具有工程类相关专业学习和工作经历的人员，其主要职责如下：

1. 核实进场原材料和中间产品报验单并进行外观检查，核实施工测量成果报告；

2. 检查承包单位用于工程建设的原材料、中间产品和工程设备等的使用情况，并填写现场记录；

3. 检查、确认承包单位单元工程（工序）施工准备情况；

4. 检查并记录现场施工程序、施工工艺等实施过程情况，发现施工不规范行为和质量隐患，及时指示承包单位改正，并向监理工程师或总监理工程师报告；

5. 对所监理的施工现场进行定期或不定期的巡视检查，依据监理实施细则实施旁站监理和跟踪检测；

6. 协助监理工程师预审分部工程或分部工程部分工作的开工申请报告、施工措施计划、施工质量缺陷处理措施计划；

7. 核实工程计量结果，检查和统计计日工情况；

8. 检查、监督工程现场的施工安全和文明施工措施的落实情况，发现异常情况及时指示承包单位纠正违规行为，并向监理工程师或总监理工程师报告；

9. 检查承包单位的施工日志和现场实验室记录；

10. 核实承包单位质量评定的相关原始记录；

11. 填写监理日记，依据总监理工程师或监理工程师授权填写监理日志；

12. 当监理人员数量较少时，总监理工程师可同时承担监理 工程师的职责，监理工程师可同时承担监理员的职责。

第三节　监理工作方法和制度

一、监理工作方法

1. 规范现场工作行为。监理人员应按照施工现场安全和文明施工的要求，佩戴安全帽、胸牌，规范着装、言行及佩戴其他辅助工具，如：笔、记录本、卷尺等。

2. 现场记录。（监理日志、监理日记、旁站记录、巡视记录）（记录每日施工现场的人员、原材料、中间产品、工程设备、施工设备、天气、施工环境、施工作业内容、存在的问题及其处理情况等）

3. 发布文件。（通知、指示、批复、确认等书面文件）

4. 旁站监理。（监理合同约定和监理工作需要，在施工现场对工程重要部位和关键工序的施工作业实施连续性的 全过程监督、检查和记录）

5. 巡视检查。（对施工进行的定期或不定期的监督与检查）

6. 跟踪检测。（对承包单位在质量检测中的取样和送样进行全过程监督。）

7. 平行检测。（按照监理合同约定独立进行抽样检测，核验承包单位的检测结果）。

8. 协调。（依据合同约定对施工合同双方之间的关系以及工程施工过程中出现的问题和争议进行的沟通、协商和调解）

二、监理工作制度

监理工作制度包括监理机构内部管理制度和监理部工作制度，是监理工作的有效进行和监理工作的各项目标的实现的制度保证。

（一）监理部内部管理制度

1. 考勤制度

2. 会议制度

3. 月报制度

4. 监理日志、日记制度

5. 旁站、巡视制度

6. 办公室管理制度

7. 收发文登记制度

8. 档案管理制度

9. 业务学习制度

（二）监理部工作制度

1. 技术文件核查、审核和审批制度。根据施工合同约定由发包人或承包单位提供的施工图纸、技术文件以及承包单位提交的开工申请、施工组织设计、施工措施计划、施工进度计划、专项施工方案、安全技术措施、度汛方案和灾害应急预案等文件，均应经监理机构核查、审核或审批后方可实施。

2. 原材料、中间产品和工程设备报验制度。监理机构应对发包人或承包单位提供的原材料、中间产品和工程设备进行核验或验收。不合格的原材料、中间产品和工程设备不得投入使用，其处置方式和措施应得到监理机构的批准或确认。

3. 工程质量报验制度。承包单位每完成一道工序或一个单元工程，都应经过自检。承包单位自检合格后方可报监理机构进行复核。上道工序或上一单元工程未经复核或复核不合格，不得进行下道工序或下一单元工程施工。

4. 工程计量付款签证制度。所有申请付款的工程量、工作均应进行计量并经监理机构确认。未经监理机构签证的付款申请，发包人不得付款。

5. 会议制度。监理机构应建立会议制度，包括第一次监理工 地会议、监理例会和监理专题会议。会议由总监理工程师或由其授权监理工程师主持。

6. 紧急情况报告制度。监理机构应针对施工现场可能 出现的紧急情况编制处理程序、处理措施等文件。当施工现场发生紧急情况时，监理机构应立即指示承包单位采取有效紧急处理措施，并向发包人报告。

7. 工程建设标准强制性条文（水利工程部分）符合性审核制度。监理机构在审核施工组织设计、施工措施计划、专项施工方案、安全技术措施、度汛方案和灾害应急预案等文件时，应对其与工程建设标准强制性条文（水利工程部分）的符合性进行审核。

8. 监理报告制度。监理机构应及时向发包人提交监理月报、监理专题报告；在工程验收时，应提交工程建设监理工作报告。

9. 工程验收制度。在承包单位提交验收申请后，监理机构应对其是否具备验收条件进行审核，并根据有关水利工程验收规程或合同约定，参与或主持工程验收。

10. 质量缺陷备案制度。在施工过程中，因特殊原因使得工程个别部位或局部发生达不到技术标准和设计要求（但不影响使用），且未能及时进行处理的工程质量缺陷问题（质量评定仍定为合格），应以工程质量缺陷备案形式进行记录备案。由监理单位组织填写质量缺陷备案表，内容应真实、全面、完整。各工程参建单位代表应在质量缺陷备案表上签字，质量缺陷备案表应由项目法人及时报工程质量监督机构备案。

11. 项目经理、副经理和技术负责人考勤制度：每月对项目副经理、项目副经理和技术负责人进行考勤，月底将考勤记录交发包人。

第四节　监理单位对现场监理机构的管理

监理机构是监理单位派驻到施工现场的，全面代表监理单位履行监理合同约定的权利和义务的现场机构，总监是一种职务代理，其行为均代表监理公司，其相应的民事责任都应该由监理单位最终承担，因此监理工作是否到位、规范，是否得到业主和相关业务主管部门的认可，直接关系到监理单位的信用和利益，影响监理单位的生存和发展，因此监理单位必须加强对现场监理机构的管理。

一、组织管理

（一）人员配置及部门设置

水利工程监理工作是一项工作难度较大的技术性服务工作，它贯穿了从工程开工准备、实施、竣工验收等全过程，因此监理单位从组建现场监理机构时，派驻到现场监理人员的业务素质、专业种类、人员数量、部门设置等均须满足合同要求和工程实际的需要。

（二）强化目标管理

目标管理是监理机构管理的核心，监理工作的目标来自合同，通过对监理合同和施工合同的细致研究，可以明确监理工作目标、任务、内容、范围和步骤，同时对合同所约定的各方权利、义务等有一个客观、全面、准确的理解和认识，明确目标要求、实施步骤、参与人员等，并在监理单位的指导下制定工作程序和工作标准，形成监理工作流程图和标准体系，使整个监理过程程序化、标准化。为有效开展目标管理做好准备，也为各项制度的制定提供合同依据。

（三）重点工作指导、把关

除了监理单位技术负责人审核监理规划外，监理单位须对现场监理机构的工作如图纸会审、施工组织设计审查、专项施工方案的审查等重点环节工作给予重点关注和指导，必要时协助组织专家论证或相关协调工作。对一些工作难度大、关键部位、技术比较复杂的工作，监理单位要给予重点指导和把关。

二、制度管理

监理工作制度包括监理机构内部管理制度和监理部工作制度，是监理工作的有效进行和监理工作的各项目标的实现的制度保证，成立监理机构的同时，建立各项工作制度和管理制度。如质量、安全控制方面的、资金控制方面的、办公室及管理方面的以及监理人员岗位职责等方面的制度，并切实保证制度的落实。通过制度的贯彻和落实，使监理机构的工作始终处于监理单位管理和受控状态下，现场监理机构的问题均能通过各种途径及时反馈监理单位，监理单位根据反馈的情况及时对监理单位加以管理，确保监理工作规范运行。

三、经济管理

经济管理属于监理单位管理监理机构的核心工作内容，在确保监理服务的基础上，通过有效管理，降低成本，从而提高企业的整体效益。成立监理机构时，应制定经济方面的管理制度，确保监理机构具有一定的经济支配权，通过经济支配，赋予总监一定的经济支配权，可以依据监理人员在监理工作中的具体表现调整期薪酬待遇。通过经济制度，既保证了监理人员的利益，同时也调动了监理人员工作积极性，为监理机构的运行奠定了物质基础。

四、过程管理

（一）日常检查

监理单位通过定期或不定期地对监理项目进行检查，是对总监及监理机构工作的最直观、最现实的了解。监理单位通过深入施工现场，采取突击检查和巡视检查的办法，检查监理机构的质量、安全、资金控制情况是否到位，监理人员的工作是否规范，对发现的不合格项，要求监理机构提出整改方案，限期整改，并提交整改报告，监理单位再派人对整改结果进行验收，从而起到督促监理人员规范监理、提高监理服务质量，并进一步促进监理机构的工作质量的作用。

（二）监理工作考核

监理机构工作考核是监理单位管理现场监理机构工作的重要手段。监理单位通过量化考核指标和绩效考评，建立奖、罚机制，对监理机构的工作质量进行全面考核。

1. 考核目的

监理机构工作考核是监理单位进一步强化监理机构的管理，调动监理人员工作的积极性和主动性，促进现场监理机构规范监理、提高监理服务质量，实现监理目标实现的重要措施。

2. 考核方式

考核方式分为监理机构的考核和监理人员的考核。监理机构的考核根据施工阶段分为：项目准备阶段考核、项目实施阶段考核、项目完工阶段考核。监理人员的考核分为：总监（项目责任人）考核、监理工程师考核、监理员考核。

一般情况下，监理机构、总监（项目责任人）由监理单位负责考核，监理工程师、监理员由总监（项目责任人）考核，每月将考核结果汇总上报监理单位审核。

在实际工作中，监理单位可根据对监理机构的管理特点、项目特点制定具体的考核方式。

3. 考核组织

监理单位由总工办（技术部）负责组织考核小组，成员由业务副总经理（总经理）、总工、相关科室人员及从其他监理机构临时抽调人员。

4. 考核时间

（1）施工准备阶段考核时间一般在项目开工批复发出后的当月内进行，主要考核项目监理机构的准备工作和开工条件控制工作是否规范；

（2）施工阶段是监理工作实施的主要阶段，考核时间可根据项目特点、进度情况在每月的月底、季末或不定期进行，主要考核监理机构对质量、进度、投资控制情况，以及安全、合同、信息管理情况，参建各方关系协调的工作情况；

（3）完工阶段考核时间一般在项目项目施工结束后，单位工程验收前进行，档案资料的整理、完善情况，遗留问题的处理情况；

（4）项目总监（项目责任人）的考核时间根据监理单位的项目管理特点在每月的月底、季末或年中、年终进行，也可与监理机构的考核同时进行；

（5）监理工程师、监理员的考核时间一般由监理机构在每月的月底、季末或年中、年终进行，考核完毕后将考核结果汇总上报监理单位审核。

5. 考核标准及奖惩

（1）考核实行百分制，可分为四个等级：不合格，合格、良好、优秀，综合得分 <60 分，

评价为不合格；60 分≤综合得分 <79 分，评价为合格；80 分≤综合得分 <89 分，评价为良好；综合得分≥ 90 分，评价为优良。

（2）对于考核优良或优秀的监理机构和监理人员，监理单位应给予表扬和奖励；对于考核不合格的监理机构和监理人员，监理单位除责成限期整改外，还应给予经济处罚和通报批评。

6. 考核项目、内容及标准

（1）施工准备阶段考核

施工准备阶段考核时间一般在项目开工批复发出后的当月内进行，主要考核项目监理机构的准备工作和开工条件控制工作是否规范，主要从以下几个方面考核：1. 监理机构的组建情况；2. 技术文件的审查、审核、审批情况；3. 设计交底、4. 施工图签发；5. 第一次工地会议；6. 测量放线成果审查；7. 进场人员、材料、设备审查；8. 质量、安全保证体系的核查；9. 安全防控措施督查；10. 监理资料；11. 开工条件审查等方面进行综合考核，考核的具体内容及标准见表一。

表一　施工准备阶段考核表

项目名称：______________　　　　总监（负责人）：______________

序号	项目	检查内容	检查标准	标准分	扣分	得分	备注
一	监理机构组建情况18	监理机构组建文件	无组建文件扣2分，有组建文件没报发包人扣1分	2			
			有变更人员，无变更文件扣1分、无发包人批复扣1分	2			
		办公住宿	办公、住宿环境脏、乱,办公设施不完善扣1分	1			
		检测仪器安全用品配	未配备必要的检测仪器设备扣1分	1			
			未配备安全防护用品、用具扣1分	1			
		岗位责任制工作程序	未制定人员岗位（总监、副总监、监理工程师、监理员）职责扣2分，岗位职责不清、没有明确到人扣1分	2			
			未明确工作程序（质量控制、评定、进度控制、索赔、支付）扣1-2分	2			
			岗位职责、工作程序图牌未上墙扣1分	1			
		管理制度	无（考勤，会议，月报，监理日志、日记，巡视、旁站，办公室管理，收发文登记，档案管理，业务学习等）制度扣2分，制度不齐全、不完善扣1-1.5分	2			

续 表

序号	项目	检查内容	检查标准	标准分	扣分	得分	备注
		工作制度	无（技术文件审核、审批，原材料、中间产品和工程设备报验，质量报验，计量付款签证、会议，紧急情况报告强制性条文符合性审核，监理报告，工程验收，质量缺陷备案等）制度扣2分，制度不齐全、不完善扣1-1.5分	2			
		人员岗前培训交底情况	无进行法律法规、合同、图纸、技术标准的培训扣1分，无进行工作程序、工作制度等方面的交底 扣1分	2			
二	技术文核查审核审批 13	程序审核	未进行开工报审、施工组织设计、施工措施计划、施工进度计划、实验方案、安全技术措施、专项方案、度汛方案等审核、审批扣2-4分	4			
		符合性审核	对施工组织设计、施工措施计划、施工进度计划、实验方案、安全技术措施、专项方案、度汛方案不符合要求的内容审核未指出、专项方案应组织专家论证而未组织专家论证审核未指出扣1-3分	3			
		时效性审核	危险较大工程没有及时编制专项施工方案,审核未指出 扣2分	2			
		针对性审核	缺乏针对性，审核意见笼统扣2分	2			
		强制性条文符合性审核	有不符合强制性条文的内容，审核未指出 扣2分	2			
三	设计交底 2	设计交底记录	无设计交底记录扣2分，内容、签字手续不完善扣1-2分	2			
四	施工图签发 3	核查意见单	未进行核查扣1分	1			
		图纸签发表	未进行签发扣1分	1			
		图纸签字盖章	图纸未盖章、签字扣1分	1			
五	第一次工地会议 2	第一次工地会议纪要	无第一次工地会议纪要扣2分，会议记录内容、签字手续不完善1-2分	2			
六	测量放线成果审查 4	高程、坐标点移交记录	未对高程点、坐标点移交扣1分	1			
		测量方案	未提交测量方案，或未对测量方案审核扣1分	1			
		测量过程	未参加联合测量或未对测量过程监督扣1分	1			
		测量成果	未对测量成果及时准确审核扣1分	1			

续　表

序号	项目	检查内容	检查标准	标准分	扣分	得分	备注
七	进场人员材料设备审查 11	现场机构及主要人员	机构、人员数量、资格不符合合同要求，核查未指出扣1-2分	2			
			人员变更手续不否符合合同要求，审核未指出扣2分	2			
		现场施工设备	设备名称、型号、数量不符合合同要求，核查未指出扣1-2分	2			
		原材料、中间产品、工程设备	未对承包单位试验室资格进行审查扣1分	1			
			未进行见证取样扣2分	2			
			未对质量证明文件及检测结果进行审核扣2分	2			
八	质量、安全保证体系的核查 4	合理性审查	体系的组织形式、人员配置不符合要求监理未指出扣2分	2			
		人员资格审查	体系中的人员资格不符合要求，监理未指出扣2分	2			
九	安全督查 2	安全管理制度、安全教育培训、安全技术交底	未对承包单位的安全管理规章制度、安全教育和培训、安全技术交底情况进行监督检查扣2分	2			
十	监理资料 39	工程建设方面资料收集	建设方面的法律、法规、规章、设计文件、合同文件及质量、安全方面的技术标准未收集扣1分	1			
		监理规划、监理细则	监理细则缺项扣1分	1			
			内容、格式不符合规范要求扣1分	1			
			指导性、针对性较差，可操作性不强1分	1			
			编制人、审核人、批准人签字不规范、不完善 扣 1分	1			
			未按照要求要求报送相关单位扣 1分	1			
		监理日志、监理日记	未记录该项扣7分				
			未及时记录扣2分，	2			
			内容不完整、不齐全扣2分	2			
			与施工日志内容不闭合扣3分	3			
		收发文记录	无收发文记录该项扣2分				
			收发文登记不及时或漏登记 扣1分	1			
			登记内容、时间、责任人不完整清楚扣1分	1			

续 表

序号	项目	检查内容	检查标准	标准分	扣分	得分	备注
		监理月报	未及时编制监理月报扣2分	2			
			格式不符合规范要求、内容不全、数据不准确扣1分	1			
			按照要求及时报业主单位、监理单位扣2分	2			
		监理通知、指示、报告	通知、指示下发不及时、监理报告报送不及时扣4分	4			
			未及时落实相关内容、未及时回复，不闭合扣1-3分	2			
		监理资料齐全、完整性	开工报审、批复资料，监理过程各种检查、复核、支付资料，会议记录资料不齐全完善。扣1-3分	3			
		监理资料收集、归档	无专人收集、管理扣1分	1			
			未按相关要求编号、分类、登记、归档扣1分	1			
		项目划分、外观质量评定标准	没有制定项目划分、外观质量评定标准各扣1分	2			
			未经质量监督机构确认各扣1分	2			
		工程预付款	支付不符合合同要求或附件（担保、保函、进场机械等）不齐全未审核出扣1分	1			
			申请金额错误，审核未指出扣1分	1			
十一	开工条件审查 2	程序性审查	未审查扣2分				
		符合性审查	存在有不符合的条件未审出，已下发开工批复扣1-2分	2			

（2）施工阶段考核

施工阶段，是资金投入量最大的阶段，是形成工程实体、实现建设工程使用价值的主要阶段。

施工阶段是监理工作实施的主要阶段，涵盖了工程质量控制、进度控制、资金控制、安全管理、合同管理、信息管理、施工关系协调等方面的监理工作，也是监理工作最容易出问题的阶段，因此在施工阶段中，监理单位应将该阶段监理机构的考核作为重点。考核时间可根据项目特点、进度情况在每月的月底、季末或不定期进行，考核项目主要包含以下几个方面：1. 质量控制工作；2. 进度控制工作；3. 资金控制工作；4. 安全文明管理工作；5. 扬尘管理；5. 合同管理工作；6. 信息管理工作；7 主管部门、业主的评价。具体考核的内容及标准见表二。

表二 施工阶段考核表

项目名称：______________ 总监（负责人）：______________

序号	项目	检查内容	检查标准	标准分	扣分	得分	备注
一	原材料、中间产品、工程设备11	见证取样	未见证取样扣1分	1			
		质量证明资料审核	质量证明文件及检测报告存在漏项、错误、批量代表不够核查未发现扣2分	2			
		平行检测	未建立平行检测台账扣2分，台账内容不全扣1-2分	2			
			平行检测检测数量及组数不符合相关规定。扣1-2分	2			
		原材料、中间产品、工程设备监督管理	存在未检测使用的情况，未及时发出书面指示纠正扣2分	2			
			未及时督促将不合格的原材料、中间产品、工程设备清理出场扣2分	2			
			将不合格原材料、中间产品、工程设备按合格签认的或存在使用不合格的原材料、中间产品、工程设备未发现，本项不得分				
	质量监控与验收22	质量保证体系监督	未对质量保证体系运行情况进行监督扣1分	1			
		测量复核	未对承包单位报验的测量成果及时审核签认扣2分	2			
			对测量成果的错误审核未发现扣2分	2			
		质量检查和处理	未对施工单位不按照施工程序、规范、设计标准施工的情况以及质量隐患、质量缺陷问题及时书面通知施工单位进行整改扣2分。	2			
			未对施工单位质量问题（不按施工程序、规范、设计施工以及质量隐患、质量缺陷问题）的整改、回复情况进行督促扣2分。	2			
		旁站方案	未按照合同要求对关键工序、关键部位编制旁站方案扣1分	2			
		旁站及旁站记录	未按照要求实施旁站或无旁站记录该项不得分，旁站记录内容不具体、数据不完整、签字不齐全扣1-2分。	2			

续 表

序号	项目	检查内容	检查标准	标准分	扣分	得分	备注
		评定与验收	对单元工程（工序）质量未经监理复核或单元工程（工序）质量检验不合格就进行后续工程施工的现象未制止扣3分	3			
			已验收的单元工程（工序）无评定资料或评定资料不齐全扣1-2分	2			
			监理未按要求对单元工程（工序）的质量评定进行抽检，或抽检数据不真实扣2分	2			
			将质量不合格单元工程（工序）按合格签字，本项不得分				
			重要隐蔽、关键部位单元评定未按照施工自评、监理复核、联合核定、质监站核备的程序进行扣1分	1			
			未及时按照合同组织分部工程验收扣1分	1			
二	进度控制 4	进度计划的审查	未及时对进度计划进行审查和审批，扣1分	1			
		进度计划实施的检查	未对施工单位的进度计划、资源的投入进行监督和检查扣2分。	2			
			实际进度与计划进度有偏差，无督促通知和报告扣1分	1			
三	资金控制 10	测量数据的监控	未对测量过程进行监督扣1分	1			
			对测量或计算过程中存在的问题审核未发现扣2分	2			
		计量支付	支付项目不符合合同要求审核未发现扣1分	1			
			计量、支付数据计算有错误或支付存在超支、漏支、错支情况审核未发现扣1分	1			
			应签署监理审核意见的地方未签署扣1分	1			
			计算资料、证明材料等附件不全扣1分	1			
			未建立计量支付阶段性统计台账扣1分	1			
		变更、新增项目	未按照合同约定的程序和方法审核单价、合价扣1分。	1			
			经监理审核的变更项目的工程量及单价不准确扣1分	1			

续　表

序号	项目	检查内容	检查标准	标准分	扣分	得分	备注
四	安全文明管理 12	安全监理细则	未编制安全监理细则扣1分	1			
		安全监督	未对承包单位的安全教育和培训、作业人员安全技术交底情况进行监督检查 扣1分	1			
		安全巡视检查	未对施工单位的安全生产保证体系的运行及专职安全管理人员到位和履责情况进行检查扣2分	1			
			未对安全技术措施或者专项施工方案、安全文明施工方案的落实情况进行检查扣2分	1			
			对现场存在的安全隐患未及时书面示通知施工单位整改。未按要求对严重的安全隐患签发暂停工指令，并同时报告业主单位。对拒不整改或不停工整改安全隐患的承包单位未按照要求报告安全监督部门扣2分	2			
			现场料物堆放混乱，未书面通知施工单位整改 扣2分。	2			
			未对安全隐患、料物堆放混乱的整改、回复进行督促扣2分.	2			
			未及时记安全巡视记录或巡视记录不及时、不详细、不完整扣1-2分	2			
五	扬尘管理 5	扬尘监理细则	未编制扬尘污染监理细则 扣1分	1			
		扬尘污染检查	未对扬尘污染防治中存在的问题书面通知施工单位进行整改。未按照要求对扬尘污染防严重的进行停工整改，对拒不按要求整改的施工单位未及时向建设单位及主管部门反映情况 扣2分	2			
			未对扬尘污染防治的整改、回复情况进行督促扣2分	2			
六	合同管理 10	工程变更	对承包单位擅自变更行为未及时制止扣2分	2			
			变更手续未审批就实施扣2分	2			
		人员变更	未按照合同要求对人员变更手续进行审核扣2分	2			
			对变更手续不齐全的人员审核未提出扣2分	2			
		索赔处理	未按合同文件规定的程序处理索赔、延期申请报告扣2分	2			

续 表

序号	项目	检查内容	检查标准	标准分	扣分	得分	备注
七	信息管理 20	会议纪要	无会议纪要记录或会议记录内容、签字手续不完善扣1-2分。	2			
		监理日志、日记	记录不及时、内容不完整、不齐全扣2分	2			
			与施工日志内容不闭合3分	3			
		收发文记录	无收发文记录扣2分，收发文登记不及时或漏登记，登记内容、时间、责任人不完整清楚扣1-2分	2			
		监理月报、简报	未及时编制监理月报扣2分	2			
			格式不符合规范要求、内容不全、数据不准确扣1分	1			
			未按照要求及时报业主单位、监理单位扣1分	1			
		监理通知、指示、报告	通知、指示下发不及时、监理报告报送不及时扣2分	2			
			未及时落实相关内容、未及时回复，不闭合扣2分	2			
		监理资料齐全、完整性	开工报审、批复资料，监理过程各种检查、复核、支付等资料不齐全完善扣2分	2			
		监理资料收集归档	未按要求编号、分类、登记、归档扣1分	1			
八	主管部门业主评价 6	行政主管部门	行政主管部门检查时进行批评扣3分，书面通报本次考核不合格。	3			
		业主投诉	业主有书面或其他方面的投诉扣3分	3			

（3）完工阶段考核

完工阶段，所有施工工序已完成，监理的主要工作是工程验收准备和遗留问题的处理。考核时间一般在项目施工结束后，单位工程验收前进行。

完工阶段考核是对监理机构各方面工作全面检查，主要考核监理机构从工程开工到结束的各方面监理工作是否到位，监理资料是否完善。具体考核项目、内容办法见表三。

表三　完工阶段考核表

项目名称：________　　　　总监（负责人）：________

序号	项目	检查内容	检查标准	应得分	扣分	得分	备注
一	监理基本资料 20	监理合同文件、资质证书（复印件）	存档、缺项扣1分	1			
		监理机构人员组成文件及资格证书	存档、缺项扣1分	1			
		监理机构内部规章制度	存档、缺项扣1分	1			
		监理规划、细则	存档、缺项扣1分	1			
		施工合同文件	存档、缺项扣1分	1			
		收发文登记	登记不及时、齐全扣1分	1			
		监理日记、日志、旁站记录等	资料签字乱扣3分；内容不完善扣3分；与施工日志内容不对照扣6分	6			
		监理月报、监理简报	缺期扣2分，未按规范内容扣1分，资料签字乱扣3分	2			
		监理工作报告	未完成（电子版）扣5分	5			
		监理资料管理情况	无档案目录扣1分；未按要求装订，资料不齐全扣1分	1			
二	工程开工控制 8	合同工程开工通知、合同、分部工程开工批复	合同工程开工通知、合同、分部工程开工批复签发、签收，缺项扣分	1			
		各阶段开工批复附件	检查附件是否齐全，缺一项扣1分	2			
		设计技术交底及第一次工地会议	存档、缺一项扣1分	2			
		经质监站批复的项目划分、外观质量评定标准	存档、缺一项扣1分	2			
		现场试验及检测方案	存档、缺项扣1分	1			
三	质量控制 40	监理质量控制体系、各项质量管理制度	存档，缺项酌情扣分	2			
		现场质量检查记录	检查各工序、单元抽检记录，记录不齐酌情扣1-4分	4			
		原材料及中间产品取样检测组数	检查取样试验单，取样每少一组扣1分	4			

续 表

序号	项目	检查内容	检查标准	应得分	扣分	得分	备注
		跟踪检测和平行检测情况	检查取样试验单，取样每少一组扣1分	2			
		单元（工序）质量评定资料（监理师签字）	无单元（工序）资料扣4分，评定不合理酌情扣分，资料签字乱扣4分	4			
		分部、单位工程质量评定资料（总监签字）	未及时评定扣2分，资料签字乱扣2分	2			
		重要隐蔽、关键部位单元评定资料（监理师抽检、联合核定、报质监站核备）	未及时评定扣2分，未报备扣1分	2			
		按监理合同规定的旁站情况和旁站记录	旁站部位、旁站记录的完备性检查，无旁站记录扣2分；旁站记录不完善、不齐全扣1-2分。	2			
		有关通报批评和查处通知的整改情况	整改资料不齐全、整改不到位酌情扣分	3			
		监理通知、指令、报告情况	检查通知、指令，及时回复情况，未及时回复、措施不力扣2-5分	5			
		已完工程外观质量情况	现场分部位查看，按优良中差4档打分	6			
		质量缺陷备案情况	未及时备案，扣2分	2			
		单位工程质量资料核查表	内容不真实或应付填写扣2分	2			
四	进度控制 6	对承包人进度的批复及控制	不及时认真批复或无控制措施扣2分	2			
		工程形象进度与计划进度的偏差比较	未进行比较，并无赶工通知和报告扣2分	2			
		进度滞后的措施检查	未检查赶工措施、无督促通知和报告，扣2分	2			
	资金控制 10	预付款拨付控制是否规范	检查有关附件（保函、进场机械）齐全，不齐全扣2分	2			
		计量支付材料及签字情况	支付附表不齐、签字人不准确、每项扣1分	2			

续　表

序号	项目	检查内容	检查标准	应得分	扣分	得分	备注
		工程量计算附图、附计算表	计量附图表或签字，缺项或不规范扣2分	2			
		合格工程量的认证情况	无质评单或不齐全但已计量支付的扣2分	2			
		支付的准确性及支付单签发时间	支付证书不准确或签发时间错误扣2分	2			
六	合同管理 7	承包人投标承诺的监督管理情况	承包人现场主要人员考勤及变更手续，无考勤扣2分，无变更手续扣2分	4			
		变更、合同外项目单价审核等资料	变更及附件材料不齐、每项扣2分	2			
		工程延期、索赔处理情况	未及时记录或处理扣1分	1			
七	安全管理 5	安全控制巡查检查记录情况	无检查内容记录扣3分，记录不齐扣2分	3			
		安全、文明生产监督管理情况	无相关的整改指令扣2分	2			
八	分部验收问题的处理 4	质量问题的处理	未督促处理扣2分	2			
		整改验收	处理后未验收扣2分	2			

（4）总监理工程师考核

总监理工程师是经监理单位授权，全面负责监理合同履行、主持项目监理机构工作的监理工程师，是监理单位派驻项目执行组织机构的全权负责人。总监是一种职务代理，其行为代表监理单位，其相应的民事责任都应该由监理公司最终承担，因此监理工作是否到位、规范，是否得到业主和相关业务主管部门的认可，直接关系到监理单位的信用和利益，影响监理单位的生存和发展，因此监理单位必须加强总监理工程师的管理，重视总监理工程师的考核工作。

总监理工程师的考核应从廉洁自律，工作纪律，监理机构管理，监理质量、进度、资金、安全文明管理，外部关系协调，监理资料管理等方面进行考核。具体考核项目、内容及标准见表四。

表四　项目总监（项目责任人）考核表

项目名称：______________　　　　总监（负责人）：______________

序号	项目	考核内容	标准分	扣分	得分
一	廉洁自律 5	不得索、拿、卡、要；不得安排亲友在施工单位中任职；不得推荐施工队伍、材料设备供应商。发生一条，本项得0分	5		
二	工作纪律 10	遵纪守法，遵守监理单位各项制度。发生一次，本项得0分	2		
		服从监理单位工作安排、有问题及时向单位汇报。发生一次，本项得0分	2		
		不准无理由拖延或拒绝监理工作。发生一次，本项得0分	2		
		工作期间不得酗酒，损害监理形象。发生一次，本项得0分	2		
		工作期间不得无故离岗，不迟到、早退。发生一次，本项得0分	2		
三	监理机构管理 15	履行管理职责，领导项目监理人员贯彻执行相关的法律法规、制度、标准和公司的规章制度。出现一次未执行、本项得0分	2		
		监理人员岗位明确，职责清晰，每周工作计划明确，能够各司其职、各尽其责。	3		
		工作制度、管理制度健全，运行有效	3		
		严格考勤制度、考勤有效	3		
		做好监理人员技术指导和业务培训工作	3		
		做好内部协调，能正确处理人员矛盾，监理人员能做到团结协作、整体和谐	3		
四	业务熟悉情况 6	熟悉合同文件、施工内容、设计要素	2		
		熟悉监理各项控制目标、工程现场情况、监理工作难点和重点	2		
		熟悉项目适用的技术标准、规范、规程	2		
五	质量控制 15	质量控制体系良好运行，质量事前、事中、事后控制措施得当	5		
		原材料、中间产品、工程设备质量，工序、单元质量、外观质量控制良好	10		
		发生质量事故，按事故责任扣20-100分	2		
六	进度控制 4	对进度计划进行审查和审批。	2		
		采用动态控制、实际进度与计划进度不符时，分析原因，及时通知施工单位采取措施。	2		
七	资金控制 6	按合同要求及时认真审核工程计量和付款申请	3		
		计量支付准确无超支、漏支、错支情况。	3		

续 表

序号	项目	考核内容	标准分	扣分	得分
八	安全文明管理 10	安全控制体系良好运行，采用预先控制、预防为主的手段，控制措施完善	5		
		监督和巡视检查到位，控制措施到位，安全控制良好。	5		
		发生安全事故，按事故责任扣20-100			
九	外部关系协调 5	协调业主和施工单位的关系积极主动、公正、灵活，业主和施工方都满意。	5		
十	对外文件签署 4	监理通知、报告、各种批复等文件签署、报送及时	2		
		用语规范、意思表达准确、内容完善	2		
十一	监理资料管理 4	监理日志、日记、旁站记录填写及时内容完整、真实	2		
		监理资料及时整理、真实完整、专人管理、分类有序	2		
十二	监理文件编写准确性、及时性、规范性 6	监理规划的内容、格式符合合同及规范要求，具有指导性	1		
		监理细则的内容、格式符合规范要求，具有针对性、可行性、可操作性	2		
		监理月报的格式符合规范要求，内容全面、数据准确，及时编制、及时报业主单位、监理单位	2		
		会议纪要、监理工作报告等文件的内容格式符合规范要求，编写及时。	1		
十三	监理费回收 5	按照监理合同和公司要求能够及时回收监理费	5		
十四	监理成本控制 5	对监理机构的办公、检测设备、安全防护用具妥善保管使用，办公耗材节约使用、不浪费。	5		
十五	其他考核	不及时整改上级部门、业主、监理单位检查的问题扣10分		10	
		不及时完成监理单位、分管领导布置的工作扣10分		10	
十六	主管部门及业主批评和投诉	行政主管部门检查时对监理机构工作批评扣10-100分，书面通报本次考核不合格。			
		业主书面或其他方面的投诉经查属实扣10-100分，被业主要求撤换本次考核不合格			
合 计					

（5）监理工程师、监理员考核

监理工程师、监理员是直接承担施工监理工作的人员，是日常监理工作的主要实施者，在整个监理工作中起着非常重要的作用。监理工程师、监理员的考核应从廉洁自律，工作纪律，监理业务能力等方面进行考核。具体考核项目、内容及标准见表五、六。

表五　监理工程师考核表

项目名称：＿＿＿＿＿＿＿＿　　　　总监（负责人）：＿＿＿＿＿＿＿＿

序号	项目	考核内容	标准分	扣分	得分
一	廉洁自律 5	不得索、拿、卡、要；不得安排亲友在施工单位中任职；不得推荐施工队伍、材料设备供应商。发生一条，本项得0分	5		
二	工作纪律 10	遵纪守法，遵守监理单位各项制度。发生一次，本项得0分	2		
		服从总监理工程师的工作安排、发现问题及时总监汇报。发生一次，本项得0分	2		
		不准无理由拖延或拒绝监理工作。发生一次，本项得0分	2		
		工作期间不得酗酒，损害监理形象。发生一次，本项得0分	2		
		工作期间不得无故离岗，不迟到、早退。发生一次，本项得0分	2		
三	业务熟悉情况 6	熟悉本专业的合同文件、施工内容、设计要素	2		
		熟悉本专业的技术标准、规范、规程	2		
		熟悉本专业的工作程序、控制目标、工程现场情况、监理工作难点和重点	2		
四	监理资料 20	参与编写的监理月报内容全面、数据准确	5		
		编制本专业的监理细则内容、格式符合规范要求，具有针对性、可行性、可操作性	5		
		监理日志（日记）填写及时完整,内容齐全、真实	5		
		经本人审核的资料及批复意见准确，数字准确、签字齐全，上报与传递及时。	5		
五	质量控制 31	经本人审核后的本专业施工方案符合规范和强制性标准的要求	3		
		原材料、中间产品进场核验手续齐全，出厂质量证明文件和质量检测资料齐全	5		
		审批施工单位测量方案、对测量过程进行监督，及时准确审核测量成果	5		
		监督施工单位按照批复的施工方案施工、发现问题及时处理	3		
		对工程进行巡视，发现质量问题，及时书面通知施工单位整改,及时填写巡视记录	3		
		对施工单位质量问题的整改、回复情况进行督促和验收	3		
		复核单元（工序）工程质量等级，按照要求进行抽检和量测，经验收合格的工程，不得有质量问题。	5		

续 表

序号	项目	考核内容	标准分	扣分	得分
		按职责做好旁站、见证取样、抽检和平行检测工作。	4		
六	进度控制 6	协助总监预审施工进度计划	3		
		实际进度与计划进度不符时，协助总监分析原因，及时通知施工单位采取措施。	3		
七	资金控制 6	按合同要求及时认真审核工程量，不得违反规定。	3		
		经审核的工程量计算正确、数据准确。	3		
八	安全文明管理 16	协助总监和安全监理人员做好安全监理工作	3		
		做好本专业的安全施工方案的审核	3		
		本专业施工时，对存在的安全隐患能及时发现，及时通知施工单位进行整改。	5		
		对施工单位安全问题的整改、回复情况进行督促和审查	5		
九	其他考核	不及时完成总监布置的工作扣10分		10	
		业主书面或其他方面的投诉经查属实扣10-100分，被业主要求撤换本次考核不合格		10	
合计					

表六　监理员考核表

项目名称：______________　　　　总监（负责人）：______________

序号	项目	考核内容	标准分	扣分	得分
一	廉洁自律 5	不得索、拿、卡、要；不得安排亲友在施工单位中任职；不得推荐施工队伍、材料设备供应商。发生一条，本项得0分	5		
二	工作纪律 10	遵纪守法，遵守监理单位各项制度。发生一次，本项得0分	2		
		服从总监、监理工程师的工作安排、发现问题及时汇报。发生一次，本项得0分	2		
		不准无理由拖延或拒绝监理工作。发生一次，本项得0分	2		
		工作期间不得酗酒，损害监理形象。发生一次，本项得0分	2		
		工作期间不得无故离岗，不迟到、早退。发生一次，本项得0分	2		
三	业务熟悉情况 6	熟悉施工内容、设计要素	2		
		熟悉技术标准、规范	2		
		熟悉监理工作程序、工程现场情况。	2		

续 表

序号	项目	考核内容	标准分	扣分	得分
四	监理资料 15	监理日志（日记）填写及时完整,内容齐全、真实	5		
		巡视记录、旁站记录填写及时完整,内容齐全。	5		
		原材料、中间产品、工程设备使用情况检查记录齐全、完整。	5		
五	质量控制 54	协助监理工程师预审分部工程开工申请、施工措施计划，质量缺陷处理措施	3		
		对原材料、中间产品的取样进行见证。	3		
		按要求实施跟踪加测、平行检测。	5		
		协助监理工程师核验原材料、中间产品进场质量证明资料，核实质量检测报验单。	5		
		对进场原材料、中间产品进、工程设备场使用情况进行检查，保证所有使用的原材料、中间产品进、工程设备已经报验合格。	5		
		对单元（工序）施工准备情况进行检查。	3		
		对现场施工程序、施工工艺等进行检查，发现问题及时指示施工单位纠正,并向总监、监理工程师汇报。	5		
		对施工现场进行巡检，发现质量问题，及时指示施工单位纠正,及时填写巡视记录	5		
		对施工单位质量问题的整改、回复情况进行督促。	5		
		按职责对关键部位、关键工序做好旁站，及时填写旁站记录。	5		
		单元（工序）工程质量评定时，核实施工单位的原始检查记录。	5		
		检查施工单位的施工日志记录情况，检查监理日志与施工日志内容是否一致	5		
六	资金控制 10	对施工测量成果进行核实	5		
		核实工程计量结果，检查和统计计日工情况	5		
七	安全文明管理 15	检查安全管理人员及特别工种人员的岗位证，无证人员不得上岗、并及时向总监、监理工程师汇报。	5		
		检查监督安全文明措施的落实情况，发现异常及时指示施工单位进行纠正，并向总监、监理工程师汇报。	5		
		在监理工程师指导下，依据监理细则和批复的施工方案，监督与检查施工安全情况	5		
八	其他考核	不能及时完成总监、监理工程师布置的工作扣10分			
		业主书面或其他方面的投诉经查属实扣10-100分，被业主要求撤换本次考核不合格			
合计					

第三章　开工前的监理工作

中小型水利工程施工开工前的监理工作与大型水利工程比较，有其显著的特点，需要开展开工前的监理准备工作尤为重要。

第一节　现场监理机构人员岗前培训

现场监理机构人员的培训、学习应贯穿整个监理全过程，特别是中小型水利工程的监理人员，应该侧重于监理部人员到位后的岗前培训，总监、监理工程师、监理员和有关监理工作人员均须进行培训，由总监理工程师负责组织、监理单位检查考核，培训的内容一般包含以下几个方面：

现行工程建设法律、法规、部门规章；

本工程相关的主要水利工程的规范、规程；

监理单位相关规章制度；

现场监理机构规章制度；

本工程监理合同文件、监理投标文件等；

本工程基本概况及特点简介等。

监理报告

（监理[2018]报告001 号）

合同名称：××× 工程建设监理　　　　　　　合同编号：×××-2018×

<table>
<tr><td>致：××× 建设管理局
报告事由：关于2018年监理人员进场计划的报告
根据 ××× 工程建设监理投标文件，按照2018年施工进度计划，结合现场施工监理人员需要情况，现将2018年12月31日前监理人员进场计划呈报贵处，请审批。

附件：2018年12月31日前监理人员进场计划

监理机构：××× 监理公司
××× 工程监理部
总监理工程师：
日　期：　　年　　月　　日</td></tr>
<tr><td>就贵方报告事宜答复如下：

发包人：××× 建设管理局
负责人：
日　期：　　年　　月　　日</td></tr>
</table>

说明：1. 本表一式3份，由监理机构填写。发包人批复后留2份，退回监理机构1份。
2. 本表可用于监理机构认为需报请发包人批示的各项事宜。

第二节　工程建设资料收集及资料库建立

水利工程建设资料的收集一般包括国家法律、法规、现行规范规程、本工程技术文件三个方面。

一、国家法律法规：

1.《中华人民共和国合同法》；
2.《建设工程质量管理条例》；
3.《工程建设标准强制性条文》；水利工程部分；
4. 国家及水利部及有关部委颁发的有关的法律、法规；
5. 省、市人民政府颁发的其他有关法律、法规。

二、水利工程现行有关主要规范、规程：

《水利工程建设项目施工监理规范》SL288-2003；
《水利水电工程施工质量检验与评定规程》SL176-2007；
《水利水电基本建设工程单元工程质量等级评定标准》SDJ249-88、SDJ249-91、SL38-92；
《水利水电建设工程验收规程》SL223-2008；
《水利水电质量检验评定标准》JTJ071-98；
《水利水电工程施工测量规范》SL52-93；
国家或国家部门颁发的其他有关技术规程、规范、质量检验标准及质量检验办法。

三、本工程技术文件

1. 经批准的本工程的有关建设文件、设计文件；
2. 发包人与承包人签订的合同文件；
3. 本工程建设监理合同（包括监理投标文件等）；
4. 本合同执行过程中，发包人发布的信函、指令、变更及有关会议纪要和其他有关文件。

第三节　监理规划编制

监理规划由总监主持编写并经监理单位技术负责人审批，按照合同规定的时限报送发包人.

监理规划是施工监理的指导性文件，在监理全过程中具有重要作用，其基本作用是指导项目监理机构全面开展监理工作。在编制中小型水利工程监理规划中，应当对工程监理的总体计划、监理组织、监理工作程序、主要工作方法等做出具体规范和阐述。

中小型水利工程监理规划的内容一般根据中小型水利工程项目的特点、规模、施工内容等具体情况编制，由总监理工程师主持监理规划的编制工作，监理工程师、监理员等监理部工作人员参与并熟悉监理规划的编制，了解并掌握监理规划的内容和要求。监理规划是在监理部组建以后、主要监理人员到岗后，在监理大纲的基础上，结合承包人报批的施工组织设计、施工总进度计划等具体施工文件、设计文件进行编写，且内容具有针对性，应该重点突出监理工作的前期预控性，结合工程特点、监理工作环境条件等因素，注重监理规划的可行性和操作性。在工程实施过程中，依据具体情况变化，随工程建设的进展或合同变更情况，对监理规划进行必要的补充、修改和完善，以达到及时全面指导监理工作的目的。

一、中小型水利工程监理规划主要内容

（一）总则

（1）工程项目基本概况。简述工程项目的名称、性质、等级、建设地点、自然条件与外部环境；工程项目组成及规模、特点；工程项目建设目的。

（2）工程项目主要目标。工程项目总投资及组成、计划工期（包括项目阶段性目标的计划开工日期和完工日期）、质量目标。

（3）工程项目组织。工程项目主管部门、发包人、质量监督机构、设计单位、承包人、监理单位、材料设备供货人的简况。

（4）监理工程范围和内容。发包人委托监理的工程范围和服务内容等。

（5）监理主要依据。列出开展监理工作所依据的法律、法规、规章，国家及部门颁发的有关技术标准，批准的工程建设文件和有关合同文件、设计文件等的名称、文号等。

（6）监理组织。现场监理机构的组织形式与部门设置，部门分工与协作，主要监理人员的配置和岗位职责等。

（7）监理工作基本程序。

（8）监理工作主要制度。制定技术文件审核与审批、工程质量检验、工程计量与付款签证、会议、施工现场紧急情况处理、工作报告、工程验收等方面的监理工作具体方法和制度。

（9）监理人员守则和奖惩制度。

（二）工程质量控制

（1）质量控制的内容。根据监理合同明确监理机构质量控制的主要工作内容和任务；

（2）明确监理机构所应制定的质量控制制度；

（3）质量控制的措施。明确质量控制程序和质量控制方法，并明确质量控制点、质量控制要点与难点。

（三）工程进度控制

（1）进度控制的内容。根据监理合同明确监理机构在施工中进度控制的主要工作内容；

（2）进度控制的制度；

（3）进度控制的措施。明确合同项目进度控制程序、控制制度和控制方法。

（四）工程资金控制

（1）资金控制的内容。依据监理合同，明确投资控制的主要工作内容和任务；

（2）资金控制的制度。依据施工合同，建立资金控制制度；

（3）投资控制的措施。明确工程计量方法、程序和工程支付程序以及分析方法；明确监理机构所需制定的工程支付与合同管理制度。

（五）施工安全及文明施工监理

（1）施工安全监理的范围和内容；

（2）施工安全监理的制度；

（3）施工安全监理的措施；

（4）文明施工监理。

（六）合同管理

（1）变更的处理程序和监理工作方法；

（2）违约事件的处理程序和监理工作方法；

（3）索赔的处理程序和监理工作方法；

（4）分包管理的监理工作内容与程序；

（5）担保与保险的审核和查验。

（七）协调

（1）明确监理机构协调工作的主要内容；

（2）明确协调工作的原则与方法。

（八）工程质量评定与验收监理工作

（1）工程质量评定；

（2）工程验收。

（九）缺陷责任期监理工作

（1）缺陷责任期的监理内容。明确缺陷责任期的起算、终止和延长的依据和程序；

（2）缺陷责任期的监理措施。

（十）信息管理

（1）信息管理程序、制度及人员岗位职责；

（2）文档清单、格式及编码；
（3）计算机辅助信息管理系统；
（4）文件信息流管理系统；
（5）文件资料预立和归档管理。

（十一）监理设施

（1）制定现场监理办公和生活设施计划；
（2）制定现场交通、通信、办公和生活设施使用管理制度。

（十二）监理实施细则编制计划

（1）监理实施细则文件清单；
（2）监理实施细则编制工作计划。

（十三）其他

二、监理规划的审核、批准

监理规划在编制完成后，总监理工程师应及时报送监理单位，由监理单位的技术主管部门审查核定，经监理单位技术负责人签字批准。

监理规划经监理单位审核批准后，形成正式的技术文件，提交发包人，由发包人确认并监督实施。

第四节　监理实施细则编制

中小型水利工程监理实施细则的编写一般应在施工措施计划批准后、专业工程或作业交叉特别复杂的专项工程施工前或专业工作开始前，依据有关合同文件、设计文件和监理规划等资料结合工程特点和具体施工方法和专业特点，由负责相应工作的监理工程师负责编制完成，相关监理工程师和监理员等监理人员参与，细则内容应具有明显的针对性，在编制监理实施细则具体条文内容中，必须写明引用的规程、规范、标准及设计文件的名称、文号；编制完成后必须经总监理工程师审核批准。对于不同阶段编制的监理实施细则总监理工程师负责在审核时，把握各监理实施细则之间的有效衔接与系统配套，使所有监理实施细则组成系统、完整的控制体系。

根据工程施工的实际进度情况，监理实施细则一般可以分阶段进行编制，总监理工程师在审核批准时要重点注意所有细则条款的前后连续性、一致性等，体现工程总体目标的实施和对工程质量、进度、投资、安全的有效控制，制定切实可行的控制措施，针对工程特点具有可操作性的控制方法。

按照监理工作事前审批、事中监督和事后检验的工作程序，监理实施细则要突出前瞻性和预控性，事先要充分考虑工作过程中可能发生的各种情况，针对不同情况有前瞻性的制订相应的处理办法和有效的措施，在监理工作实施过程中，监理实施细则根据实际工程施工特点和进度情况进行必要的补充、修改和完善。

中小型水利工程监理实施细则一般分为：专业工程监理实施细则、专业工程监理实施细则、安全监理实施细则、材料和设备核验和验收监理实施细则等四大类。

一、专业工程监理实施细则

专业工程主要指施工导（截）流工程、土石方明挖、地下洞室开挖、支护工程、钻孔和灌浆工程、地基及基础工程、混凝土工程、砌体工程、疏浚几吹填工程、屋面和地面建筑工程、压力钢管制造和安装、钢结构的制作和安装、钢闸门及启闭机安装、预埋件埋设、机电设备安装、工程安全监测等。

专业工程监理实施细则主要内容：

1. 适用范围；

2. 编制依据；

3. 专业工程特点；

4. 专业工程开工条件检查；

5. 现场监理工作内容、程序和控制要点。根据技术标准、设计要求、合同约定等，具体明确工程质量的质量标准、检验内容以及质量控制措施，明确质量控制点及旁站监理方案等；

6. 检查和检验项目、标准和工作要求；

7. 资料和质量评定工作要求；

工程质量评定程序。根据规程、规范、标准、设计要求等，具体明确质量评定内容与标准，并写明引用文件的名称与章节；

8. 采用的表式清单。

二、专业工程监理实施细则

专业工作主要指测量、地质、试验、检测（跟踪检测和平行检测）、施工图核查与签发、工程验收、计量支付、信息管理等工作。根据监理工作需要，可增加进度控制、变更、索赔等专业工作。

专业工程监理实施细则主要内容：

1. 适用范围；

2. 编制依据；

3. 专业工作特点和控制要点；

4. 监理工作内容、技术要求和程序；

5. 采用的表式清单。

在工程质量检测试验方面：

应根据工程施工实际需要，明确对承包人检测试验室配置与管理的要求，对检测试验的工作条件、技术条件、试验仪器设备、人员岗位资格与素质、工作程序与制度等方面的要求；明确监理机构检验的抽样方法或控制点的设置、试验方法、结果分析以及试验报告的管理。

在进度控制方面应包括以下内容：

（1）进度目标控制体系。该项工程的开工、完工时间，阶段目标或里程碑时间，关键节点时间。

（2）进度计划的表达方法。如横道图、柱状图、网络图（单代号、双代号、时标）、关联图、“S”曲线、“香蕉”图等，应满足合同要求和控制需要。

（3）施工进度计划的申报。明确进度计划（包括总进度计划、单位工程进度计划、分部工程进度计划、年度计划、月计划等）的申报时间、内容、形式、份数等。

（4）施工进度计划的审批。明确进度计划审批的职责分工、要点、时间等。

（5）施工进度的过程控制。明确施工进度监督与检查的职责分工；拟订检查内容（包括形象进度、劳动效率、资源、环境因素等）；明确进度偏差分析与预测的方法与手段（如采用的图表、计算机软件等）；制订进度报告、进度计划修正与赶工措施的审批程序。

（6）停工与复工。明确停工与复工的程序。

（7）工期索赔。明确控制工期索赔的措施和方法。

在合同管理方面应包括以下内容：

（1）工程变更管理。明确变更处理的监理工作内容与程序；

（2）索赔管理。明确索赔处理的监理工作内容与程序；

（3）违约管理。明确合同违约管理的监理工作内容与程序；

（4）工程担保。明确工程担保管理的监理工作的内容；

（5）工程保险。明确工程保险管理的监理工作内容；

（6）工程分包。明确工程分包管理的监理工作内容与程序；

（7）争议的解决。明确合同双方争议的调解原则、方法与程序；

（8）清场与撤离。明确承包人清场与撤离的监理工作内容。

在计量支付方面应包括以下内容：

（1）资金目标控制体系。计量支付的措施和方法；各年的资金使用计划。

（2）计量与支付的依据、范围和方法；计量申请与付款申请的内容及应提供的资料；计量与支付的申报、审批程序。

（3）实际投资额的统计与分析。

（4）控制费用索赔的措施和方法。

在信息管理方面应包括以下内容：

（1）信息管理体系。包括设置管理人员及职责，制定文档资料管理制度；

（2）编制监理文件格式、目录。制定监理文件分类方法与文件传递程序；

（3）通知与联络。明确监理机构与发包人、承包人之间通知与联络的方式与程序；

（4）监理日志。制定监理人员填写监理日志制度，拟定监理日志的格式和内容，以及管理办法；

（5）监理报告。明确监理月报、监理工作报告和监理专题报告的内容和提交时间、程序；

（6）会议纪要。明确会议纪要记录要点和发放程序。

工程验收与移交程序和内容

（1）明确分部工程验收程序与监理工作内容；

（2）明确阶段验收程序与监理工作内容；

（3）明确单位工程验收程序与监理工作内容；

（4）明确合同项目完工验收程序与监理工作内容；

（5）明确工程移交程序与监理工作内容。

三、安全监理实施细则

安全监理工作包括施工现场临时用电、基坑支护与降水工程、土方和石方开挖工程、模板工程、起重吊装工程、脚手架工程、爆破工程、围堰工程和其他危险性较大的工程。

安全监理实施细则包括以下内容：

1. 适用范围。

2. 编制依据。

3. 施工安全特点。

4. 监理工作内容和控制要点。

5. 安全监理的方法和措施。

（1）监理机构内部的施工安全控制体系；

（2）承包人应建立的施工安全保证体系；

（3）工程不安全因素分析与预控措施。

6. 安全检查记录和报表格式。

四、材料和设备核验和验收监理实施细则

包括各类原材料、中间产品和工程设备进场核验和验收。包括以下内容：

1. 适用范围；

2. 编制依据；

3. 检查、检测、验收的特点；

4. 进场报验程序；

5. 原材料、中间产品的检验内容、技术指标、检验方法与要求；

包括检测项目、标准和检测要求，跟踪检测和平行检测的数量和要求。具体明确材料、构配件和工程设备的运输、储存管理要求，报验、签认程序，检验内容与标准；

6. 工程设备交货验收的内容和要求；

7. 检验资料和报告；

8. 采用的表式清单。

第五节　施工准备阶段主要监理工作

一、第一次监理工地会议

中小型水利工程监理第一次工地会议是监理会议中最为重要的会议，是监理机构正式开展监理工作的见面会，会议一般由总监理工程师与发包人的负责人联合主持或由总监理工程师主持。第一次监理工地会议应在监理机构批复合同工程开工前举行，监理机构在会前需要充分准备，同发包人做好全面的沟通，详细确定会议的议题、程序和目的，会议的具体内容可由有关各方（发包人、承包人、监理机构、设计单位、检测单位等）会前分别联系约定。会议召开的时间一般应在各参建单位主要人员 进场到岗后、在合同项目开工令下达前宜早举行。

会议主要内容为：

1. 介绍参建各方组织机构及负责人或其授权代理人和授权内容，参建各方分别介绍各自的主要人员、机构情况，沟通信息的方式；

2. 合同工程开工准备检查情况。工程开工准备检查情况，包括人员到岗、机械设备进场、临建设施准备情况等；

3. 监理机构进行监理工作方法、程序的交底。

二、工程质量评定项目划分

中小型水利工程开工前，必须进行质量检验与评定的项目划分，即划分为单位工程、分部工程、单元（工序）工程等三级。

项目划分由项目法人组织监理、设计及施工等单位进行，依据工程建设内容、工程结构特点、结合施工部署及施工合同要求，按照规范规定进行详细划分，划分结果应有利于保证施工质量以及施工质量检验、检查、评定及管理，并确定主要单位工程、主要分部工程、重要隐蔽单元工程和关键部位单元工程。项目法人在主体工程开工前须将项目划分表及说明，以书面文件的方式报相应工程质量监督机构。工程质量监督机构对项目划分进行确认并以书面通知的方式，将确认结果发送给项目法人。

工程施工过程中，由于设计变更或者施工部署发生变化，需要对单位工程、主要分部工程、重要隐蔽单元工程和关键部位单元工程的项目划分进行调整时，必须由项目法人重新报送工程质量监督机构确认。

（一）单位工程项目的划分应按下列原则进行

（1）枢纽工程，一般以每座独立的建筑物为一个单位工程。当工程规模大时，可将一个建筑物中具有独立施工条件的一部分划分为一个单位工程；

（2）堤防工程，按招标标段或工程结构划分单位工程。规模较大的交叉联结建筑物及管理设施以每座独立的建筑物为一个单位工程；

（3）引水（渠道）工程，按招标标段或工程结构划分单位工程。大、中型（渠道）建筑物以每座独立的建筑物为一个单位工程；

（4）除险加固工程，按招标标段或加固内容，并结合工程量划分单位工程。

（二）分部工程项目的划分应按下列原则确定

（1）枢纽工程，土建部分按设计的主要组成部分划分；金属结构及启闭机安装工程和机电设备安装工程按组合功能划分；

（2）堤防工程，按长度或功能划分；

（3）引水（渠道）工程中的河（渠）道按施工部署或长度划分。大、中型建筑物按工程结构主要组成部分划分；

（4）除险加固工程，按加固内容或部位划分；

（5）同一单位工程中，各个分部工程的工程量（或投资）不宜相差太大，每个单位工程中的分部工程数目，不宜少于五个。

（三）单元工程项目的划分应按下列原则确定

（1）按《水利水电基本建设工程单元工程质量等级评定标准（试行）》（SDJ 249.1 ~ 6—88，SL 38—92 及 SL 239—1999）（以下简称《单元工程评定标准》）规定进行划分；

（2）河（渠）道开挖、填筑及衬砌单元工程划分界限宜设在变形缝或结构缝处，长度一般不大于 100m，同一分部工程中各单元工程的工程量（或投资）不宜相差太大；

（3）《单元工程评定标准》中未涉及的单元工程可依据工程结构、施工部署或质量考核要求，按层、块、段进行划分。

三、检查发包人的工作

（1）发包人代表已经确定并进驻工地；

（2）首批开工项目施工图纸和文件的供应准备；

（3）办理质量监督手续；

（4）办理安全监督备案；

（5）办理开工报告审批；

（6）测量基准点的移交；

（7）施工用地的征用；

（8）首次工程预付款的付款；

（9）施工合同中约定首批开工项目应由发包人提供的道路、供电、供水、通信等条件和资源的提供情况。

四、检查承包人的工作

（1）承包人派驻现场的主要管理、技术人员数量及资格是否与施工合同文件一致，是否已经进驻工地。如有变化，应按合同约定重新报审并报发包人认可；

（2）承包人进场施工设备的数量和规格、性能是否符合施工合同约定要求及首批开工项目的需要，进场计划是否满足施工进度的要求；

（3）检查进场原材料、构配件的质量、规格、性能是否符合有关技术标准和技术条款的要求，原材料的储存量及供应计划是否满足工程开工及随后施工的需要；

（4）承包人工地试验室或其委托的试验室具备的条件是否符合施工合同约定及有关规定要求；

（5）承包人对发包人提供的测量基准点复核情况，并书面通知督促承包人在此基础上完成施工测量控制网的布设及施工区原始地形图的测绘，监理机构应审批承包人制订的施工控制网和原始地形图的施测方案，并对承包人施测过程进行监督，并进行检查、复核或联合测量。对测量成果进行签认或共同签认测量结果。监理机构应对承包人在工程开工前实施的施工放线测量进行抽样复测或与承包人进行联合测量；

（6）砂石料系统、混凝土拌和系统以及场内道路、供水、供电、供风等施工辅助设施的准备，并已进行试运转；

（7）承包人的质量保证体系；

（8）承包人的施工安全、环境保护措施、文明工地、规章制度的制定及关键岗位施工人员的资格；

（9）承包人进场后的施工组织设计、专项施工方案、施工措施计划、施工总进度计划、资金流计划、安全技术措施、度汛方案和灾害应急预案等技术文件是否完成并提交给监理机构审批；

（10）按照施工合同约定、施工图纸的要求和规范要求需要进行的各种施工工艺参数的试验（如回填土碾压试验、基础灌浆试验等）和料场规划情况，监理机构审批承包人提交的工艺参数试验方案，对现场试验实施监督，审核试验结果和结论，并监督承包人严格按照批准的工法进行施工。

批复表

（监理 [2018] 批复 02 号）

合同名称：××× 施工监理　　　　合同编号：×××-2017×

致：××× 工程公司 ××× 标项目经理部

贵方于2018年5月3日报送的质量保证体系（施工 [2018] 技案 02 号），经监理单位审核，批复意见如下：

一、原则同意你部所报质量保证体系。

二、施工中要求严格按此质量保证体系组织施工。

三、在施工中要按合同和规范要求对现场原材料和中间产品进行检验和检测，并制订出详细的检测计划，监理部将进行跟踪检测和平行检测，确保原材料和中间产品质量合格，不合格原材料严禁在工程中使用。

四、土石方开挖爆破要编制专项施工方案，专家评审通过后，报上级主管部门批准后实施。

五，坝体填筑前要报填筑专项施工方案，填筑前做好碾压试验，根据试验最优参数，进行填筑施工。

6. 在施工中混凝土浇筑、坝体填筑、高喷防渗墙、帷幕灌浆等几个关键工作，应措施到位、组织保障到位、制度落实，责任到人。

1. 各工序认真落实“三检”制，切实把好各道工序施工质量关，确保工程质量到达合同要求标准。

附件：施工技术方案申报表（施工 [2018] 技案 02 号）。

监理机构：××× 监理公司
××× 项目监理部
总监理工程师 / 监理工程师：
日　期：　　年　　月　　日

今已收到批复表（监理 [2018] 批复 02 号）。

承包人：××× 工程公司
××× 标项目经理部
签 收 人：
日　期：　　年　　月　　日

说明：1、本表一式 4 份，由监理单位填写。施工单位签收后，施工单位、监理单位、项目建设管理单位各 1 份。

2、一般批复由监理工程师签发，重要批复由总监理工程师签发。

3、本批复表可用于对施工单位的报告等批复。

批复表

（监理 [2018] 批复 01 号）

合同名称：××× 工程　　　　　　合同编号：×××-2017×

致：××× 工程公司（××× 标段项目经理部 贵方于 2018 年 4 月 5 日报送的 ××× 工程二标段施工组织设计（施工 [2018] 技案 01 号），经监理机构审核，批复意见如下： 1、经审核，同意承包人所报《施工组织设计》； 2、尽管施工组织设计经监理部审批，但在实施过程中，所投入的施工资源若不能满足工程安全、质量、进度等合同要求，则不受本施工组织设计内容的规定，承包人应无条件增加施工资源的投入，并不得以此为理由，提出索赔事宜； 3、依据《建设工程安全生产管理条例》、《水利工程建设安全生产管理规定》等相关法规及规范，在技术性较强、危险性较大的单项工程开工前，承包人应编制专项施工方案报我部审批； 4、项目部要组织安全、质检、技术及各作业班组负责人对该施工组织设计内容进行学习，对重要部分熟练掌握，做好技术交底。 监理机构：××× 监理公司 ××× 工程项目监理部 总监理工程师： 日　期：　　年　　月　　日
承包人：××× 工程公司 ××× 标段项目经理部 项目经理： 日　期：　　年　月　日

说明：1、本表一式　份，由监理机构填写，承包人、监理机构、发包人各 1 份。
2、一般事件，由监理工程师办理，重要通知由总监理工程师签发。
3、本通知单可用于对承包人的申请、报告的批示。

批复表

（监理［2017］批复进度 001 号）

合同名称：×××标施工合同　　　　　　合同编号：×××-2016

<table>
<tr><td>
致：×××标段项目经理部
贵方于 2017 年 4 月 2 日报送的施工进度计划申报表（文号:（施工）[2017] 进度 001 号），经监理机构审核，批复意见如下：
1. 同意贵部上报的 2017 年 5 月份施工进度计划，同时项目部要抓好各施工点的安全、质量、进度落实工作。
2. 项目部的管理人员必须严格按照设计施工图纸及业主相关文件规范要求进行各工序的施工，特别要重视砼结构外观的质量。
3. 严格执行“三检制”，工序未经验收合格，不能进行下一道工序的施工。
4. 认真总结，牢固树立安全、质量第一的思想，要加强施工现场安全、质量、进度及技术的管理工作。切实落实好质量、安全生产及各项规章管理制度，确保工程质量、安全、文明施工。
5. 施工必须做到先安全，后施工，不安全不施工的基本要求。

监理机构：×××监理公司
×××工程项目监理部
监理工程师：
日　期：　　　年　　月　　日
</td></tr>
<tr><td>
今收到监理 2017 年 5 月份施工进度计划批复。
承包人：×××标段项目经理部
签收人：
日 期　　年　　月　　日
</td></tr>
</table>

说明：1. 本表一式 3 份，由监理机构填写。承包人签收后，承包人 1 份、监理机构 1 份、发包人 1 份。
2. 一般批复由监理工程师签发，重要批复由总监理工程师签发。

批复表

（监理 [2017] 批复技案 005 号）

合同名称：××× 工程　　　　　　　　　　合同编号：×××-2016

致：××× 标段施工项目部

贵方于 2017 年 10 月 9 日报送的 土石方开挖专项施工方案（文号：施工 [2017] 技案 005 号），经监理机构审核，批复意见如下：

1. 同意你部报送的土石方开挖专项施工方案。要求贵部在施工的过程中要认真按照设计施工图纸、变更、相关文件及规范要求进行每一道工序施工。要切实加强施工现场的安全、质量、技术管理工作，同时，抓紧抓好每一项工作的落实。

2. 土石方及高边坡明挖必须从上至下分层分段依次进行，严禁自下而上或采取倒悬开挖；爆破以松动为主，宜选用小炮爆破，加强警戒，控制飞石，必要时采用覆盖措施，安全第一。

3. 高边坡施工便道等地段要有专职人员进行重点监测、监管，发现问题、安全隐患及时处理、排除。

4. 安全、文明施工应按照贵部上报的安全、文明施工及相关批复、文件执行。

5. 在施工的过程中，结合工程施工实际情况要随时调整、完善、优化合理工程施工方案，使其更具有科学性和可操作性。

6. 本工程特种作业工种，特别是炮工、电焊工等必须持有效证件方可上岗。

附件：《××× 专项施工方案》（施工 [2017] 技案 005 号）。

监理机构：××× 监理公司

××× 工程项目监理部

监理工程师：

日　期：　　年　月　日

今已收到监理【2017】批复技案 005 号。

承包人：××× 标段项目部

签收人：

日　期：　　年　月　日

说明：1、本表一式 3 份，由监理机构填写，承包人签收后，承包人、监理机构、发包人各 1 份。

2、一般批复由监理工程师签发，重要批复由总监理工程师签发。

五、施工图核查和技术交底

（一）施工图纸的核查

施工图纸是工程施工最为重要的依据，是发包人、监理机构、承包人等参建单位共同执行的技术文件，更是监理机构进行质量、进度、资金控制和安全监理的依据。其有别于“招标图纸”，“招标图纸”是发包人在招标阶段提供给承包人用于编制投标文件、组成合同文件的技术资料，承包人不能直接用于安排施工。在签订施工合同后，由设计单位另行提供用于施工的图纸，即“施工图纸”。

监理机构收到发包人提供的施工图纸后，应在施工合同约定的时间内完成核查或审批工作，在进行施工图纸核查的过程中，监理机构可征求承包人的意见。针对工程的难点、重点或有争议的图纸，监理机构认为有必要时，提请发包人组织有关专家会审，并形成书面会议纪要。设计单位应对会审会议提出的问题或错误以设计变更通知的形式予以更正或修改。

施工图核查的重点：

（1）图纸是否经设计单位正式签署（签字和盖章）；

（2）图纸是否符合招标图纸和有关批复要求；

（3）施工图纸较为特殊的技术要求，评估承包人可否做到；

（4）各专业图纸主要几何尺寸、高程、平面位置是否一致；

（5）总平面图和施工图的主要几何尺寸、高程、平面位置是否一致；

（6）施工安全评估；

（7）施工图纸是否符合强制性标准条文的要求。

监理机构对核查中发现的问题无权修改施工图纸，所有问题均应通过发包人返回设代机构处理，经监理机构核查的施工图纸由总监理工程师确认后签发、并加盖监理机构章。

经监理机构核查并签发的施工图纸，承包人方可用于施工。承包人无图纸施工或按照未经监理机构签发的施工图纸施工，监理机构有权责令其停工、返工或拆除，有权拒绝计量和签发付款证书。

（二）技术交底

由于中小型水利工程的特点，设计单位往往未能长期派驻现场设代人员，开工前的技术交底会议对于承包人尽快了解设计意图、解决施工中可能遇到的难点和关键点极为重要。技术交底会议技术交底会议一般由监理机构主持，或者由监理机构和发包人联合主持，在与有关各方约定的时间内召开，由设计单位进行设计文件的技术交底。结合中小型水利工程的特点，技术交底会议一般情况下可以同施工图会审会议合并进行。

六、施工测量监理控制

工程施工所需的测量基准点、基准线和水准点及其相关资料等，发包人应及时收集整理，在承包人进场后，由监理机构主持移交，并督促承包人对其进行重点测量复核和后期维护照管。

承包人首先应按照测绘规程、规范的技术要求，针对工程实际情况，制定详细的施工控制网和原始地形图的施测方案，报送监理机构审批。

承包人按照批准的施工控制网和原始地形图的施测方案，进行施测，监理机构对承包人的整个施测过程进行监督，并进行检查、复核或联合测量。对测量成果进行签认或共同签认测量结果，批复承包人的施工控制网资料。

监理机构应审批承包人编制的原始地形施测方案，通过监督、复测或与承包人联合测量等办法，复核承包人的原始地形测量成果。中小型水利工程一般对承包人在工程开工前实施的施工测量与承包人和发包人代表联合进行，共同确认测量成果。

施工图纸签发表

（监理 [2018] 图发 001 号）

合同名称：××× 工程　　　　　　合同编号：×××-2017×

致：××× 有限公司 ××× 标段项目部

本批签发下表所列施工图纸 2 种 2 份，其他设计文件 ____ 份。

序号	施工图纸 / 其他设计文件名称	文图号	份数	备注
1	×× 施工图	第一册 共一册	1	
2	×× 施工图	第一册 共一册	1	
3				
4				
5				
6				
7				
8				

监理机构：××× 监理公司

××× 工程监理部

总监理工程师：

日　期：　年　月　日

今已收到经监理机构签发的施工图纸 2 种 2 份，其他设计文件　份。

承包人：××× 有限公司 ××× 标段项目部

签收人：

日　期：　年　月　日

七、开工条件控制

中小型水利工程开工条件控制主要通过对开工准备情况进行审查，是监理机构依据有关法律、法规和合同文件开展监理工作的需要，也是有效保证施工阶段的质量和进度控制、规范监理工作、顺利实现监理工作总目标的需要。

（一）合同工程开工控制工作程序

（1）监理机构应在施工合同约定的期限内，经发包人同意后向承包人发出合同工程开工通知（进场通知），要求承包人按约定及时调遣人员和施工设备、材料进场进行施工准备工作，尽快提交《合同工程开工申请表》。合同工程开工通知（进场通知）中应明确该合同工程的开工日期；

（2）监理机构协助发包人向承包人移交施工合同约定应由发包人提供的施工用地、道路、测量基准点以及供水、供电、通信设施等开工的必要条件；

（3）承包人完成开工准备后，向监理机构提交《合同工程开工申请表》。监理机构在检查发包人和承包人的施工准备满足开工条件后，批复承包人的合同工程开工申请，同意承包人按照已批复的施工进度计划组织施工。

（二）合同工程延迟开工

（1）由于承包人原因使工程未能按施工合同约定时间开工，监理机构应通知承包人在施工合同约定时间内提交赶工措施报告并说明延误开工原因，由此增加的费用和工期延误造成的损失由承包人承担。

（2）由于发包人原因使工程未能按施工合同约定时间开工，监理机构在收到承包人提出的顺延工期的要求后，应及时与发包人和承包人共同协商补救办法，由此增加的费用和工期延误造成的损失由发包人承担。

（三）合同工程开工发包人应提供的基础资料和准备工作

（1）向质量监督机构办理监督业务手续，项目划分确认；

（2）办理开工报告审批；

（3）经上级主管部门审查批准的设计图纸及设计文件，工程地质勘查报告、水文地质资料；

（4）发包人与相关部门签订的合同、协议，主包括施工承包合同、招投标文件等；

（5）测量水准点、坐标点等原始资料准备、移交；

（6）驻工地代表的授权及岗位职责；

（7）施工场地条件已按合同约定条件由发包人负责提供的道路、供电、供水、通讯及其他条件和资源的提供情况。

（四）合同工程开工承包人应提供的基础资料和准备工作

（1）施工企业资质证书、营业执照及其他如质量体系认证证书等；

（2）施工单位提供的试验室资质证书（当施工单位自己承担部分或全部施工试验项目时）

或委托检测单位的资质证明、委托合同。检测条件是否符合施工合同约定及有关规定；

（3）派驻现场的主要管理人员、技术人员及特种作业人员，如工程项目经理、技术负责人及主要管理人员、特种作业人员等是否与施工合同文件一致。如有变更，应重新申报，经监理机构审查后报发包人认可；

（4）自审手续齐全的施工组织设计、专项施工方案、施工措施计划、施工总进度计划、资金流计划、安全技术措施、度汛方案和灾害应急预案等；

（5）按施工合同约定和施工组织设计开列进场的第一批施工机械设备已经报验通过，其他设备进场机会是否满足进度要求；

（6）对发包人提供的水准点和坐标点的复核工作已经完成，有复核记录。承包人在此基础上完成施工测量控制网的布设及施工区原始地形图的测绘情况；

（7）开工所需的原材料、中间产品和工程设备的质量、规格是否符合施工合同约定，原材料的存储量及供应计划是否满足开工及施工进度的需要。已经进场原材料的质保资料、试验报告齐全、有效；

（8）质保体系、安全保证体系机构健全，体系文件资料齐全，人员到位，并已开始运转；

（9）砂石料系统、混凝土拌和系统或商品混凝土供应方案以及场内道路、供水、供电、供风及其他施工辅助加工厂、设施的准备情况；

（10）按照施工合同约定和施工图纸要求需要进行的施工工艺试验和料场规划情况；

（11）承包人递交的合同工程开工申请报告。

（五）合同工程开工监理机构应具备的条件

（1）工程有关的合同文件、设计文件、批复文件、法规规章及技术标准等资料；

（2）监理工作制度、岗位职责；

（3）已经批准的监理规划；

（4）满足工程进展的监理实施细则；

（5）符合监理合同约定的监理抽检条件。

（六）分部工程开工

承包人分部工程施工准备工作完成并自检合格，准备开工前，应向监理机构报送部工程的开工申请表，监理机构审核、检查承包人的分部工程的开工准备工作，确认后签发分部工程开工批复，同意开工。

（七）单元工程开工

第一个单元工程在分部工程开工申请获批准后自行开工，后续单元工程凭监理工程师签发的上一单元工程施工质量合格文件方可开工。

（八）混凝土浇筑开仓

承包人混凝土浇筑准备工作就绪后，向监理机构报送混凝土浇筑开仓报审表，监理机构对承包人报送的混凝土浇筑开仓报审表进行审核，符合开仓条件后，签署审批意见，同意开仓浇筑。

合同工程开工通知

（监理［2018］开工 ×-001 号）

合同名称：××× 工程施工监理合同　　　　合同编号：×××-1-2014

<table>
<tr><td>致：××× 公司 ××× 施工项目经理部
　　根据施工合同约定，现签发 ××× 施工合同工程开工通知。贵方在接到该通知后，及时调遣人员和施工设备、材料进场，完成各项施工准备工作，尽快提交《合同工程开工申请表》。
　　该合同工程的开工日期为 2018 年 9 月 2 日。
监理机构：××× 监理公司
××× 工程项目监理部
总监理工程师：
日　期：　　年　月　日</td></tr>
<tr><td>　　今已收到合同工程开工通知。
承包人：××× 有限公司
××× 项目经理部
签收人：
日　期：　　年　月　日</td></tr>
</table>

说明：本表一式 4 份，由监理机构填写。承包人签收后，发包人 1 份、设代机构 1 份、监理机构 1 份、承包人 1 份。

合同工程开工批复

（监理[2017]合开工 3-001 号）

合同名称：××× 工程　　　　　　　　合同编号：×××-1-2016

<table>
<tr><td>
致：××× 有限公司 ××× 项目经理部
贵方 2017 年 08 月 07 日报送的 ××× 工程 ××× 合同工程开工申请（×××[2017]合开工 3-001 号）已经通过审核，同意贵方按施工进度计划组织施工。
批复意见：
经审核，贵方报送的合同项目开工申请中，施工组织设计、安全保证体系、质量保证体系、安全生产、应急预案、施工技术方案、现场组织机构及主要人员、施工设备进场报验等资料已经监理机构审批；目前施工所需人员机械、材料、设备等全部进场，基本具备了开工条件，同意开工。
监理机构：××× 监理公司
××× 工程项目监理部
总监理工程师：
日　期：2017 年 08 月 08 日
</td></tr>
<tr><td>
今已收到合同工程的开工批复。
承包人：××× 有限公司
××× 项目经理部
签收人：
日　期：2017 年 8 月 8 日
</td></tr>
</table>

说明：本表一式 4 份，由监理机构填写。承包人签收后，发包人 1 份、设代机构 1 份、监理机构 1 份、承包人 1 份。

分部工程开工批复

（监理[2018]分开工 2-01 号）

合同名称：××× 工程　　　　合同编号：×××-1-2017

致：××× 有限公司 ××× 标段项目部

贵方 2018 年 03 月 10 日报送的地基与基础工程（×0-3）分部工程 / □分部工程部分工作开工申请表（施工 [2018] 分开工 01 号）已经通过审核，同意开工。

批复意见：此开工通知确定该分部工程的开工日期为 2018 年 03 月 10 日。

监理机构：××× 监理公司

××× 工程项目监理部

监理工程师：

日　期：　　年　月　日

今已收到地基与基础工程（×02-3）分部工程 / □分部工程部分工作开工批复。

承包人：××× 有限公司

××× 标段项目部

项目经理：

日　期：　年　月　日

说明：本表一式 4 份，由监理机构填写。承包人签收后，发包人 1 份、设代机构 1 份、监理机构 1 份、承包人 1 份。

合同工程开工条件核查表

工程名称： 编号：

开工条件		监理核查	开工条件		监理核查
发包人应提供的基础资料和准备工作	设计施工图（编号）		承包人应提供的基础资料和准备工作	施工组织设计报审（编号）	
	工程地质报告（编号）			分部工程施工方案报审（编号）	
	项目划分确认（复印件）			进度计划报审（编号）	
	质监委托书（编号）			工程分包资质报审（编号）	
				工程分包合同（编号）	
	施工招投标文件（编号）			总、分包单位营业执照、资质证书（复印件）	
	施工承包合同（编号）			总、分包单位管理人员、特种人员岗位证书(复印件)	
				安监委托书（编号）	
	施工图纸交底纪要（编号）				
	水准点、坐标点原始资料			治安手续	
	“三通一平”完成				
	业主驻工地代表的授权			主要进场机械申报（编号）	
				主要施工材料 / 构配件 / 设备申报（编号）	
				工程测量放线报验（编号）	
				监理工作表齐备	
				现场试验报告手续完备	
监理机构准备工作	监理规划，监理细则			主要施工人员已进场	
	施工图纸自审记录			施工临时设施基本具备	
	第一次工地会议纪要			安全措施已落实	
	监理人员进场			质量评定表齐备	
	监理办公条件具备				
	承包单位有关开工报审已批复				

第四章　质量、进度、资金控制

第一节　质量、进度、资金控制的合同依据

质量、进度、投资控制的重要依据是施工合同，监理机构工程建设监理的核心是对施工合同的管理，即监理单位受发包人委托，依据国家有关工程建设的政策、法律、法规、批准的工程项目建设文件和工程建设监理合同以及本工程其他相关工程建设合同，协助建设单位对工程项目建设实施的管理或对建设行为的监督。

现场施工过程中的合同管理，是按监理委托合同的要求，对工程建设合同（包括设计、施工、调试、设备材料供应等）的签订、履行、变更、解除进行监督、检查，对合同争议进行调解和处理，以保证合同依法签订和全面履行，以便为质量、进度、资金等目标控制创造条件。

监理机构应站在第三方公正的位置，进行合同管理，履行监理职责，恰当地使用监理合同给予的权力，认真地参与合同制定和合同谈判，公正地处理争议。作为监理人员应具有熟悉建设工程有关法律、又有应变能力，还要能坚持原则的能力，经常进行风险分析，方能公正地处理合同履行中各种复杂的问题。监理人员对拟定的工程文件，报告、记录、指示应做到全面、细致、准确、具体，避免发生因理解不一致、细节不确切，或语义含混而造成合同双方的纠缠不清。尽量避免因合同条款含义不清引起索赔和反索赔。

施工合同文件的组成：

（1）协议书（包括补充协议）；

（2）中标通知书；

（3）澄清文件

（4）投标文件；

（5）补充文件

（6）专用合同条款；

（7）通用合同条款；

（8）技术条款；

（9）图纸；

（10）已标价的工程量清单；

（11）经双方确认进入合同的其他文件。

第二节　工程施工质量控制

广义的工程质量包含工程实体质量和工作质量（或质量行为）。

水利工程质量的优劣，是规划、勘测、设计、设备制造、施工、检验、监理、监督等单位在各个环节上工作质量的综合反映。要保证工程质量，就要求各个参建单位的工作人员对影响工程质量的所有因素进行合理控制，以良好的工作质量保证和提高工程质量。水利工程质量实行项目法人负责、监理单位控制、施工单位保证和政府监督相结合的质量管理体制。

中小型水利工程施工质量控制是监理机构在整个施工控制中最重要的工作，由于中小型水利的特点及参建各方投入资源的限制，施工质量控制是监理成效的关键，也是实现、工程总目标最主要的体现。在整个施工过程中，监理机构要按照委托监理合同和施工承包合同的授权，进行合同的目标控制，中小型水利工程监理大量的日常工作，是进行质量控制以及安全和环境保护监理。监理机构的质量控制就是为了确保合同规定的质量标准所采取的监控措施、手段和方法。监理机构按照事前审批、事中监督和事后检验等监理工作环节控制工程质量：

（1）监督承包人等质量保证体系的实施和改进。检查承包人的现场组织机构、主要管理人员、技术人员及特种作业人员是否符合要求；

（2）依据相关政策法规和有关工程建设标准、强制性条文、施工合同约定等，对所有施工质量活动全过程及与质量活动相关的人员、原材料、工程设备等质量要素进行监督和控制；

（3）对施工设备质量进行监督和控制；

（4）对施工工法和施工环境等质量要素进行监督和控制；

（5）按照有关规定和合同约定，检查承包人的工程质量检测工作是否符合要求；

（6）质量事故处理。

一、质量管理体系

（一）项目法人的质量管理

1. 建立质量检查体系，制定质量管理制度

项目法人要加强工程质量管理，建立健全施工质量检查体系，根据工程特点建立质量管理机构和质量管理制度。

2. 上报审查施工图

建设单位应当将施工图设计文件报县级以上人民政府建设行政主管部门或者其他有关部门审查。施工图设计文件审查的具体办法，由国务院建设行政主管部门会同国务院其他有关部门制定。施工图设计文件未经审查批准的，不得使用。

3. 办理质量监督手续

项目法人应在工程开工前到相应的水利工程质量监督机构办理监督手续，签订《水利工程质量监督书》。

项目法人在工程施工过程中，应主动接受质量监督机构对工程质量的监督检查。

4. 组织设计交底，进行质量检查

项目法人应组织设计和施工单位进行设计交底；施工中应对工程质量进行检查，工程完工后，应及时组织有关单位进行工程质量验收、签证。

5. 报告、调查质量事故

发生质量事故后，项目法人必须将事故的简要情况向项目主管部门报告。

一般事故由项目法人组织设计、施工、监理等单位进行调查，调查结果报项目主管部门核备。

质量事故由项目法人负责组织有关单位制定处理方案，经上级主管部门审定后实施。

6. 组织、参加工程验收

项目法人收到建设工程竣工报告后，应当组织设计、施工、工程监理等有关单位进行竣工验收。

（二）勘察、设计单位的质量管理

1. 建立质量检查体系，制定质量管理制度

设计单位必须建立健全设计质量保证体系，加强设计过程质量控制，健全设计文件的审核、会签批准制度。

2. 派驻设计代表

设计单位应按合同规定及时提供设计文件及施工图纸，在施工过程中要随时掌握施工现场情况，优化设计，解决有关设计问题。对大中型工程，设计单位应按合同规定在施工现场设立设计代表机构或派驻设计代表。

3. 进行设计交底

设计单位必须做好设计文件的技术交底工作。

设计单位应当就审查合格的施工图设计文件向施工单位做出详细说明。

4. 参与事故分析

设计单位应当参与建设工程质量事故分析，并对因设计造成的质量事故，提出相应的技术处理方案。

5. 参加工程验收

设计单位应按水利部有关规定在阶段验收、单位工程验收和竣工验收中，对施工质量是否满足设计要求提出评价意见。

（三）施工单位的质量管理

承包人的质量保证体系是保证工程施工质量的根本所在，对承包人质量保证体系的控制措施是：严格质量制度，明确质量责任，进行质量教育，提高各岗位的责任心；建立质量责任制，

施工中严格遵守规程，加强自检、互检，改进施工操作方法及工法等。

施工中“人”作为控制的对象，要避免产生失误，就要充分调动人的积极性，以发挥“人是第一因素”的主导作用。要本着适才适用，扬长避短的原则来控制人的使用。监理机构应监督承包人建立和健全质量保证体系，在施工过程中贯彻执行。

1. 建立质量责任制，配备合格人员

施工单位对建设工程的施工质量负责。施工单位应当建立质量责任制，确定工程项目的项目经理、技术负责人和施工管理负责人。

施工单位应当建立、健全教育培训制度，加强对职工的教育培训；未经教育培训或者考核不合格的人员，不得上岗作业。

2. 建立质量保证体系及规章制度

施工单位要推行全面质量管理，建立健全质量保证体系，制定和完善岗位质量规范、质量责任及考核办法，落实质量责任制。在施工过程中要加强质量检验工作，认真执行“三检制”，切实做好工程质量的全过程控制。

3. 对原材料及中间产品进行检测

施工单位必须按照工程设计要求、施工技术标准和合同约定，对建筑材料、建筑构配件、设备和混凝土进行检验，检验应当有书面记录和专人签字；未经检验或者检验不合格的，不得使用。

4. 按照设计图纸及技术标准施工

施工单位必须按照工程设计图纸和施工技术标准施工，不得擅自修改工程设计，不得偷工减料。

施工单位在施工过程中发现设计文件和图纸有差错的，应当及时提出意见和建议。

施工单位必须依据国家、水利行业有关工程建设法规、技术规程、技术标准的规定以及设计文件和施工合同的要求进行施工，并对其施工的工程质量负责。

5. 对工程实体质量进行检测

施工单位必须建立、健全施工质量的检验制度，严格工序管理，做好隐蔽工程的质量检查和记录。隐蔽工程在隐蔽前，施工单位应当通知建设单位和建设工程质量监督机构。

施工人员对涉及结构安全的试块、试件以及有关材料，应当在建设单位或者工程监理单位监督下现场取样，并送具有相应资质等级的质量检测单位进行检测。未经监理工程师签字，建筑材料、建筑构配件和设备不得在工程上使用或者安装，施工单位不得进行下一道工序的施工。

6. 承担质量缺陷及质量事故处理

施工单位对施工中出现质量问题的建设工程或者竣工验收不合格的建设工程，应当负责返修。

工程发生质量事故，施工单位必须按照有关规定向监理单位、项目法人及有关部门报告，并保护好现场，接受工程质量事故调查，认真进行事故处理。

7. 保证竣工工程质量

竣工工程质量必须符合国家和水利行业现行的工程标准及设计文件要求，并应向项目法人

（建设单位）提交完整的技术档案、试验成果及有关资料。

（四）监理单位的质量管理

监理机构按照相关规定和监理合同的约定建立和健全质量控制体系，做到人员到位、岗位分工明确、职责精准细化，并在监理工作过程中结合施工进度情况不断改进和完善。

监理机构按照有关规定或施工合同约定，核查承包人现场检验设施、人员、技术条件等情况，施工单位建立和健全质量保证体系，在施工工作过程中应按照施工进度情况不断改进和完善。监理机构按照监理人员职责分工，依据合同约定在施工过程中对承包人从事施工、安全、质检、材料等岗位和施工设备操作等需要持证上岗人员的资格进行检查验证。其技术岗位和特殊工种的工人均应持有国家或有关部门统一考试或考核的资格证明，监理人认为必要时可进行考核，合格者才准上岗。对施工操作中不称职或违章、违规人员，要求承包人暂停或禁止其在本工程中继续工作，并及时更换合格的、符合合同要求的、经监理机构查验认可的人员。

1. 建立监理机构，派驻合格人员

监理单位根据所承担的监理任务向施工现场派出相应的监理机构，人员配备必须满足项目要求。监理工程师上岗必须持有水利部颁发的监理工程师岗位证书，一般监理人员上岗要经过岗前培训。

工程监理单位应当选派具备相应资格的总监理工程师和监理工程师进驻施工现场。

2. 建立健全质量控制体系及管理制度

监理机构应建立和健全质量控制体系。监理机构应制定与监理工作内容相适应的工作制度和管理制度。

3. 制定监理规划及实施细则

监理机构应组织编制监理规划和监理实施细则，在约定的期限内报送项目法人。

4. 履行质量控制的基本职责

监理机构的基本职责与权限应包括下列各项：

（1）审批承包人提交的各类文件；

（2）签发指令、指示、通知、批复等监理文件；

（3）检验施工项目的材料、构配件、工程设备的质量和工程施工质量；

（4）处置施工中影响或造成工程质量、安全事故的紧急情况。

5. 对关键工序及关键部位进行旁站监理

监理工程师应当按照工程监理规范的要求，采取旁站、巡视和平行检验等形式，对建设工程实施监理。

旁站监理。监理机构按照监理合同约定，在施工现场对工程项目的重要部位和关键工序的施工，实施连续性的全过程检查、监督与管理。

6. 对施工单位检验及评定成果进行核实

跟踪检测。在承包人进行试样检测前，监理机构对其检测人员、仪器设备以及拟定的检测程序和方法进行审核；在承包人对试样进行检测时，实施全过程的监督，确认其程序、方法的有效性以及检测结果的可信性，并对该结果确认。

7. 对工程实体质量进行抽检

平行检测。监理机构在承包人对试样自行检测的同时，独立抽样进行的检测，核验承包人的检测结果。

（五）检测单位的质量管理

1. 检测单位机构需经监督机构授权

水利工程质量检测单位，必须取得省级以上计量认证合格证书，并经水利工程质量监督机构授权，方可从事水利工程质量检测工作，检测人员必须持证上岗。

2. 对检测成果负责

检测单位应当按照合同和有关标准及时、准确地向委托方提交质量检测报告并对质量检测报告负责。

任何单位和个人不得明示或者暗示检测单位出具虚假质量检测报告，不得篡改或者伪造质量检测报告。

3. 报告检测发现的问题

检测单位应当将存在工程安全问题、可能形成质量隐患或者影响工程正常运行的检测结果以及检测过程中发现的项目法人、勘测设计单位、施工单位、监理单位违反法律、法规和强制性标准的情况，及时报告委托方和具有管辖权的水行政主管部门或者流域管理机构。

4. 检测档案管理

检测单位应当建立档案管理制度。检测合同、委托单、原始记录、质量检测报告应当按年度统一编号，编号应当连续，不得随意抽撤、涂改。检测单位应当单独建立检测结果不合格项目台账。

（六）工程质量的监督管理

1. 配备相应资质的质量监督员

质量监督机构可聘任符合条件的工程技术人员作为工程项目的兼职质量监督员。为保证质量监督工作的公正性、权威性，凡从事该工程监理、设计、施工、设备制造的人员不得担任该工程的兼职质量监督员。

2. 制定质量监督计划

质量监督机构根据受监督工程的规模、重要性等，制订质量监督计划，确定质量监督的组织形式。在工程施工中，根据本规定对工程项目实施质量监督。

3. 采用抽查方式对参建单位实施监督检查

水利工程建设项目质量监督方式以抽查为主。大型水利工程应建立质量监督项目站，中、小型水利工程可根据需要建立质量监督项目站（组），或进行巡回监督。

工程质量监督的主要内容为：

（1）对监理、设计、施工和有关产品制作单位的资质进行复核；

（2）对建设、监理单位的质量检查体系和施工单位的质量保证体系以及设计单位现场服务等实施监督检查；

（3）对工程项目的单位工程、分部工程、单元工程的划分进行监督检查；

（4）监督检查技术规程、规范和质量标准的执行情况；

（5）检查施工单位和项目法人、监理单位对工程质量检验和质量评定情况；

（6）在工程竣工验收前，对工程质量进行等级核定，编制工程质量评定报告，并向工程竣工验收委员会提出工程质量等级的建议；

4. 委托检测单位对工程质量进行抽检

根据需要，质量监督机构可委托经计量认证合格的检测单位，对水利工程有关部位以及所采用的建筑材料和工程设备进行抽样检测。

二、原材料、中间产品和工程设备质量控制

原材料、中间产品和工程设备质量是保证工程施工质量的重要基础条件，对于工程中使用的原材料、中间产品和工程设备，一般情况下，原材料、中间产品和工程设备进场后，监理机构依据有关规范规定及施工合同约定，监督、督促承包人进行检验，承包人按规定检验后并附材质证明和产品合格证及时进行报验。

1. 监理机构对施工单位的原材料、中间产品和工程设备报审表及其附件进行审核，附件中的“质量证明文件”是指出厂合格证、试验报告等，新材料、新产品应提供经有关部门鉴定、确认的证明文件。

监理机构对“报审表”书面材料审核通过后，再对进场实物进行细致检查，对规范要求进行复试的材料（如钢材、水泥、砂石料、块石等）监理人员应会同承包单位进行随机取样，取样按技术标准、规范的规定进行，监理人员见证从检验（测）对象中抽取试验样品的全过程，同时做好取样、封样记录，并留送样委托单，取样完成后，见证送达指定机构检测。

2. 工程中结构用块石、钢筋及焊接试件、混凝土用的原材料、混凝土试块、砌筑砂浆试块、止水材料等项目，应实行见证取样、送样制度。见证取样的程序如下：

（1）施工单位取样人员在现场进行原材料取样和试块制作时，见证人必须在旁见证；

（2）见证人员应对试样进行监护，并和施工单位取样人员一起将试样送至检测单位或采取有效的封样措施送样；

（3）检测单位在接受委托任务时，须由送检单位填写委托单，见证人应在检验委托单上签名；

（4）检测单位应在检验报告单备注栏中注明见证单位和见证人姓名，发生试样不合格情况时，首先要通知工程送样见证单位。

3. 原材料、中间产品和工程设备未经检验和报验严禁使用；监理机构发现承包人未按有关

规定和施工合同约定对原材料、中间产品和工程设备进行检验，应及时指示承包人补做检验；若承包人未按监理机构的指示进行补验，监理机构可按施工合同约定自行或委托其他有资质的检验机构进行检验，承包人应为此提供一切方便并承担相应费用。经检验不合格的材料、构配件和工程设备，监理人监督、督促承包人及时运离工地或做出其他相应处理。

4. 监理机构在工程质量控制过程中发现承包人使用了不合格的材料、构配件和工程设备时，应指示承包人立即整改。

监理机构如对进场材料、构配件和工程设备的质量有异议时，可指示承包人进行重新检验；必要时，监理机构应增加平行检测。

5. 对于承包人采购的工程设备，监理机构应参加工程设备的交货验收；对于发包人提供的工程设备，监理机构应会同承包人参加交货验收。

三、施工设备控制

1. 施工合同文件中已经载明了承包人为保证工程正常施工及缺陷责任期维护工程所需的设备型号、数量、质量，监理机构应督促承包人按照施工合同约定保证施工设备按计划及时进场。

2. 施工设备进场后，承包人对进场的施工设备如实填报《施工设备报验单》，报监理机构评定和认可。监理机构重点核查进场设备的型号、数量、质量状况及产权情况。禁止不符合要求的设备投入使用，并应要求承包人及时撤换。监理机构还应核查设备操作人员对资格、上岗证书等，并考查工作经历及技术熟练程度。

3. 在施工过程中，监理机构应督促承包人对施工设备及时进行补充、维修、维护，满足施工需要。

4. 旧施工设备进入工地前，承包人应提供该设备的使用和检修记录，以及具有设备鉴定资格的机构出具的检修合格证，经监理机构认可，方可地场。

5. 监理机构若发现承包人使用的施工设备影响施工质量和进度时，应及时要求承包人增加或撤换。

四、施工过程质量控制

质量过程控制是工程质量控制最基本的、最直接的、最重要的环节。在施工过程中，监理机构一般采取巡查、检查、抽检、旁站等形式对施工过程质量进行控制，若发现由于承包人使用的材料、构配件、工程设备以及施工设备或其他人为因素可能导致工程质量不合格或造成质量事故时，或者施工方法、施工环境可能影响工程质量时，由专业监理工程师及时发出指示，要求承包人立即采取措施纠正。必要时，由总监签署指令，责令其停工整改。

（一）施工放样和现场工艺试验

施工放样贯穿整个中小型水利工程的施工过程，因其工程特点，监理机构一般通过现场监督或抽样复测的方法进行控制。

现场工艺试验按照有关规范规定或设计要求确定，承包人编制完成现场工艺试验方案后，提交监理机构审批，并监督承包人按照批复的方案实施。

现场工艺试验完成后，承包人依据试验成果编制工艺试验报告，提交监理机构确认，按照合同约定，必要时还应提交发包人最终确认。

承包人依据确认的现场工艺试验成果编制施工措施计划中的施工工艺，提交监理机构审查核定。

（二）质量过程控制的主要措施

（1）跟踪检查作业人员、材料与工程设备、施工设备、施工工艺和施工环境等是否符合要求；

（2）通过检查、检测等方式，检验工序、单元工程、隐蔽工程质量，抽测外观工程质量。严格控制工程质量签证。单元工程（或工序）未经监理机构检验或检验不合格，承包人不得开始下一单元工程（或工序）的施工；

（3）组织工程质量经验总结与问题剖析，批准或签发经论证的工程缺陷处理和工程质量事故处理方案；

（4）监理机构发现由于承包人使用的材料、构配件、工程设备以及施工设备或其他原因可能导致工程质量不合格或造成质量事故时，及时发出指示，要求承包人立即采取措施纠正。必要时，责令其停工整改；

（5）监理机构发现施工环境可能影响工程质量时，应指示承包人采取有效的防范措施。必要时，应停工整改；

（6）在出现质量问题时，监理机构应对施工过程中出现的质量问题及其处理措施或遗留问题进行详细记录和拍照，保存好照片或音像片等相关资料；

（7）监理机构应参加工程设备供货人组织的技术交底会议，监督承包人按照工程设备供货人提供的安装指导书进行工程设备的安装；

（8）监理机构应审核承包人提交的设备启动程序并监督承包人进行设备启动与调试工作。

工程现场书面通知

（监理[2018]现通 07 号）

合同名称：×××工程　　　　合同编号：×××-2017×

<table>
<tr><td>致：×××有限公司×××标段项目部
事由：
2018 年 8 月 10 日上午监理人员在巡视过程中发现，××至××（0+060 至 0+180）回填过程中，未按设计图纸要求回填砂垫层，且上部回填土未进行压实。
通知内容：
1、要求你部对该部位进行返工处理，按照设计进行施工；
2、做好现场作业人员的技术交底工作，增强质量意识，严格按照设计要求进行施工，保证工程质量；
监理机构：×××监理公司
×××项目监理部
监理工程师：
日　期：　年　月　日</td></tr>
<tr><td>承包人意见：
承　包　人：×××有限公司
×××标段项目部
现场负责人：
日　　期：　　年　月　日</td></tr>
</table>

说明：1. 本表一式 3 份，监理机构签填写，发包人签署后发包人 1 份、监理机构 1 份、承包人 1 份。

2. 本表一般情况下应由监理工程师签发，对现场发现的施工人员违反操作规程的行为，监理员可以签发。

工程现场书面通知

（监理 [2019] 现指 -01 号）

合同名称：××× 工程建设监理　　　　　　合同编号：××××-2018×

<table>
<tr><td>
致：××× 有限公司 ××× 标项目部
事由：关于监理部 2019 年 4 月 6 日上下午 3 点检查你部右岸 J94+500-J95+000 段与 J93+373-J93+500 段，存在如下问题；
1. 右岸 J94+500-J95+000 段排水沟排水不通畅，地下水位低于开出面小于 50 公分。（设计要求地下水位低于开出面不小于 50 公分）。
2.J93+373-J93+500 段土方填筑与原堤圩结合部位表面有浮土、杂草、未按照要求开成台阶状。
通知内容：要求如下；
1. 按照设计要求并采取措施保持排水沟通畅，使地下水位低于开出面不小于 50 公分。
二、凡土方填筑与原堤坝有结合的施工部位，必须首先将结合面杂草、树根、腐质土等清除干净，然后将原堤挖成 1：2~2.5 的台阶，台阶高度 0.5m，要求台阶从堤脚开至堤顶，经监理验收并照相后才可以进行填筑。
监理机构：××× 监理公司
××× 工程建设监理部
监理工程师：
日　期：　年　月　日
</td></tr>
<tr><td>
承包人意见：
承　包　人：××× 有限公司
××× 标项目部
现场负责人：
日　　期：　年　月　日
</td></tr>
</table>

说明：1、本表一式 3 份，由监理机构填写，承包人签署意见后，承包人 1 份、监理机构 2 份。

2、本表一般情况下应由监理工程师签发；对现场发现的施工人员违反操作规程的行为，监理员可以签发。

监理通知

（监理 [2017] 通知 -010 号）

合同名称：××× 工程　　　　　　　　合同编号：×××-2016

<table>
<tr><td>致：××× 建设有限公司 ××× 标段项目经理部
事　由：关于 ××× 部分混凝土不符合设计要求的通知：
通知内容：2017 年 5 月 8 日，发包人会同第三方检测单位对你部 ××× 已完成施工的混凝土结构强度进行了回弹检测，经检测 1# 镇墩基础、3#、4# 支墩基础砼强度不符合设计要求，针对此问题要求你部联合发包人会同第三方检测单位，对 ××× 结构混凝土不符合设计要求的部位进行复检，复检后如仍不符合设计要求，按相关规定处理，造成的工期延误及产生的费用有你部承担。
附件：《××× 部分混凝土检测结果》。
监理机构：××× 监理公司
××× 工程项目监理部
总监理工程师：
日　期：　　年　月　日</td></tr>
<tr><td>承包人：××× 建设有限公司
××× 标项目经理部
签收人：
日　期：　　年　月　日</td></tr>
</table>

说明：本通知一式三份，由监理机构填写，承包人签收后，承包人、监理机构、发包人各一份。

监理通知

（监理 [2019] 通知 ×-09 号）

合同名称：××× 工程　　　　　　　　合同编号：×××-2018-10

<table>
<tr><td>致：××× 标项目部
事由：关于要求对不满足混凝土设计强度问题立即整改的通知
通知内容：2019 年 11 月 30 日，我部平行检测一组混凝土试件不满足设计强度要求，施工部位：××× 进水池及 ×× 底板，设计混凝土 C25F100，检测结果为 21.7MPa（详见抗压强度试验记录表），要求你部认真查找原因，并对该部位工程实体强度进行抽芯检测验证，若达不到设计混凝土强度，按返工处理，并将结果报监理部。
附件：混凝土立方体抗压强度试验记录表
监理机构：××× 监理公司
××× 工程建设监理部
副总监理工程师：
日　期：　　年　月　日</td></tr>
<tr><td>承包人：××× 工程
××× 标项目部
签收人：
日　期：　　年　月　日</td></tr>
</table>

说明：本通知一式三份，由监理机构填写，承包人、监理机构、发包人各一份。

监理通知

（监理[2019]通知 2-04 号）

合同名称：××× 标工程　　　　　　　　合同编号：×××-2018-10

<table>
<tr><td>
致：××× 标项目部
事　由：关于要求对 ××× 质量问题进行整改的通知
通知内容：2019 年 9 月 15 日，在对 ××× 施工现场检查发现，由于混凝土底板浇筑时施工保护措施不到位，造成 ×× 段局部钢筋保护层过大和钢筋间偏距过大，超出允许偏差范围，不符合施工质量标准要求，对此监理意见如下：
1、要求施工项目部加强施工质量管理，增强质量意识，做好建筑物作业队技术交底工作，保证施工措施到位，杜绝类似质量问题再次发生。
2、针对上述质量问题要求立即组织整改，未整改完成不准进行混凝土墙体施工。
3、依据“××× 质量管理办法”第 × 条的要求，对你部进行经济处罚 ×× 元（×× 元），以示警告。
附件：照片 1、2
监理机构：××× 监理公司
××× 工程建设监理部
监理工程师：
日　期：　　年　月　日
</td></tr>
<tr><td>
承包人：　××× 标项目部
签收人：
日　期：　　年　月　日
</td></tr>
</table>

说明：本通知一式三份，由监理机构填写，承包人签收后，承包人、监理机构、发包人各一份。

整改通知

（监理[2018]整改 --001 号）

合同名称：××× 工程　　　　合同编号：×××-2017

<table>
<tr><td>致：××× 有限公司 ××× 标段项目经理部
由于本通知所述原因，通知你方对 ××× 桩号 K26+770 ~ K26+840 段，未按照施工图纸及相关技术要求擅自施工 工程项目应按下述要求进行整改，并于 2018 年 1 月 15 日前提交整改措施报告，并按要求进行整改。
整改原因：
××× 桩号 K26+770 ~ K26+840 段施工中存在以下质量问题：
1、该段锚杆安装，没有按照监理的指示要求，擅自进行安装施工。并且没有得到监理的验收就经行下道工序施工。
整改要求：
1、该段锚杆擅自安装，将不予计量。
2、对该段的锚杆、排水管安装，要求你部按照施工图纸中的要求进行返工重新施工，施工完成后重新要求报验，验收。
3.、要求你部在限定的期限内进行整改，如不整改今后发生的一切后果，将有你部承担。
监理机构：××× 监理有限公司
××× 工程项目监理部
监理工程师：
日　期：　　年　月　日</td></tr>
<tr><td>承包人：××有限公司 ××× 标段项目经理部
签收人：
日　期：　　年　月　日</td></tr>
</table>

说明：1、本表一式 3 份，由监理机构填写，承包人签收后，承包人、监理机构、发包人各 1 份。
2、一般批复由监理工程师签发，重要批复由总监理工程师签发

（三）质量复核

施工单位应做好施工记录，按照《单元工程评定标准》检验工序及单元工程质量，在自检合格后，填写《水利水电工程施工质量评定表》报监理机构复核。监理机构根据抽检的资料核定单元（工序）工程质量等级。发现不合格单元（工序）工程，应按规程规范和设计要求及时进行处理，合格后才能进行后续工程施工。对施工中的质量缺陷应记录备案，进行统计分析，

并在相应单元（工序）工程质量评定表“评定意见”栏内注明。

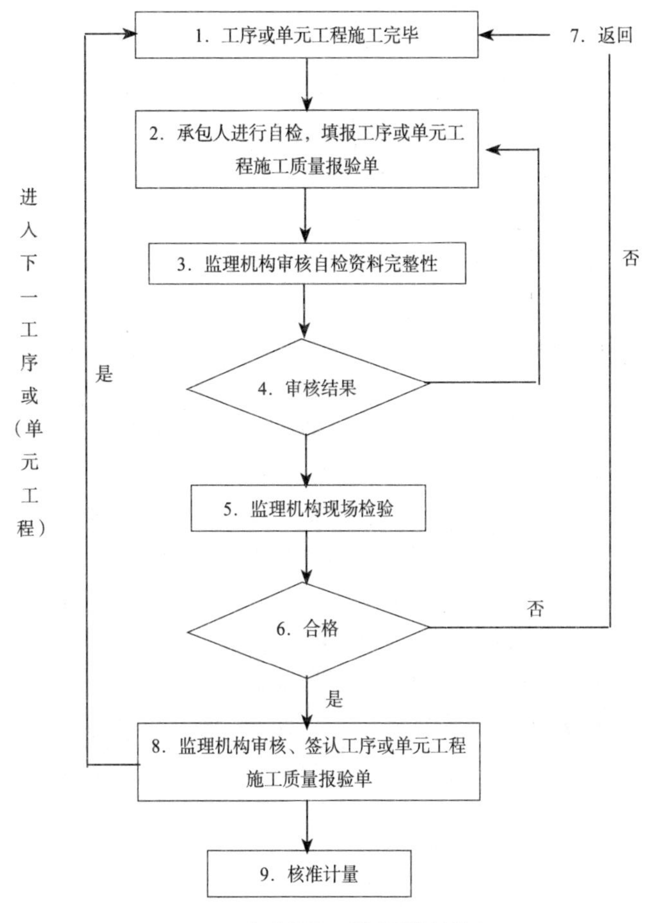

工序或单元工程质量控制程序

五、旁站监理

施工旁站监理，是指监理人员在工程施工阶段监理中，对关键部位、关键工序（对易引起渗漏、冻融、冲刷、汽蚀等工程部位）的施工质量实施全过程现场跟班的监督活动。

（一）旁站监理的部位、工序

中小型水利工程的关键部位、关键工序，在基础工程方面包括：土方回填，混凝土浇筑，灌浆检验等；在主体结构工程方面包括：钢筋隐蔽过程，混凝土浇筑，预应力张拉，钢结构安装等。

旁站监理在总监理工程师的指导下，由现场监理人员负责具体实施。

（二）旁站监理人员的主要职责

旁站监理人员应当认真履行职责，对需要实施旁站监理的关键部位、关键工序在施工现场跟班监督，及时发现和处理旁站监理过程中出现的质量问题，如实准确地做好旁站监理记录。凡旁站监理人员和施工企业现场质检人员未在旁站监理记录（见附件）上签字的，不得进行下一道工序施工。旁站监理人员实施旁站监理时，发现施工企业有违反水利工程建设强制性标准行为的，有权责令施工企业立即整改；发现其施工活动已经或者可能危及工程质量的，应当及时向监理工程师或者总监理工程师报告，由总监理工程师下达局部暂停施工指令或者采取其他应急措施。

（1）检查施工企业现场质检人员到岗、特殊工种人员持证上岗以及施工机械、建筑材料准备情况；

（2）在现场跟班监督关键部位、关键工序的施工执行施工方案以及工程建设强制性标准情况；

（3）核查进场建筑材料、建筑构配件、设备和商品混凝土的质量检验报告等，并可在现场监督施工企业进行检验或者委托具有资格的第三方进行复验；

（4）做好旁站监理记录和监理日记，保存旁站监理原始资料。

旁站监理记录是监理工程师或者总监理工程师依法行使有关签字权的重要依据。对于需要旁站监理的关键部位、关键工序施工，凡没有实施旁站监理或者没有旁站监理记录的，监理工程师或者总监理工程师不得在相应文件上签字。在工程竣工验收后，监理单位应当将旁站监理记录存档查。

六、工程施工质量检验和评定

（一）质量检测计划制定

监理机构对于施工过程在质量检验，按照《监理规范》要求一般采用跟踪检测、平行检测方法对承包人的检验结果进行复核。结合具体施工部署及承包人的质量检验计划，监理机构制定详细的检测计划，确定跟踪检测、平行检测的检测数量。平行检测数量为混凝土试样不应少于承包人检测数量的3%，重要部位每种标号的混凝土最少取样一组，土方试样不应少于承包人检测数量的5%；重要部位至少取样三组；跟踪检测的检测数量，一般为混凝土试样不应少于承包人检测数量的7%，土方试样不应少于承包人检测数量的10%。平行检测和跟踪检测工作一般由监理机构委托具有国家规定的资质条件的检测机构承担，检测费用按照监理合同的约定执行。

（二）质量检测监督

监理工程师的质量控制体系是依据国家的有关法律、技术规范、标准和施工承包合同，对承包人在施工全过程中的每一工序、环节进行检查认证，及时发现其中的质量问题，监督承包人采取正确的措施加以纠正，但是，它并不能代替承包人内部的质量保证体系，它只能通过合同双方履行承包合同的约定，运用质量检验评定认证和否决权，对承包人的施工质量进行检查和有效管理，并监督、促进承包人建立健全质量保证体系，并正常运转，从而保证工程质量。

工程质量检验项目和数量按照《单元工程评定标准》的规定确定。

工程质量检验方法，应符合《单元工程评定标准》和国家及行业现行技术标准的有关规定。

1. 工程施工质量检验的程序：

（1）承包人首先对工程施工质量进行自检，并按规定如实记录自检结果且由质量保证体系中的责任人员签字确认。未经承包人自检或自检不合格、自检资料不完善的单元工程（或工序），监理机构拒绝进行质量检验，并不得进行下道单元工程（工序）施工；

（2）监理机构对承包人经自检合格后报验的单元工程（或工序）质量，按有关技术标准和施工合同约定的要求进行检验或抽检，并详细记录抽检结果。检验合格后方予签字确认；

（3）监理机构可采用跟踪检测、平行检测方法对承包人的检验结果进行复核。平行检测的检测数量，按照检测计划执行。工程质量检验数据应真实可靠，检验记录及签证应完整齐全；

（4）工程完工后经过质量检验合格的需覆盖的隐蔽工程或工程的隐蔽部位，还应经过监理机构验收或发包人、监理机构、设计单位等联合验收合格后方可进行覆盖；

（5）在工程设备安装完成后，在监理机构监督下，承包人应按规定进行设备性能试验，其后应提交完备设备操作和维修手册。

2. 质量检验不合格项目的处理方法：

（1）原材料、中间产品一次抽样检验不合格时，应及时对同一取样批次另取两倍数量进行检验，如仍不合格，则该批次原材料或中间产品不合格，不得使用；

（2）单元（工序）工程质量不合格时，应按合同要求进行处理或返工重做，并经重新检验且合格后方可进行后续工程施工；

（3）混凝土（砂浆）试件抽样检验不合格时，应委托具有相应资质等级的工程质量检测机构对相应工程部位进行检验。如仍不合格，由项目法人组织有关单位进行研究，并提出处理意见；

（4）工程完工后质量抽检不合格，或其他检验不合格的工程，应按有关规定进行处理，合格后才能进行验收或后续工程施工。

（三）质量评定

工程质量评定按照项目划分有序进行，中小型水利工程质量检验与评定的项目按级划分为单位工程、分部工程、单元（工序）工程等三级。监理机构应监督承包人真实、齐全、完善、规范地填写质量评定表。承包人应按规定对工序、单元工程、分部工程、单位的工程质量等级进行自评。监理机构应对承包人的工程质量等级自评结果按照监理抽检记录进行复核，并签字确认。

1. 单元工程质量评定

单元（工序）工程质量在施工单位自评合格后，由监理单位依据监理抽检记录复核，监理工程师核定质量等级并签证确认。

重要隐蔽单元工程及关键部位单元工程质量经施工单位自评合格，监理机构抽检后，由项目法人（或委托监理）、监理、设计、施工、工程运行管理（若施工阶段已经成立）等单位组成联合小组，共同检查核定其质量等级并填写签证表，报质量监督机构核备。

2. 分部工程质量评定

分部工程质量，在施工单位自评合格后，由监理单位复核，项目法人认定。分部工程验收的质量结论由项目法人报质量监督机构核备。大型枢纽工程主要建筑物的分部工程验收的质量结论由项目法人报工程质量监督机构核定。

3. 单位工程质量评定

单位工程质量，在施工单位自评合格后，由监理单位复核，项目法人认定。单位工程验收的质量结论由项目法人报质量监督机构核定。

4. 外观质量评定工作

单位工程完工后，项目法人应组织监理、设计、施工及运行管理等单位，会同有关专家组成工程外观质量评定组，现场进行工程外观质量检验评定，并将评定结论报工程质量监督机构核定。

质量评定工作程序图

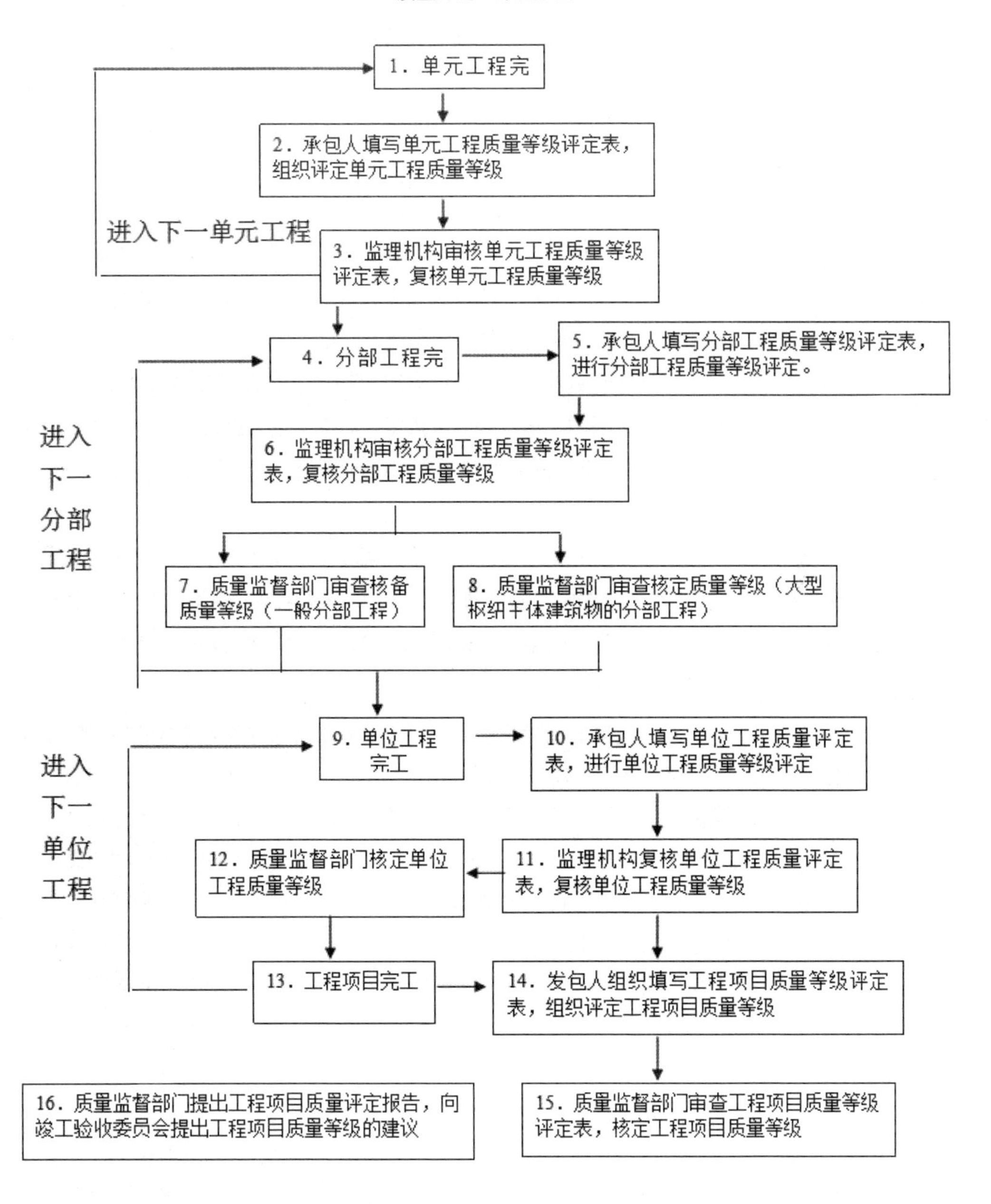

七、质量事故

水利工程在建设中或竣工后，由于建设管理、监理、勘测、设计、咨询、施工、材料、设备等原因造成工程质量不符合规程、规范和合同规定的质量标准，影响工程使用寿命或正常运用，一般需作返工或采取补救措施的，统称为工程质量事故。

水利水电工程质量事故分为一般质量事故、较大质量事故、重大质量事故和特大质量事故四类。

注：直接经济损失费用为必需条件，其余两项主要适用于大中型工程；小于一般质量事故的质量问题称为质量缺陷。

（一）质量事故涉及的行为主体

承包人，监理机构，发包人，设计单位和水利工程建设行政主管部门。

（二）质量事故的处理原则

（1）质量事故处理原则为：发生质量事故，必须坚持“事故原因不查清楚不放过、主要事故责任者和职工未受到教育不放过、补救和防范措施不落实不放过”的原则，认真调查事故原因，研究处理措施，查明事故责任，做好事故处理工作。

（2）质量事故发生后，监理机构和施工方应及时予以处理，如属重大的质量事故应在12小时内上报水利工程建设行政主管部门；承包人应按规定及时提交事故报告。监理机构在向发包人报告的同时，指示承包人及时采取必要的应急措施并保护现场，并做好相应记录。

（三）质量事故处理监理机构的工作标准

作为监理机构应协调施工单位及有关部门做好事故的调查工作并如实作好事故情况记录，原因分析、解决措施制定后，监理人员应严格检查施工单位的落实和整改结果，直至达到要求。质量事故现场处理结束后，监理人员及时编写质量事故处理报告，向发包人和有关部门进行书面报告。

监理机构应指示承包人按照批准的工程质量事故处理方案和措施对事故进行处理。经监理机构检验合格后，承包人方可进入下一阶段施工。

（四）质量缺陷备案

在施工过程中，因质量等特殊原因使得工程个别部位或局部发生达不到技术标准和设计要求（但不影响使用），且未能及时进行处理的工程质量缺陷问题（质量评定仍定为合格），应以工程质量缺陷备案形式进行记录备案。事故处理需要进行设计变更的，需原设计单位或有资质的单位提出设计变更方案。需要进行重大设计变更的，必须经原设计审批部门审定后实施。

在施工过程中，因特殊原因使得工程个别部位或局部发生达不到技术标准和设计要求（但不影响使用），且未能及时进行处理的工程质量缺陷问题（质量评定仍定为合格），应以工程质量缺陷备案形式进行记录备案。

质量缺陷备案表由监理单位组织填写，内容应真实、准确、完整。各工程参建单位代表应在质量缺陷备案表上签字，若有不同意见应明确记载。质量缺陷备案表应及时报工程质量监督机构备案，格式见附录。质量缺陷备案资料按竣工验收的标准制备。在工程竣工验收时，发包人应向竣工验收委员会汇报并提交历次质量缺陷备案资料。

第三节 进度控制

中小型水利工程的施工总进度的控制具有政府指令性、环境因素多变复杂性、承包人保证进度措施缺乏等特点，监理机构对工程施工进度控制的目的是确保工程施工按照预定的期限完工或交付使用,进度控制就是对工程施工各阶段的工作内容、程序、工序持续时间和衔接关系等，依据总进度目标及施工资源优化配置的原则编制计划并付诸实施，并对进度计划实施过程进行经常性的检查，对比实际进度与进度计划的偏差情况，分析产生偏差的原因，采取补救措施或调整、修改原进度计划后下一步实施，如此经常性的实施－检查－分析－调整－实施循环，直至工程施工完工。

一、控制性总进度计划

控制性施工总进度计划由发包人按照项目总工期计划要求制定。在工程项目开工前，监理机构根据工程建设施工合同总工期目标、控制性节点计划目标和发包人的控制性总进度计划，制定施工总进度计划的编制要求，书面通知承包人，承包人按要求在约定的期限内编制完成施工总进度计划并提交监理机构审批。

中小型水利工程的控制性总进度计划需要结合项目工程的实际开工时间、政府指令性工期要求、施工条件变化等因素，进行必要调整，如施工用地征迁延误、资金政策变化、承包人延误工期、不可抗力对施工进度的严重影响等因素。发包人需根据工程实际情况调整、修订新的控制性进度计划。

监理机构发出施工总进度计划编制要求的书面通知应载明：

（1）进度计划时间节点的设置：

施工准备阶段的时间节点：人员、施工设备进场时间、生活、生产临时设施完成时间等。

施工阶段的时间节点：合同工程开工时间、关键建筑物开工时间及完工时间等。

工程验收等时间节点：主要分部工程、单位工程、合同项目完工等验收时间。

（2）确定关键线路、关键项目、主要控制内容、控制性时间节点、高峰期施工强度、各项资源需求量等。

（3）施工总进度计划提交的期限。

二、施工进度计划审查

承包人按照施工合同约定的内容、期限和施工总进度计划的编制要求，编制的施工总进度计划，经监理机构批准后称为合同进度计划，具有合同效力。施工总进度计划是承包人组织施工和据此编制年、季、月进度计划的基础，是监理机构控制进度及调整计划等合同问题等依据。

承包人应在施工合同约定的时间内向监理机构提交进场后的施工总进度计划；监理机构在收到施工进度计划后及时进行审查，提出明确审批意见，必要时可召集由发包人、设计单位或有关专家参加的施工进度计划审查专题会议，听取承包人的汇报，并对有关问题进行分析研究，进行优化分析；如施工进度计划中存在问题，监理机构应及时提出审查意见，交承包人进行修改或调整；修改或调整后重新提交监理机构审查。

监理机构对进度计划等审查不仅仅局限于计划本身等审核，还要审查进度计划与施工方案、施工总体部署、资源供应计划、资金流计划、施工图纸供应计划、施工人员派遣计划、设备进场计划等各方面的关系，并要考虑到各种不利的自然条件变化对计划实施的影响。

监理机构经审查同意后，审批承包人提交的施工进度计划或修改、调整后的施工进度计划，由总监理工程师签字确认。

中小型水利工程施工进度计划审查的主要内容：

（1）按照施工合同的工作内容，审查施工进度计划中有无漏项或重复；

（2）依据发包人的施工总进度计划，审查施工进度计划与合同工期和阶段性目标的一致性；

（3）按照承包人的施工部署，审查各施工内容之间逻辑关系的正确性；审查关键路线安排和施工方案的可行性；

（4）；结合施工组织设计，审查人力、材料、构配件、工程设备、施工设备等资源配置及供应计划和施工强度的合理性及衔接关系；

（5）本施工合同项目与其他各标段施工合同项目之间的衔接关系和协调性；

（9）对发包人提供施工场地、水、电、道路等施工条件要求的计划合理性；

（10）结合本施工合同特点其他需要审查的内容。

三、施工进度检查、调整

在施工过程中，监理机构依据施工合同约定审批各单位工程进度计划，逐阶段审批年、季、月施工进度计划，并检查实施情况。监理机构按照进度协调会议计划定期或不定期主持召开由发包人、设计单位、承包人参加的进度协调会，检查当期计划执行情况，讨论落实下期施工进度计划，围绕保证计划完成，协调落实各方需要配合解决的事宜。

若实际进度发现与计划偏差，及时督促承包人采取可行的措施，以达到总进度计划的工期目标，对影响关键线路工期的人、技术、材料、设备、机具、资金、水文、地质、环境和社会等其他各种难以预料的因素进行分析，找出主要问题，共同讨论、研究应采取的措施，指示承包人针对性采取措施进行赶工，分析进度偏差原因、修订施工进度计划报监理机构审批。

当变更影响施工进度时，监理机构应指示承包人编制变更后的施工进度计划，并按施工合同约定处理变更引起的工期调整事宜。

当实施进度发生较大偏差时，施工总进度计划调整涉及总工期目标、阶段目标改变，或者影响到资金使用有较大的变化时，监理机构及时督促，必要时发出书面指令，要求承包商提出调整进度计划并采取切实可行的措施，调整申报总进度计划，监理机构提出审查意见报发包人批准。当工程总工期需要延期时，须经发包人批准后方可实施。

监理机构应进行的施工进度检查与协调工作：

（1）编制描述实际施工进度状况和用于进度控制的各类图表；

（2）督促承包人做好施工组织管理，确保施工资源的投入，并按批准的施工组织和进度计划实施；

（3）监理工程师或监理员按照职责分工做好实际工程进度记录及承包人施工设备、人员、原材料的进场记录，并检查、审核承包人的同期记录；

（4）对施工进度计划的实施全过程，包括施工准备、施工条件和进度计划的实施情况，进行定期检查，对实际施工进度进行分析和评价，对关键路线和控制性节点的进度实施重点跟踪；

（5）在检查中发现实际工程进度与施工进度计划发生了实质性偏离时，应发出指令，要求承包人及时调整施工进度计划，采取赶工措施；

（6）监理机构应根据工程变更情况，公正、公平处理工程变更所引起的工期变化事宜。当工程变更影响施工进度计划时，监理机构应指示承包人编制变更后的施工进度计划；

（7）依据施工合同和施工进度计划及实际工程进度记录，审查承包人提交的工期索赔申请，提出索赔处理意见报发包人；

（8）做好承包商与项目法人之间的协调：主要对项目法人提供的材料、提供的场地、交通、设施、资金等与承包商施工进度计划之间的协调。当承包商与项目法人之间、各标段之间因某种原因发生冲突，甚至形成僵持局面时，监理机构可从中进行协调；

（9）供图计划的协调：当实际供图时间与承包商的施工进度计划发生矛盾时，原则上应尽量满足进度计划的要求；若设计单位确有困难时，监理机构可建议对施工进度计划作适当调整。承包人对设计图纸提出的修改意见或建议时，监理机构会同发包人与设计代表协商处理；

（10）监理人员对现场施工进度数据进行必要的处理和汇总，并利用这些经整理和处理的数据，与原计划的数据进行比较，从而对施工现场状况及未来进度动向加以分析和预测。

四、施工进度控制措施

中小型水利工程一般未设专职的进度监理工程师，由总监理工程师、监理工程师、监理员分工负责。监理工程师每日检查工程施工进度进展状况，按照单位工程、分部工程、单元工程或工序对实际进度进行检查，作为进度控制和决策的依据，定期汇总报告。监理员每日检查记录当日实际完成及累计完成的工程量，实际参与施工的人力、机械数量及生产效率，施工停滞的数量及原因，承包人管理人员达到施工现场的情况，当日发生的影响工程进度的特殊事件或原因，当日天气情况等，一般可在监理日记中记录。

（1）开工前按照发包人提出的建设总进度计划，监理协助或主持一级网络图的编制工作。

经审查批准后，作为指导承包人编制二级网络图的依据和进度动态管理的依据。指导和审查由总承建方编制的二级网络图，确定主要里程碑进度；

（2）按施工合同的约定，应，协助发包人按期完成由发包人完成的施工外部条件，确保按期开工；

（3）依据一、二级网络图进度，落实施工图和设备交货进度；

（4）专业监理工程师依照施工合同有关条款、施工图及经过批准的施工组织设计，制定进度控制方案，对进度目标进行风险分析，制定防范性对象，经总监理工程师审定后发包人。

监理通知

（监理 [2017] 通知 007 号）

合同名称：××× 工程　　　　　合同编号：×××-2016

<table>
<tr><td>致：××× 标段项目部
事　由：关于要求加快 ×× 施工的通知
通知内容：
由你项目部承建的 ××× 工程按进度计划现严重滞后，计划的工作面没按计划进行展开施工，主要表现在员工少，班次安排不合理，是施工进度慢的主要原因。建议项目部尽快增加员工和班次，多开工作面，抓紧抓好白班晚班作业时间，加快施工进度，把工程进度赶上来。要求贵部在抓工揑进度的同时，一是要注意施工安全，二是要按照设计施工图纸要求进行工程施工，确保工程质量。
附件：
监理机构：××× 监理公司
××× 程项目监理部
监理工程师：
日　期：　年　月　日</td></tr>
<tr><td>承包人：××× 建设有限公司
××× 标段项目经理部
签收人：
日　期：　2017 年　月　日</td></tr>
</table>

说明：1、本表一式 3 份，由监理机构填写。承包人签收后，承包人、监理机构、发包人各 1 份。

2、一般通知由监理工程师签发，重要通知由总监理工程师签发。

3、本通知单可用于对承包人的指示。

（5）对承包人自行采购的设备、材料、购配件等，督促承包人按时进行招标，签订合同、落实交货计划、准时到场，保证项目施工安装有序进行；

（6）总监理工程师组织专业监理工程师认真审理单位工程开工报告，对场地、材料、劳力、设备、设计图纸、机具、施工方案、水电供给、场地、交通、安全警示、场地排水等查实后，符合条件签认开工报告，及时转报发包人批准；

（7）实行月度或周计划报表编报制度。要求承包人各施工、安装单位报送本月（周）完成情况及下月（周）计划报送给监理机构，经复查后，同监理月（周）报一并报建设单位，及时全面了解工程进度。对设备到场、主材进点、外委加工、资金到位、冬雨季安全、总平面交通等进行管理，以配合工程进度及时进行协调和调整。并将进度存在的问题以及发包人有关的问题提出监理意见；

（8）主持召开工地例会，协调各单位间在设计、设备、材料、施工中的影响进度的有关问题，编写会议纪要，督促检查落实解决问题。专业监理工程师根据需要及时召开专题会议，解决专项问题；

（9）实行进度的动态管理，当进度发生偏离时，分析原因、及时调整。当责任为施工安装单位时，监理及时协助承包人采取措施，进行调整，当属于发包人或外部原因时，监理机构及时会同发包人研究对策或依据施工合同进行处理。当实际进度严重滞后于计划进度，影响关键路线的实现，由总监理工程师会同发包人商定总进度计划的调整；

（10）总监理工程师严格对“工程暂停和复工”进行管理，签发暂停令时要根据暂停工程的影响范围和程度，按照施工合同和委托监理合同的约定签发，签发前应就工期和费用问题与承包人进行协商，当具备复工条件时应及时签发复工报审表，由于承包人引起的工程暂停，在承包人报审复工时，要一并报审复工有关材料，同意后签发复工报审表；

（11）严格工程变更和设计变更进行管理，对引起工期变化进行评估，并与承包人和发包人进行协调；

（12）由于承包人的原因（或发包人要求提前完工）造成施工进度拖延，可能致使工程不能按施工总进度计划完工，监理机构督促承包人及时调整施工进度计划，编制可行的赶工措施报告，在审批后及时发布赶工指示，并督促承包人落实赶工措施。监理机构按照施工合同约定客观公正的处理对因赶工引起的费用事宜；

（13）督促承包人按施工合同约定或共同商定的期限按时提交月（或周、旬）、年施工进度报告，及时进行汇总、分析。

五、施工暂停工管理

施工暂停工对施工进度的影响尤为重要，监理机构在下达暂停工指令时一定要慎之又慎，施工暂停不仅影响施工进度、工期，还影响到费用索赔等资金方面，因此，监理机构要根据项目施工情况慎重决定，监理机构在下达暂停施工通知之前，必须征得发包人同意或及时告知发包人。监理机构在签发《工程暂停令》时，根据暂停工程的影响范围和影响程度，按照施工合同和监理委托合同的约定或征得发包人意见后签发，或签发后向发包人通报。

监理机构签发《工程暂停令》时应根据停工原因的影响范围和影响程度，明确指出工程停工范围。

1. 暂停工

一般在发生下列情况之一时，监理机构可直接下达暂停施工指示，并抄送发包人：

（1）发包人要求暂停施工且工程需要暂停施工时；

（2）承包人未经许可即进行主体工程施工时，改正这一行为所需要的局部停工；

（3）承包人未按批准的图纸进行施工时，改正这一行为所需要的局部停工；

（4）承包人拒绝服从监理机构的管理，不执行监理机构的指示，可能出现工程质量问题或造成安全事故隐患，改正这一行为所需要的局部停工；

（5）承包人未按照批准的施工组织设计或施工措施计划施工，或承包人的人员不能胜任作业要求，可能会出现工程质量问题或存在安全事故隐患，改正这些行为所需要的局部停工；

（6）发现承包人所使用的施工设备、原材料或中间产品不合格，或发现工程设备不合格，或发现影响后续施工的不合格的单元工程（工序），处理这些问题所需要点局部停工。

监理机构认为发生了应暂停工的紧急事件，应立即签发暂停施工指示，并及时向发包人报告。一般发生下列情况之一可认为是紧急事件：

（1）当工程施工出现安全隐患，监理机构认为有必要停工以消除隐患时；

（2）发生必须暂时停止施工的紧急事件危及人身及设备安全时；

（3）其他发生了须暂时停止施工的紧急事件时；

在发生下列情况之一时，监理机构应提出暂停施工建议，报发包人同意后签发暂停施工指示：

（1）工程继续施工将会对第三者或社会公共利益造成损害；

（2）为了保证工程质量、安全所必要；

（3）承包人发生合同约定的违约行为，且在合同约定的时间内未按监理机构指示纠正其违约行为，或拒不执行监理机构指示，从而将对工程质量、安全、进度和资金控制产生严重影响，需要停工整改。

按照合同约定发包人应在收到监理机构暂停施工通知报告后，在规定时间内予以答复是否同意暂停工；若发包人逾期未答复，监理机构要做好备忘记录，视为发包人已默认同意暂停工，监理机构可据此下达暂停施工通知，并根据停工情况的影响范围和程度，明确停工范围。

由于发包人的原因及责任，影响到继续施工，需要暂停施工，监理机构未及时下达暂停施工通知等书面指示时，承包人可提出暂停施工的申请报监理机构，监理机构应及时上报发包人并在施工合同约定的时间内答复承包人。

2. 工程暂停及复工

监理机构下达暂停施工通知、承包人暂停施工后，监理机构应指示承包人妥善照管工程，记录停工期间的相关事宜，并督促有关方及时采取有效措施，排除影响因素，为尽早复工创造条件。在正常情况下，影响暂停工的原因消失以后，暂停工部分的施工应该予以恢复，即在具备复工条件后，监理机构应及时按照施工合同约定或相关规定报发包人，批准后签发复工通知，明确复工范围，并督促承包人执行，尽量减轻因停工对进度的影响。

由于非承包人的原因，监理机构在签发《工程暂停指示》之前应就有关工期和费用等事宜与承包单位进行协商。

由于承包人原因导致工程暂停，在具备恢复施工条件时，承包单位提出复工申请，监理机构应审查承包人报送的复工申请及有关材料，同意后签发《复工申请报审表》，指令承包人继续施工。

监理机构在签发《工程暂停指示》到签发“工程复工令”之间的时间内，应会同有关各方按照施工承包合同的约定，处理因工程暂停引起的与工期、费用等有关的问题。

暂停施工指示

（监理[2019]停工 001 号）

合同名称：××× 工程施工监理合同　　　　合同编号：×××-2018

<table>
<tr><td>致：××× 有限公司 ××× 标段项目部
由于下述原因，现通知你方于 2019 年 5 月 20 日对 ××× 工程全部 ×× 施工作业项目暂停施工。
暂停施工范围说明：暂停全部　　　　施工作业。
暂停施工原因：你标段项目部承建的 ××× 标段 ×× 作业面发生非施工人员坠落事件，此次事件导致 1 人死亡。
引用合同条款或法规依据：××× 工程施工监理合同第 ×× 条；××× 标施工合同书第 ×× 条；
暂停施工期间要求：对现场存在的安全隐患进行彻底排查整改，待安全隐患整改完成后再申请恢复施工，暂停施工期间承包人应负责妥善保护工程并提供安全保障。
监理机构：××× 监理公司
××× 工程项目监理部
总监理工程师：
日　期：　年　月　日</td></tr>
<tr><td>承包人：××× 有限公司 ××× 标段项目部
签收人：
日 期：　年　月　日</td></tr>
</table>

说明：本表一式 3 份，由监理机构填写，承包人签收后，发包人 1 份、监理机构 1 份、承包人 1 份。

复工通知

（监理[2019]复工 01 号）

合同名称：××× 工程施工监理合同　　　合同编号：×××-2018

<table>
<tr><td>致：××× 有限公司 ××× 标段项目部
鉴于暂停施工指示（监理[2019]停工 01 号）所述原因已经 全部/ 部分消除，你方可于 2019 年 7 月 16 日 8 时起对 ××× 工程（编码）项目下列范围恢复施工。
复工范围：监理[2019]停工 01 号指示的全部暂停施工项目。
监理[2019]停工 01 号指示的下列暂停施工项目：
监理机构：（全称及盖章）
总监理工程师：（签名）
日期：　年　月　日</td></tr>
<tr><td>承包人：（全称及盖章）
签收人：（签名）
日　期：　年　月　日</td></tr>
</table>

说明：本表一式　份，由监理机构填写。承包人签字后，承包人、监理机构、发包人、设代机构各 1 份。

六、施工进度延误

由于已经发生了影响施工进度的干扰事件，造成进度滞后、工期延误，无法按照原定的进度计划实施。承包人提出工期索赔，监理机构在收到工期索赔文件后，首先分析工期延误造成的原因，分析是发包人的原因或者是承包人的原因？若是承包人的原因造成施工进度延误，致使工程不能按合同工期完工，监理机构应指示承包人编制并报审赶工措施报告。若是发包人原因造成施工进度延误，监理机构应及时协调，并处理承包人提出的有关工期、费用索赔事宜。

其次进行网络计划分析，分析发生延误的工作是否在关键线路上，如果不在关键线路上还要进一步分析延误的时间是否导致了关键线路保护，以及延误的时间是否超出了该工作的自由时差和该线路的总时差。在关键线路上延误的时间超出自由时差的时间或总时差的时间才是可以索赔的工期时间。发生在关键线路上或导致关键线路发生变化的工期索赔将导致总工期延长，施工进度延误，总进度计划将调整。发生在非关键线路上的工期索赔不会对总工期造成影响，只对相关线路进度计划或月进度计划进行调整。

工程进度控制程序

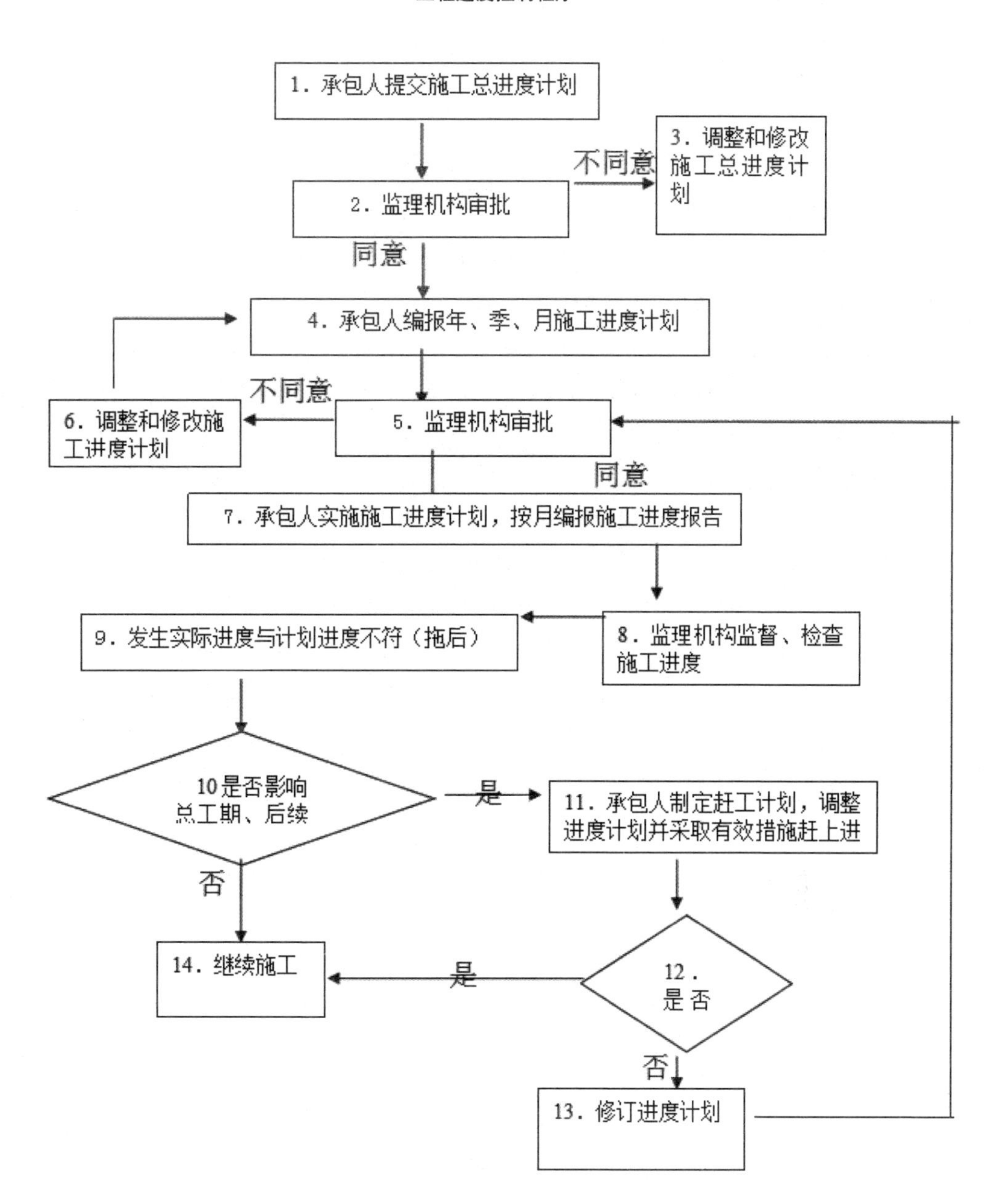

1．承包人提交施工总进度计划
2．监理机构审批
不同意
3．调整和修改施工总进度计划
同意
4．承包人编报年、季、月施工进度计划
不同意
5．监理机构审批
6．调整和修改施工进度计划
同意
7．承包人实施施工进度计划，按月编报施工进度报告
8．监理机构监督、检查施工进度
9．发生实际进度与计划进度不符（拖后）
10是否影响总工期、后续
是
11．承包人制定赶工计划，调整进度计划并采取有效措施赶上进
否
14．继续施工
是
12．是否
否
13．修订进度计划

警告通知

（监理[2019]警告001号）

合同名称：×××工程×××标段工程建设监理　　　　合同编号：×××-2018×

<table>
<tr><td>
致：×××有限公司×××标项目部
鉴于你方在履行合同时发生了下列所述的违约行为，依据合同约定，特发此警告通知。你方应立即采取措施，纠正违约行为后报我方确认。
违约行为情况描述：
2019年1月份计划完成产值2350万元，实际完成1727.42万元，实际完成73.5%。
2019年2月份计划完成产值1832.16万元，实际完成599.01万元，实际完成32.6%。
合同的相关约定：施工合同第×条“工期延误”①承包人初次未完成月度进度计划的80%，监理工程师给予书面警告提醒；如承包人连续2个月未完成月度进度计划的80%，总监理工程师给予书面警告责令整改，书面通知承包人法人单位。
监理机构要求：按照合同约定，你标段立即制定赶工计划，并落实赶工措施。
监理机构：×××监理公司
×××工程建设监理部
总监理工程师：
日　期：　年　月　日
</td></tr>
<tr><td>
承包人：×××有限公司引
×××标项目部
签收人：
日　期：　年　月　日
</td></tr>
</table>

说明：本表一式3份，由监理机构填写。承包人签收后，发包人1份、监理机构1份、承包人1份。

第四节　资金控制

中小型水利工程资金控制是监理机构十分重要的一项工作，施工阶段资金控制其实就是监理机构依据施工合同进行合同价格管理，依据施工合同有关条款和发包人的授权，做好工程计量和工程款支付的审核工作，严格控制工程变更及新增的工程项目，使合同结算价格控制在合同价范围内，也就是控制在签订合同时合同协议书中载明的、包括暂列金和暂估价的合同总金额以内。

合同价格是承包人按照合同约定完成了包括缺陷责任期内的全部承包工作后，发包人应付给承包人的金额，包括暂履行合同过程中按合同约定进行的变更和调整。

暂列金是已标价工程量清单中所列的暂列金额，用于在签订协议书时尚未确定或不可预见变更的施工及其所需材料、工程设备、服务等的金额，包括以计日工方式支付的金额。

暂估价是发包人在工程量清单中给定的用于支付必然发生但暂时不能确定价格的材料、设备以及专业工程的金额。

在工程施工过程中，实际完成的工程量与签订合同时在工程量清单所列的工程量会有一定差异，因为工程量清单所列的工程量是招标时的估算工程量，不是承包人必须完成的和用于结算的实际工程量，因此监理机构依据合同约定的计量单位、方法、程序确认质量合格的承包人实际完成的工程量，才是价格计算、资金支付的依据。

监理机构资金控制的主要监理工作为审核工程计量、付款申请、签发付款证书，依据施工合同约定进行价格调整，根据合同授权处理工程变更所引起的单价、工程费用变化，根据合同授权处理合同违约、索赔费用，审核合同完工付款申请、签发完工付款证书，审核合同最终付款申请，签发最终付款证书等。

一、预付款支付

预付款分为工程预付款和材料预付款，预付款的额度和支付办法在施工合同专用条款中约定，中小型水利工程一般约定原则上预付比例不低于合同金额的 10%，不高于 30%，材料预付款一般按照发票价值的 75%~90% 计算，通过审核承包人提供的发票和相关证明材料。

（一）工程预付款

工程预付款主要作用是承包人在合同签订后尽快得到发包人的付款，做好施工准备工作并用于施工初期的各项费用支出等，专款专用，只能用于本工程，不得挪做他用。

施工合同签订生效后，按照合同条款约定，在中小型水利工程中，若承包人申请拨付预付款，须按合同规定向发包人提交符合要求的、发包人认可的预付款保函，保函的有效期应符合有关规定，一般在发包人扣回全部预付款之前一直有效。监理机构在收到承包人的保函及工程预付款申请后，依据合同约定审核承包人获得工程预付款已具备的条件。条件具备、额度准确时，可签发工程预付款付款证书。

（二）材料预付款

材料预付款主要是帮助承包人购进成为永久工程组成部分等主要材料或设施的款项，以计入进度款支付的方式支付，中小型水利工程一般为预先一次支付。

材料预付款由承包人按照合同约定提出申请，监理机构在收到承包人的工程材料预付款申请后，依据合同一个条款审核承包人提供的单据和有关证明资料，并按合同约定随工程价款月付款一起支付。

（三）预付款的扣回

工程施工过程中，随着进度款的支付，分阶段、分次从承包人的进度款中陆续扣回，扣回办法按照施工合同相关条款执行，但应保证在完工、最后一次施工进度款支付前全部扣回。如果遇到特殊情况，如直到工程移交证书颁发时预付款仍未扣完或施工中途终止合同时，未扣完的预付款余额应全部一次扣还。

工程预付款支付证书

（监理 [2017] 工预付 -001 号）

合同名称：××× 工程施工监理合同　　　合同编号：×××-1-2018

<table>
<tr><td>致：××× 建设管理局
鉴于 工程预付款担保已获得贵方确认／ 合同约定（施工合同“17.2 预付款”的约定“每批次设备供货计划下达，承包人按供货计划清单提供付款申请后 14 天内，按设备供货计划清单对应的设备价款的 30% 预付设备采购款”。）第 1 次工程预付款条件已具备，根据施工合同约定，贵方应向承包人支付第 1 次工程预付款，金额为（大写）伍佰肆拾贰万柒仟玖佰柒拾壹元整（小写）5427971.00 元。
监理机构：××× 监理有限公司
××× 工程项目监理部
总监理工程师：
日　期：　年　月　日</td></tr>
<tr><td>发包人审批意见：
发包人：××× 建设管理局
负责人：
日　期：　年　月　日</td></tr>
</table>

说明：本证书一式 6 份，由监理机构填写，发包人 4 份，监理机构 1 份、承包人 1 份。

二、工程计量、进度付款

（一）工程计量概述

工程计量是监理机构进行资金控制最重要的基础手段，是工程款支付、结算的依据。由于施工过程中地形、地质、地貌等条件的变化及设计变更等方面的影响，合同文件已标价工程量清单中的工程量与实际施工完成的工程量往往存在偏差，监理机构在计量工作中，做到公正、诚信、科学、有据尤为重要。

工程量种类一般有：设计图纸几何轮廓尺寸计算的工程量，施工超挖的工程量，施工附加的为完成本项目必须增加的工程量，由于施工超挖、施工附加需要增加的超填工程量，现场试验所需的工程量等。

（二）总价承包子目的计量

总价承包子目的计量和支付以总价包干为准进行，由于物价波动引起的价格调整或工程变更引起的价格变化等，中小型水利工程一般情况下不进行调整。承包人在合同约定的每一计量周期内，对已完工程进行计量，并提交合同约定的总价承包项目支付分解表所表示的阶段性或分项计量的支持性资料。

中小型水利工程总价承包子目的支付分解一般为：

（1）对于工期较短的项目，按合同约定的计量周期平均；

（2）对于合同额不大的项目，按照总价承包子目的价格占施工合同总价的百分比及各个支付周期内所完成的总价值，以固定百分比方式均摊支付。

（三）综合单价子目的计量

施工合同中的已标价工程量清单中的单价子目工程量是招标工程量，为估算工程量。结算工程量是承包人在施工过程中实际完成，经检验合格的、并按合同约定的计量方法进行计量的工程量。一般中小型水利工程的已标价工程量清单中出现漏项、工程量偏差及工程量变更引起的工程量增减的情况，较为常见，因此综合单价子目的计量贯穿整个施工过程，一般按月或季计算。

（四）工程计量原则

（1）经监理机构签认，并符合施工合同工程量清单中的项目，或发包人同意的工程变更项目的工程量以及计日工。

对于上述原则以外的承包人自行采取的施工措施项目，被认为已包含在承包人报价的清单单价内，不予计量，如承包人自行设置的施工便道、临时桥梁、脚手架、施工排水、临时支护等措施。

（2）所计量工程是承包人实际完成的并经监理机构确认质量合格的工程量。

只有质量合格的工程量才能进行计量，经监理机构检验、复核，工程质量达到合同规定的质量技术标准后，方能进入计量程序，也就是在质量评定没有完成前，监理机构不进行任何形式的计量工作。

（3）计量方式、方法和单位等符合合同约定。

计量方式、标准严格按照合同约定的技术规范中有关计量的规定执行，已完工程量的工程部位应与设计文件相符，并经监理机构复核确认无误。变更项目、附加项目监理机构和发包人的审核、批复手续齐全，工程量经复核准确无误。

对于总价承包项目，申报的数量应与合同约定的现场施工形象面貌相一致。

（4）承包人的计量申报资料齐全。主要包括以下内容：

承包人自检的符合合同要求的试验资料；

经监理机构复核确认的质量合格资料（如单元工程质量评定表）；

控制测量资料及工程量计算资料；

经监理机构复核确认的工程计量报验单。

（5）计量结果得到监理机构和承包人双方确认。

合格工程的工程量确认，中小型水利工程一般由监理机构和承包人共同进行工程量的测量和计算，共同确认，当监理机构需要对工程量进行现场复核时，应事先通知承包人派出合格的人员参加，如果承包人在规定的时间内没有派员参加，监理机构可单方进行复核，其结果有效。

（6）在监理机构签发的施工图纸（包括设计变更通知）所确定的建筑物设计轮廓线和施工合同文件约定应扣除或增加计量的范围内，应按有关规定及施工合同文件约定的计量方法和计量单位进行计量。

（五）工程计量方法

工程计量方法一般在合同文件中，技术条款明确有关计量与支付的方法，对工程量清单中所列项目所包含的工作内容、范围以及计量、支付予以规定，载明了为完成清单子目工作可能发生的工作费用计入清单报价中。

各个项目的计量方法一般在技术条款、规范、工程量清单及合同条件中均有规定，施工过程中的计量方法应与合同文件所约定的计量方法一致。中小型水利工程一般有现场测量、按设计图纸测算等计量方法，总价承包项目一般按总价控制、按形象进度分期支付的方法。

（六）计日工

计日工是指对零星工作采取的一种计价方式，按照施工合同中的计日工子目及其单价计价付款。计日工由承包人汇总后列入工程进度付款申请单，由监理机构审核后列入工程进度付款证书。

监理机构经发包人批准，可指示承包人以计日工方式实施零星工作或紧急工作。

在指示下达后，监理机构应检查和督促承包人按指示的要求实施，应每日审核承包人提交的计日工工程量签证单，包括下列内容：

（1）工作名称、内容和数量；

（2）投入该工作所有人员的姓名、工种、级别和耗用工时；

（3）投入该工程的材料类别和数量；

（4）投入该工程的施工设备型号、台数和耗用台时；

（5）监理机构要求提交的其他资料和凭证。

（七）现场签证

妥善处理现场签证是资金控制和有效促进施工进度、减少合同纠纷的重要手段。中小型水利工程施工过程中一些与合同工程或合同约定不一致或未约定的事项经常会出现，监理机构需要采取现场签证的形式，将这些事项记录、确认，以便于公正、准确的进行计量和支付增加的款项。现场签证的内容一般有：

（1）发包人或监理机构口头指令，指示增加工作量，承包人应提出书面确认申请，载明需要完成此工作需要的人工、材料、机械设备等内容，由监理机构签字确认，成为书面现场签证；

（2）施工过程中发现工程量清单子目与现场实际自然状况不符，承包人应及时向监理机构提交书面签证确认；

（3）由于非承包人原因，造成承包人停工，承包人应及时向监理机构提交签证确认；

（4）其他合同条件发生变化需要现场签证的事项。

（八）工程计量、付款程序

（1）工程项目开工前，监理机构应监督承包人按有关规定或施工合同约定完成原始地面地形以及计量起始位置地形图的测绘，并审核测绘成果；

（2）工程计量前，监理机构应审查承包人计量人员的资格和计量仪器设备的精度及率定情况，审定计量的程序和方法；

（3）在接到承包人提交的工程计量报验单和有关计量资料后，监理机构应在合同约定的时间内进行复核，确定结算工程量，据此计算工程价款。当工程计量数据有异议时，监理机构可要求与承包人共同复核或抽样复测；承包人未按监理要求参加复核，监理机构复核或修正的工程量视为结算工程量。

工程计量报验单后附到有关计量资料是指：

图纸计量，应包括工程量计算简图及计算公式等。

现场计量，应附现场签证资料。

仪器仪表计量，应包括仪器仪表计量记录、监理机构的签证等。

单据及计量，应包括工程实际发生的进货或进场材料、设备的发票、收据等。

按监理机构等批准计量，应包括监理机构等指示、现场签证等。

计日工计量，应包括计日工工作通知、计日工工程量签证单等。

总价计量，应包括总价项目分解、总价项目形象进度等。

（4）监理机构认为必要时，可通知发包人和承包人共同联合计量。

（5）在付款申请签认前，监理机构应对支付工程量汇总成果进行审查；

（6）若监理机构发现计量有误，可重新进行审核、计量，进行必要的修正与调整。

（7）最终计量工程量：当承包人完成了工程量清单中每个子目的工程量后，监理机构应要求承包人派员共同对每个子目的历次计量报表进行汇总和总体量测，核实该子目的最终计量工程量。承包人未按监理机构要求派员参加的，监理机构最终核实的工程量视为该子目的最终计量工程量。

（8）承包人应按照规范规定的表格式样，在施工合同约定的期限内填报付款申请报表。

（9）监理机构在接到承包人付款申请后，应在施工合同约定时间内完成对承包人提交的工程进度付款申请单及相关证明材料的审核，同意后签发进度付款证书，报发包人。

（10）工程进度付款属于施工合同的中间支付。监理机构出具工程进度付款证书，不视为监理机构已同意、批准或接受了该部分工作。在对以往历次已签发的工程进度付款证书进行汇总和复核中发现错、漏或重复的，监理机有权予以修正，承包人也有权提出修正申请。

工程款计量、支付程序

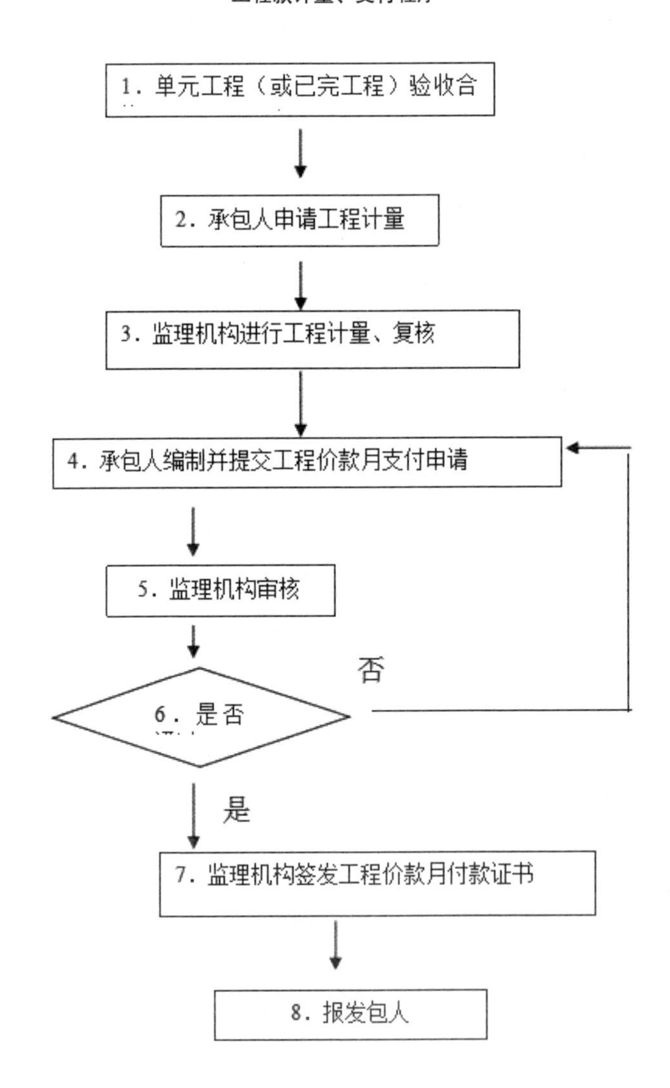

工程进度付款证书

（监理 [2018] 进度付 03 号）

合同名称：××× 工程　　　　　　　　合同编号：×××-2017×

<table>
<tr><td>
致 ××× 建设管理局：
经审核承包人的工程进度付款申请单（承包人 [2018] 进度总 03 号），本月应支付给承包人的工程价款金额共计为（大写）肆佰肆拾肆万叁仟捌佰捌拾贰元（小写：4443882 元 ）。
根据施工合同约定，请贵方在收到此证书后的 14 天之内完成审批，将上述工程价款支付给承包人。
附件：1、工程进度付款审核汇总表。
2、其他。
监理机构：××× 监理公司
××× 项目监理部
总监理工程师：
日 期： 年 月 日
</td></tr>
<tr><td>
发包人审批意见：
发包人：××× 建设管理局
负责人：
日 期： 年 月 日
</td></tr>
</table>

说明：本证书一式 3 份，由监理机构填写。发包人审批后，发包人 1 份、监理机构 1 份、承包人 1 份，办理结算时用。

工程进度付款审核汇总表

（监理 [2018] 付款审 03 号）

合同名称：××× 工程　　　　合同编号：×××-2017×

<table>
<tr><th colspan="2">工程或费用名称</th><th>截至上期末累计完成额（元）</th><th>本期承包人申请金额（元）</th><th>本期监理机构审核金额（元）</th><th>截至本期末累计完成额(元）</th><th>备注</th></tr>
<tr><td rowspan="10">应付款金额</td><td>合同分类分项项目</td><td>25030498.09</td><td>5721991</td><td>5554851.99</td><td>30585350.08</td><td></td></tr>
<tr><td>合同措施项目</td><td>866684.2</td><td>0</td><td>0</td><td>866684.2</td><td></td></tr>
<tr><td>变更项目</td><td></td><td></td><td></td><td></td><td></td></tr>
<tr><td>计日工项目</td><td></td><td></td><td></td><td></td><td></td></tr>
<tr><td>索赔项目</td><td></td><td></td><td></td><td></td><td></td></tr>
<tr><td>小 计</td><td></td><td></td><td></td><td></td><td></td></tr>
<tr><td>价格调整</td><td></td><td></td><td></td><td></td><td></td></tr>
<tr><td>延期付款利息</td><td></td><td></td><td></td><td></td><td></td></tr>
<tr><td>小 计</td><td></td><td></td><td></td><td></td><td></td></tr>
<tr><td>其 他</td><td></td><td></td><td></td><td></td><td></td></tr>
<tr><td colspan="2">应付款金额合计</td><td>25897182.29</td><td>5721991</td><td>5554851.99</td><td>31452034.28</td><td></td></tr>
<tr><td rowspan="6">扣除金额</td><td>工程预付款</td><td>3647430.20</td><td>0.00</td><td>0</td><td>3647430.2</td><td></td></tr>
<tr><td>材料预付款</td><td></td><td></td><td></td><td></td><td></td></tr>
<tr><td>小 计</td><td></td><td></td><td></td><td></td><td></td></tr>
<tr><td>质量保证金（5%）</td><td></td><td></td><td></td><td></td><td></td></tr>
<tr><td>违约赔偿</td><td></td><td></td><td></td><td></td><td></td></tr>
<tr><td>其 他（20%）</td><td>5179436.46</td><td>1144398.2</td><td>1110970.4</td><td>6290406.86</td><td></td></tr>
<tr><td colspan="2">扣除金额合计</td><td>8826866.66</td><td>1144398.2</td><td>1110970.4</td><td>9937837.06</td><td></td></tr>
<tr><td colspan="7">本期进度付款总金额：肆佰肆拾肆万叁仟捌佰捌拾贰元（小写：4443882 元）</td></tr>
</table>

监理机构：×××监理公司 ×××监理部 总监理工程师： 日 期： 年 月 日

说明：本表一式 3 份，由监理机构填写。发包人 1 份、监理机构 1 份、承包人 1 份，作为月报及工程价款月支付证书的附件。

（九）承包人付款申请

（1）付款申请表填写符合相关要求，支持性证明文件齐全；

（2）申请付款项目、计量与计价符合施工合同约定；

（3）已完工程的计量、计价资料真实、准确、完整。

工程进度付款申请单的内容：

截止上次付款周期末已实施工程的价款；本次付款周期已实施工程的价款；应增加或扣减的变更金额；应增加或扣减的索赔金额；应支付和扣减的预付款；应扣减的质量保证金；价格调整金额；根据合同约定应增加或扣减的其他金额。

三、价格调整

监理机构应按施工合同约定的程序和调整方法，审核单价、合价的调整。当发包人与承包人因价格调整协商不一致时，应按照合同争议处理，处理期间监理机构可依据合同授权暂定调整价格。调整金额可随工程进度付款一同支付。

（一）中小型水利工程价格调整常见的原因

（1）法律法规变化。工程实施工程中，国家或地方政府有关工程调价政策性规定发生变化；

（2）工程变更，影响到工程量变化或新增项目，工程变更不仅影响工程量的变化，甚至还会影响到施工单价的调整；

（3）工程量清单缺项、漏项；

（4）工程量偏差；

（5）计日工；

（6）物价变化，物价一般为上涨趋势，会导致建筑材料、施工用燃料及人工价格的上涨；

（7）不可抗力；

（8）现场施工条件变化，施工工程中发现不利的自然条件或外部环境的不利影响，直接影响的工期的延长和工程量的变化；

（9）工期调整，改变原定的施工进度计划，导致单价调整、施工费用增加；

（10）索赔；

（11）现场签证；

（12）发包人、承包人双方约定的其他调整事项。

（二）单价调整（清单单价）

单价调整是依据施工合同相关条款进行的。合同文件中的工程量清单所列单价，是承包人的投标报价，经过评审中标后确定为合同单价，具有法律效力，一般情况下不得更改。施工过程中依据施工合同相关条款的规定，当施工条件、工期或实际工程量变化较大时，应该对清单中的单价进行调整，可能调增，也可能调减。调整办法按照合同约定的办法进行，不得任意改变，中小型水利工程一般参照清单同类子目的费用构成模式，采用实际成本加利润的方法确定，由承包人造价人员编制单价调整文件，提交监理机构审核后报发包人确认，即按照“变更项目价格”的工作程序进行。

中小型水利工程一般施工工程技术比较简单、工期较短，调整单价的因素主要为：

（1）主要子目实际工程量与清单工程量发生较大的变化；

（2）施工环境、自然条件发生较大变化，导致施工难度增加；

（3）工期延误，造成现场施工费用和承包人管理费用大幅增加。

（三）材料价差调整

中小型水利工程施工工期一般较短（12 个月以内居多），施工合同中大多约定在施工期内不进行材料价差调整，但往往由于各种因素的影响，造成工期一再拖延，远远超出了合同工期，或者在合同工期内，由于市场情况发生较大变化，造成主要原材料价格较大幅度波动，这些情况都应该进行材料价差的调整。

目前材料价差的调整大多采用文件证据法进行，首先需要确定价格调整的范围，即施工中使用的哪些原材料、哪些工程设备应该调价？要严格执行施工合同中所列的范围，不得超越；第二是确定应该调价的原材料、工程设备数量，需要按照实际施工进度分时段计算确定各个时段采购数量；第二是确定合同文件清单的原材料、设备原价；第三是确定现行价格，可依据当地官方发布价或联合询价，确定各个时段的现行价格。

文件证据法调价公式：

$$R=(J-J_0)S$$

式中 R——调价金额；

J——各时段现行价格；

J_0——合同清单原价格；

S——合同条款约定允许调差各时段的采购数量。

四、工程变更管理

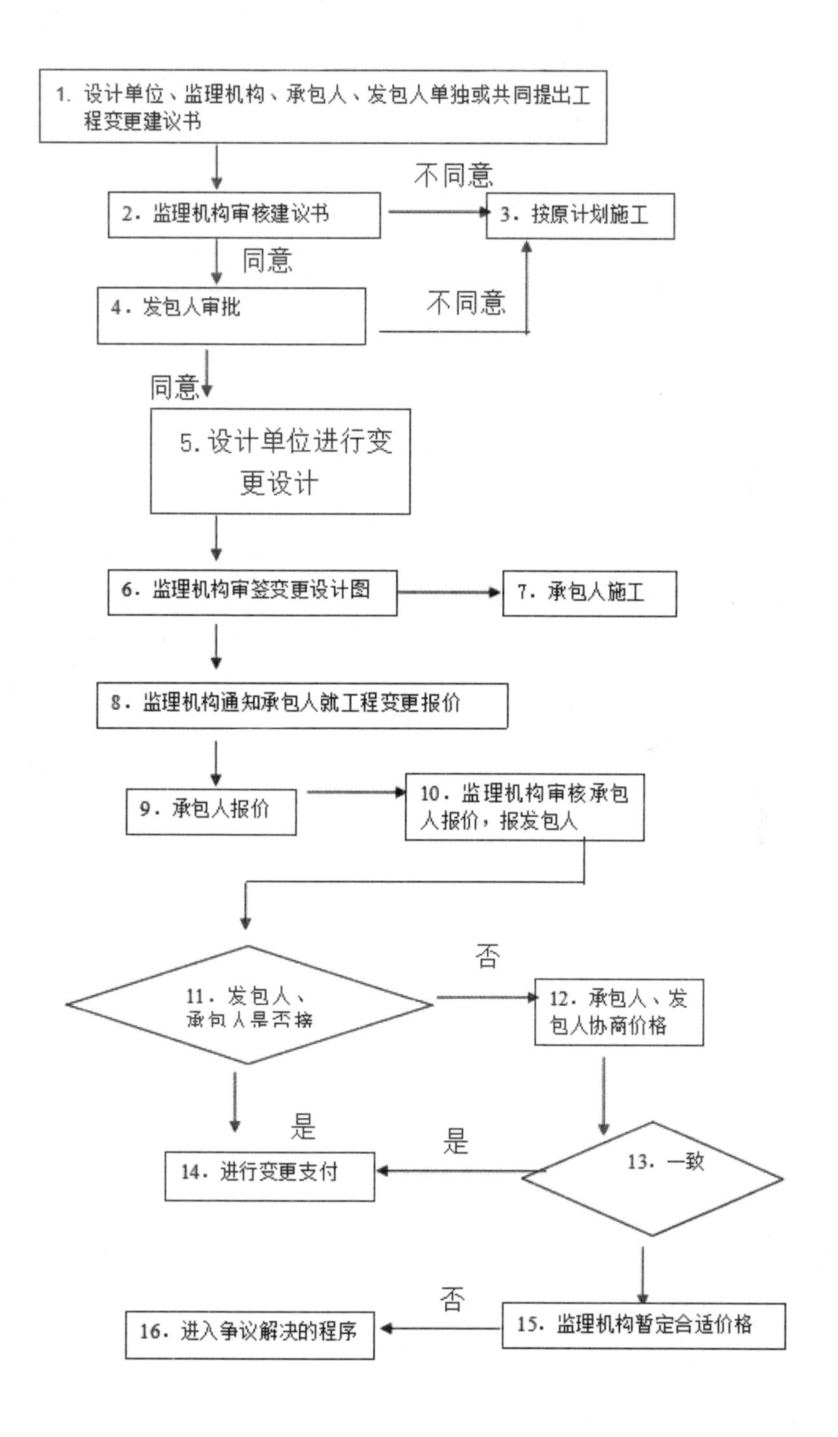
变更工作程序
1. 设计单位、监理机构、承包人、发包人单独或共同提出工程变更建议书
2. 监理机构审核建议书
不同意
3. 按原计划施工
同意
4. 发包人审批
不同意
同意
5. 设计单位进行变更设计
6. 监理机构审签变更设计图
7. 承包人施工
8. 监理机构通知承包人就工程变更报价
9. 承包人报价
10. 监理机构审核承包人报价，报发包人
11. 发包人、承包人是否接
否
12. 承包人、发包人协商价格
是
14. 进行变更支付
是
13. 一致
否
16. 进入争议解决的程序
15. 监理机构暂定合适价格

工程变更的提出、审查、批准、实施等过程应按施工合同约定的程序进行；监理机构可根据工程的需要并按合同约定的权限或经发包人同意，指示承包人实施下列各种类型的变更：

（1）增加或减少施工合同中的任何一项工作内容；

（2）取消施工合同中任何一项工作（但被取消的工作不能转由发包人或其他承包人实施）；

（3）改变施工合同中任何一项工作的标准或性质；

（4）改变工程建筑物的形式、基线、标高、位置或尺寸；

（5）改变施工合同中任何一项工程经批准的施工计划、施工方案；

（6）追加为完成工程所需的任何额外工作；

（7）增加或减少合同中项目的工程量超过合同约定百分比。

（1）工程变更的提出：

1）发包人、监理机构提出：依据监理合同和施工合同约定授权监理机构，向承包人发出变更指示；

2）监理机构提出：可依据合同约定向承包人发出变更意向书，要求承包人就变更意向书中的内容提交变更实施方案。审核承包人的变更实施方案，提出审核意见，并在发包人同意后发出变更指示；

3）设计单位提出：可依据有关规定或设计合同约定在其职责与权限范围内提出对工程设计文件的变更建议。设计单位对原设计存在的缺陷提出的工程变更，应编制设计变更文件；

4）承包人提出：承包人依据合同约定或根据工程现场实际施工情况提出变更建议，提交监理机构审查，监理机构审查同意后，报发包人批准，发出变更指示。

（2）工程变更建议的审查：

承包人工程变更建议提出时，应考虑留有为发包人与监理机构对变更建议进行审查、批准，设计单位进行变更设计以及承包人进行施工准备的合理时间。

监理机构按以下内容对工程变更建议进行审查：

变更的原因和必要性。

变更的依据、范围和内容。

变更可能对工程质量、价格及工期的影响。

变更的技术可行性及可能对后续施工产生的影响。

（3）工程变更审核：（含审核单价、程序）

1）监理机构对工程变更审查的原则：

a：变更后不降低工程质量标准，不影响工程完建后的功能和使用寿命；

b：工程变更在施工技术上可行、可靠；

c：工程变更引起的费用及工期变化经济合理；

d：工程变更不对后续施工产生不良影响。

2）工程变更报价审核

承包人在收到监理机构发出的变更指示或变更意向书后，按要求提交变更报价书，其内容包括变更工作的价格组成及其依据、施工方法说明和有关图纸等技术文件，监理机构收到正式的变更报价书后，按照下述原则，确定或与发包人、承包人共同商定变更价格。

工程变更报价审核原则：

a 若施工合同工程量清单中有适用于变更工作内容的子目时，采用该项目的单价。

b 若施工合同工程量清单中无适用于变更工作内容的子目时，但有类似子目的，可采用合理范围内参照类似子目单价编制的单价。

c 若施工合同工程量清单中无适用或类似子目的单价，可采用按照成本加利润原则编制的单价。

d 当发包人与承包人协商不能一致时，监理机构应认真研究后审慎确定合适的暂定价格，通知合同当事人执行。

e 因施工合同已标价工程量清单漏项，或非承包人原因的工程变更引起措施项目发生变化，导致施工组织设计或施工方案变更，应对措施费项目按照原措施费的组价方法进行调整；如果清单中缺少措施项目，由承包人根据措施项目变更情况，编制增加的措施项目费用单，报发包人确认后调整。

3）对承包人变更实施方案的审查：

承包人提交的变更实施方案，应按照监理机构发出的变更意向书要求的内容编制，主要包括实施变更工作的计划、措施和完工时间等。若承包人提出了难以实施此项变更等原因和依据，监理机构应与发包人、承包人协商后确定撤销、改变或不改变原变更意向书。

（4）变更指示

监理机构签发的工程变更指示应说明变更的目的、范围、内容、工程量、进度和技术要求等。有设计变更文件的工程变更应附设计变更文件。

需要设代机构修改工程设计或确认施工方案变化的，监理机构提请发包人通知设代机构。

当重大变更或工程变更涉及安全、环保等内容时，应提请发包人邀请专家咨询、评审，并按规定经有关部门审批。

（5）工程变更的实施：

所有的发包人、设计单位、监理机构、承包人等参建方提出的任何变更要求或变更建议，需经监理机构与有关各方协商，最终都要得到发包人的批准后，再由监理机构按照合同约定向承包人下达变更指示。

1）经监理机构审查同意的工程变更建议书报发包人，最终经发包人审定批准后方可实施：

2）经发包人批准的工程变更，应由发包人委托原设计单位负责完成具体的工程变更设计工作，做出正式的设计文件：

3）监理机构核查工程变更设计文件、图纸后，向承包人下达工程变更指示并附带设计文件，承包人据此组织工程变更的实施：

4）监理机构根据工程的具体情况，为避免耽误施工，可将工程变更分两次向承包人下达：先发布变更意向（变更设计文件、图纸、技术要求等），指示其实施变更工作；待合同双方进一步协商确定工程变更的单价和工期后，再发出变更指示；

5）当发包人和承包人就工期不能协商一致时，按合同约定处理。

（5）工程变更支付

承包人依照施工合同约定或工程变更指示所确定的工程款支付程序、办法及工程变更项目施工进展情况，在工程进度款支付申请的同时进行工程变更支付申请。监理机构应按照合同约定进行审核、支付。

变更指示

（监理 [2018] 变指 07 号）

合同名称：××× 工程　　　　合同编号：×××-2017 ×

<table>
<tr><td>致：××× 有限公司 ××× 标项目经理部
现决定对如下项目进行变更，贵方应根据本指示于 2018 年 10 月 20 日前提交相应的施工措施计划和变更报价。
变更项目名称：C25 混凝土基础 .
变更内容简述：××× 工程混凝土基础，变更内容详见设计施工图。
变更工程量：变更工程量由现场确定，经发包人、监理机构和施工单位共同确认的工程量作最终结算工程量。
变更技术要求：详见设计施工图。
变更进度要求：该项变更不影响总工期。
附件：
1、施工图设计图集图号 ×××。
监理机构：××× 监理公司 ×××
工程项目监理部
总监理工程师：
日　期：　年　月　日</td></tr>
<tr><td>承包人：××× 有限公司
××× 标项目经理部
签收人：
日　期：　年　月　日</td></tr>
</table>

说明：本表一式 6 份，由监理机构填写。承包人签收后，发包人 1 份、设代机构 1 份、监理机构 1 份、承包人 3 份。

变更项目价格审核表

（监理[2018]变价审 05 号）

合同名称：××× 工程施工监理合同　　　　合同编号：×××-2016

序号	项目名称	单位	监理审核单价	备注
1	C25砼桥墩基础	m^3	623.81	参照类似单价
2	C30砼盖梁	m^3	852.86	单价分析表（监理审核）
3	C30砼垫石	m^3	852.86	参照类似单价

附件：
1. 变更项目价格申报表。
2. 监理变更单价审核说明。
3. 监理变更单价分析表。
4.C40 砼盖梁投标单价分析表。

监 理 机 构：×××　　　　监理公司 ××× 工程项目监理部
总监理工程师：　　　　日　期：　年　月　日

发包人：××× 建设管理局负责人：
日　期：　　年　月　日

本表一式 6 份，由监理机构填写。承包人 3 份、监理机构 1 份、发包人 2 份。

变更项目价格/工期确认单

（监理 [2018] 变价签 05 号）

合同名称：××× 工程施工监理合同　　　　合同编号：×××-2016

<table>
<tr><td></td><td colspan="5">根据有关规定和施工合同约定，发包人和承包人就变更项目价格协商如下，同时变更项目工期协商意见；不延期／延期 天／另行协商。</td></tr>
<tr><td rowspan="4">双方协商一致的</td><td>序号</td><td>项目名称</td><td>单位</td><td>确认价格（单价或合加）</td><td>备注</td></tr>
<tr><td>1</td><td>C25 砼桥墩基础</td><td>m^3</td><td>623.81</td><td>参照类似单价</td></tr>
<tr><td>2</td><td>C30 砼盖梁</td><td>m^3</td><td>852.86</td><td>单价分析（监理审核）</td></tr>
<tr><td>3</td><td>C30 砼垫石</td><td>m^3</td><td>852.86</td><td>参照类似单价</td></tr>
<tr><td rowspan="2">双方协商不一致的</td><td>序号</td><td>项目名称</td><td>单位</td><td>总监确定的暂定价格（单价或合加）</td><td>备注</td></tr>
<tr><td>1</td><td></td><td></td><td></td><td></td></tr>
<tr><td colspan="6">承 包 人：（全称及盖章）
项目经理：（签名）
日　　期：　年　月　日</td></tr>
<tr><td colspan="6">发包人：（全称及盖章）
负责人：（签名）
日　期：　年　月　日</td></tr>
<tr><td colspan="6">合同双方就上述协商一致的变更项目价格、工期，按确认的意见执行；合同双方未协商一致的，按总监理工程师确定的暂定价格随工程进度付款暂定支付。后续事宜按合同约定执行。

监理机构：（全称及盖章）
总监理工程师：（签名）
日期：　年　月　日</td></tr>
</table>

说明：本表一式　份，由监理机构填写。各方签字后，监理机构、发包人各 1 份，承包人 2 份，办理结算时使用。

五、索赔及违约管理

（一）索赔时限

监理机构受理承包人和发包人在施工合同约定的时限和程序提起的合同索赔，不接受未按施工合同约定的索赔程序和时限提出的索赔要求。在承包人提交了完工付款申请后，监理机构不在接受承包人提出的在合同完工证书颁发前所发生的任何索赔事项；在承包人提交了最终付款申请后，监理机构不再接受承包人提出的任何索赔事项。

（二）索赔程序

（1）首先由承包人提出索赔意向通知；

（2）监理机构在收到承包人的索赔意向通知后，确定索赔的时效性，查验承包人的记录和证明材料；

（3）监理机构指示承包人提交持续性影响的实际情况说明和记录；

（4）承包人提出中期索赔申请报告或最终索赔申请报告；

（5）监理机构在施工合同约定的时间内做出对索赔申请报告的处理决定，报送发包人并抄送承包人；

（6）若合同双方或其中任一方不接受监理机构的处理决定，则按争议解决的有关约定或诉讼程序进行解决。

（三）监理机构索赔审核

索赔审核的依据：

（1）国家有关的法律、法规和工程所在地的地方法律、法规；

（2）工程的施工合同文件；

（3）国家、部门和地方有关的标准、规范和定额；

（4）施工合同履行过程中与索赔事件有关的凭证材料；

（5）索赔事件造成了承包人直接经济损失；

（6）索赔事件是由于非承包人的责任发生的；

（7）承包单位已按照施工承包合同规定的期限和程序提出索赔申请表，并附有索赔凭证材料。

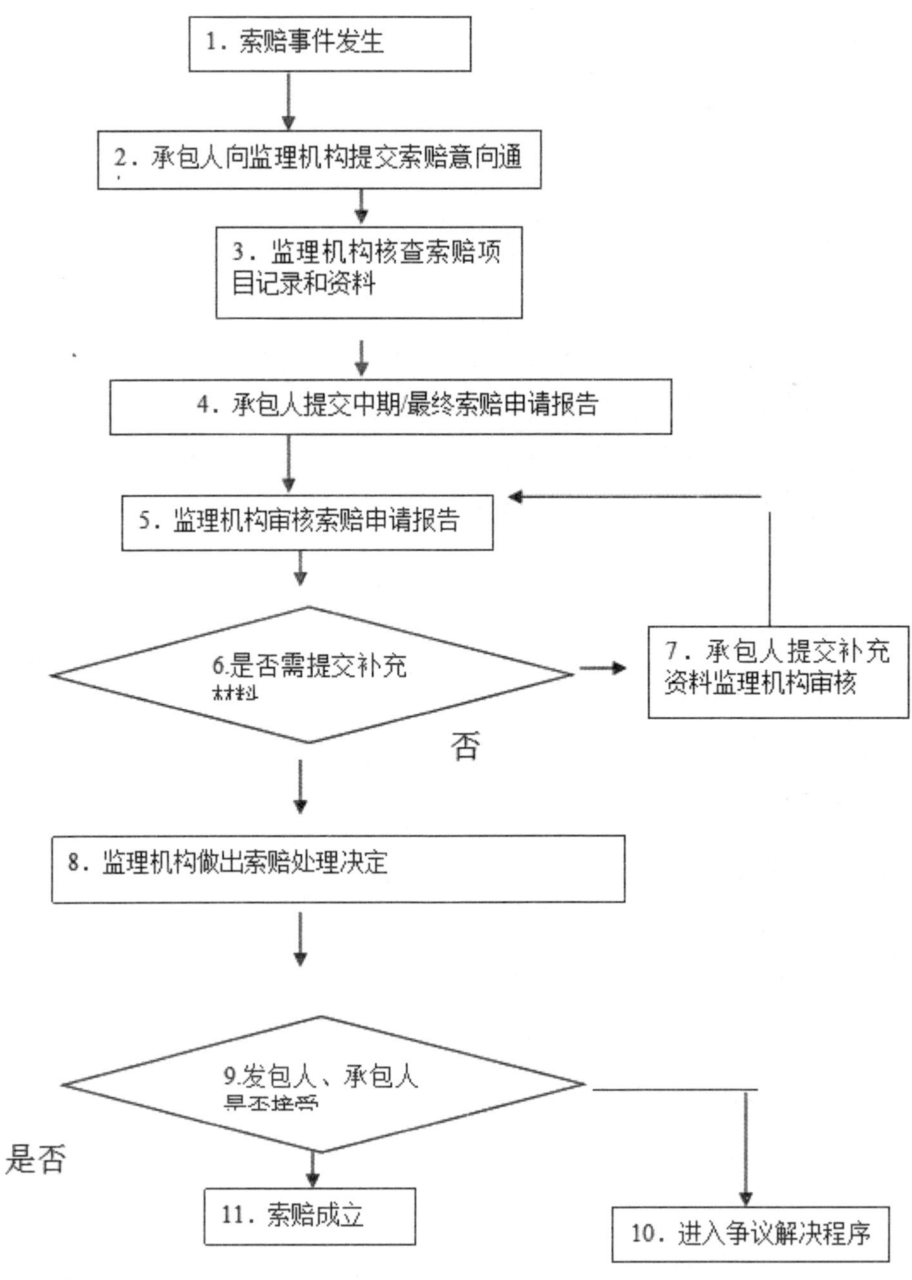

判定索赔成立的原则：

（1）依据充分；

（2）证据充分；

（3）有损失事实；

（4）复核程序，满足期限。

上述四条应当同时具备，监理机构才能认定索赔事件成立，方可进一步处理应该给予承包人的赔偿。

审核承包人的中期索赔申请报告或最终索赔申请报告：

1）依据施工合同约定，对索赔的有效性、合理性进行审核；

2）对索赔支持性资料的真实性进行审查；

3）对索赔的计算依据、计算方法、计算结果及其合理性逐项进行审核；

4）对由施工合同双方共同责任造成的经济损失或工期延误，应通过协商，公平合理地确定双方分担的比例；

5）必要时要求承包人提供进一步的支持性资料。

（四）索赔处理结果

1）监理机构在施工合同约定的时间内，经认真分析研究，并与承包人、发包人充分讨论后，做出对索赔申请报告的处理决定，或者要求承包人进一步补充索赔理由和证据，报送发包人并抄送承包人；

2）监理机构的索赔处理决定不是终局性的，对合同双方都不具有法律性对约束力。若合同双方或其中任一方不接受监理机构的处理决定，则按争议解决的有关约定处理。

（五）发包人索赔

发生合同约定的发包人索赔事件后，监理机构应根据合同约定和发包人的书面要求及时通知承包人，说明发包人的索赔事项和依据，按合同要求商定或确定发包人从承包人处得到赔付的金额和（或）缺陷责任期的延长期。

（六）违约管理

承包人违约：

监理机构对于承包人违约，依据施工合同约定进行以下管理工作：

1）在及时进行查证和认定事实的基础上，对违约事件的后果做出判断；

2）及时向承包人发出书面警告，限其在收到书面警告后的规定时限内予以弥补和纠正；

3）承包人收到书面警告的规定时限内仍不采取有效措施纠正其违约行为或继续违约，严重影响工程质量、进度，甚至危及工程安全，承包人继续严重违约时，监理机构应限令其停工整改，及时向发包人报告，说明承包人违约情况及其可能造成的影响。监理机构征得发包人同意后限令其停工整改，并要求承包人在规定时限内提交整改报告；

4）在承包人继续严重违约时，监理机构应及时向发包人报告，说明承包人违约情况及其可能造成的影响；

5）当发包人向承包人发出解除合同通知后，监理机构应协助发包人按照合同约定派员进驻现场接收工程，处理解除合同后的有关合同事宜。承包人违约导致施工承包合同终止后，监理机构按下列程序清理承包人的应得款项或偿还发包人的全部款项，并书面通知发包人和承包人：

a 施工合同终止时，清理承包已按施工承包合同规定实际完成的工作所应得的款项和已经得到支付的款项；

b 清理施工现场尚未使用完的任何材料、工程设备及临时工程的价值；

c 确定对已完工程进行检查和验收、移交工程资料、该部分工程的清理、质量缺陷修复等所需的费用；

d 追缴施工合同规定的承包人应支付的违约金；

e 监理机构按照施工合同的规定，在与发包人和承包人协商后，提交承包人应得款项或偿还发包人款项的书面通知；

6）承包人违约，发包人要求保证人履行担保义务时，监理机构应协助发包人按要求及时向保证人提供全面、准确的书面文件和证明材料。

发包人违约：

监理机构对于发包人违约，依据施工合同约定进行以下工作：

1）由于发包人违约，致使工程施工无法正常进行，在收到承包人书面要求后，监理机构应及时报发包人，解决违约行为，促使工程尽快恢复施工。

2）发包人严重违约，致使承包人提出解除施工合同要求，监理机构应协助发包人尽快进行调查、澄清和认定工作。若合同解除，监理机构按有关规定和施工合同约定处理解除施工合同后的有关合同事宜。监理机构应就承包人按施工合同规定应得到的款项与发包人和承包人进行协商，并按施工合同的规定从下列应得的款项中确定承包单位应得到的全部款项，并书面通知承包人和发包人：

（1）承包人已完成的工程量表中所列的各工作所应得的款项；

（2）按批准的采购计划订购工程的材料、设备、构配件等承包单位所支付的款项；

（3）承包人撤离施工设备至原基地或其他目的地的合理费用；

（4）承包人所有人员的合理遣返费用；

（5）合理的利润补偿；

（6）施工合同规定的发包人应支付的违约金。

因不可抗力终止合同：

由于不可抗力或非发包人、承包人原因导致施工合同依法终止时，监理机构应按施工合同规定，处理施工合同解除后的有关事宜。

（七）完工付款

（1）监理机构应及时审核承包人在收到工程移交证书后提交的完工付款申请及支持性资料，签发完工付款证书，报发包人批准。

（2）监理机构审核内容：

1）完工结算合同总价。到移交证书上注明的完工日期止，承包人按施工合同约定累计完成的工程金额；

2）发包人已支付承包人的工程价款；

3）发包人应支付的完工付款金额；

4）发包人应扣留的质量保证金；

5）发包人应扣留的其他金额。

（3）保留金支付

1）合同项目完工并签发工程移交证书之后，监理机构应按施工合同约定的程序和数额签发保留金付款证书。

2）当工程保修期满之后，监理机构应签发剩余的保留金付款证书。如果监理机构认为还有部分剩余缺陷工程需要处理，报发包人同意后，可在剩余的保留金付款证书中扣留与处理工作所需费用相应的保留金余款，直到工作全部完成后支付完全部保留金。

（八）最终结清付款

工程保修期满之后，承包人在收到保修责任终止证书后，提交最终付款申请及结清单，监理机构应及时审核承包人提交的最终结清申请单及相关证明材料，同意后签发最终结清证书，报发包人。

监理机构审核的主要内容：

（1）按施工合同约定承包人完成的全部合同金额。

（2）尚未结清单名目和金额；

（3）发包人应支付最终结清金额；

（4）按施工合同约定审核承包人提交的质量保证金退还申请表；

（5）签发质量保证金退还证书。

若发包人和承包人双方未能就最终结清单名目和金额取得一致意见，监理机构应对双方同意的部分出具临时付款证书，只有在发包人和承包人双方有争议的部分得到解决后，方可签发最终结清证书。

（九）施工合同解除后的支付

施工合同解除后的支付分为因承包人违约、因发包人违约、因不可抗力等三种情况，监理机构应按施工合同约定，审核承包人应得到但未支付的工程价款和费用并签发付款证书，协助发包人及时办理施工合同解除后的工程接收工作。

（1）因承包人违约合同解除，监理机构应完成的工作：

1）商定或确定承包人实际完成工作的价款，以及承包人已提供的原材料、中间产品、工程设备、施工设备和临时工程等的价款。监理机构就合同解除前承包人应得到但未支付的下列工程价款和费用包括：

a 已实施的永久工程合同金额；

b 工程量清单中列有的、已实施的临时工程合同金额和计日工金额；

c 为合同项目施工合理采购、制备的材料、构配件、工程设备的费用；

d 承包人依据有关规定、约定应得到的其他费用。

2）查清各项付款和已扣款金额。

3）核算发包人按合同约定应向承包人索赔的由于解除合同给发包人造成的损失。

4）签发付款证书，报发包人批准，但应扣除根据施工合同约定应由承包人承担的违约费用。

（2）因发包人违约合同解除，监理机构应核查的资料和凭证：

a 合同解除日之前所完成工作的价款；

b 承包人为合同工程施工订购并已付款的原材料、中间产品、工程设备和其他物品的金额；

c 承包人为完成工程所发生的、而发包人未支付的金额；

d 承包人撤离施工场地以及遣散承包人人员的金额；

e 由于解除施工合同应赔偿的承包人损失；

f 按合同约定在解除合同之前应支付给承包人的其他金额。

（3）因不可抗力合同解除：

因不可抗力致使施工合同解除的支付，监理机构应根据施工合同约定，核查承包人下列款项及有关资料和凭证：

（1）已实施的永久工程合同金额，以及已运至施工场地的材料价款和工程设备的损害金额；

（2）停工期间承包人按照监理机构要求照管工程和清理、修复工程的金额；

（3）各项已付款和已扣款金额。

（4）合同解除支付

发包人与承包人就上述解除合同款项达成一致后，监理机构出具最终结清证书，提交发包人结清全部合同款项。

发包人与承包人未能达成一致时，按照合同争议处理。

第五章　施工安全监理

第一节　施工安全监理

一、监理单位的安全责任

中小型水利工程监理工作开展，大多把监理工作重点放在质量和安全的控制上，施工安全监理工作范围涉及工程施工安全，行为过错会导致承担安全责任，监理机构施工安全监理包括两方面：一是工程安全，即建筑产品本身的安全性；二是施工过程的安全性。

工程质量与施工安全密不可分，质量隐患往往导致安全事故，而不安全因素又可能为质量事故埋下祸根。从某种角度上讲，控制质量就是控制产品本身的安全性。监理机构依据有关施工、验收规范对工程主体安全进行控制，通过对水利工程产品安全性的检查、检测、评定，保证工程主体安全可靠；监理机构对工程本身质量问题而引起的安全事故负责，承担监理安全责任。

施工过程的安全包括进入施工现场的各类人员的人身安全、现场各类设备、材料等财产安全。监理机构施工过程的安全责任，在《安全生产管理条例》中以法规的形式明确了监理机构应承担的安全责任；《安全生产管理规定》中明确监理机构对水利工程建设安全生产承担监理责任。规定施工安全监理的主要工作为审查承包人施工组织设计中的安全技术措施或者专项施工方案是否符合工程建设强制性标准，在实施监理过程中，发现存在安全事故隐患点，应当要求施工单位整改；情况严重的，应当要求施工单位暂时停止施工，并及时报告建设单位。施工单位拒不整改或者不停止施工的，工程监理单位应当及时向有关主管部门报告。

二、安全监理的依据

（1）施工合同文件：监理机构施工安全监理的重要依据是施工合同文件，根据施工合同文件的有关约定，协助发包人进行施工开工前和施工过程中的安全检查、监督；

（2）国家、地方颁发的有关安全生产的法令、法规、政策和规定；

（3）监理合同中有关安全监理的条款；

（4）经审查批准的施工组织设计有关安全技术的内容；

（5）经审查批准的单项安全施工方案、施工组织 设计等；

（6）具体工程施工安全技术规范和标准；

（7）发包人、承包人等与本项目有关的安全管理规定、制度等。

三、开工前施工安全监理

（1）根据施工现场监理工作需要，监理机构应为现场监理人员配备必要的安全防护用具。

（2）工程开工前，监理机构应按有关规定核查承包人的施工安全生产管理机构、安全保障体系，督促承包人建立健全施工安全保障体系和安全管理规章制度，核查安全生产管理人员的安全资格证书和特种作业人员的特种作业操作资格证书，并检查全体职工施工安全教育和培训情况；

（3）监理机构应审查施工组织设计中的施工安全技术措施、施工现场临时用电方案，以及灾害应急预案、危险性交大的分部工程或单元工程专项施工方案是否符合工程建设强制性条文标准（水利工程部分）及相关规定的要求。

发包人与承包人在施工承包合同中应有安全施工目标，施工单位在施工组织设计中也应对安全施工有专门的章节做出规定；监理机构在审核施工组织设计时，要对安全保证体系、规定和措施进行审查，提出监理意见；监理机构对承包人报送的专业施工组织措施及作业指导书和开工报告的审查中，对安全保证体系是否落实提出意见。

（4）详细调查、统计安全隐患点：对施工现场环境、人机往来作业障碍和交叉点等因素进行调查。

（5）审查、检验承包人的安全设施和设备：监理机构对承包人进入施工现场的安全设施和设备供应情况、质量状况等事先掌握审查，严禁不符合要求的产品进场使用，避免造成人身伤亡。一般要进行以下审查：

1）安全设施和设备的产品合格证、生产产地等；

2）对重要的设施，承包人应提供安全设施的相关图纸和设计计算书等技术文件，以及重要的技术性能参数等，监理机构审查合格后方可投入使用。

四、施工过程中施工安全监理

（1）在施工过程中，监理机构应对承包人执行施工安全的法律、法规和工程建设强制性标准以及施工安全措施的情况进行监督、检查；

（2）监理机构督促承包人对作业人员进行安全交底，监督承包人按照批准的施工方案组织施工，检查承包人安全技术措施的落实情况，及时制止违规施工作业；

（3）定期和不定期巡视检查施工过程中危险性较大的施工作业情况。监理机构对安全施工情况经常进行巡检，开展阶段性的检查，进行安全施工考核；

（4）定期和不定期巡视检查承包人的用电安全、消防措施、危险品管理和场内交通管理等情况。审查重大项目、重要工序、危险性作业和特殊作业的安全施工措施，并监督实施；

（5）核查施工现场施工起重机械、整体提升脚手架和模板等自升式架设设施和安全设施的验收等手续。审查承包人大、中型起重机械安全准用证、安装（拆除）资质证、操作许可证，监督检查施工机械安装、拆除、使用、维修过程中的安全技术状况，发现问题及时督促整改；

（6）每年汛前对承包人的度汛方案及防汛预案的准备情况进行检查，检查承包人的度汛方案中对洪水、暴雨、台风等自然灾害等防护措施和应急措施；

（7）检查施工现场各种安全标志和安全防护措施是否符合工程建设标准强制性条文（水利工程部分）及相关规定的要求；

（8）督促承包人进行安全自查工作，并对承包人自查情况进行检查。协助发包人组织安全大检查，并督促落实整改措施。每月会同有关部门定期进行安全施工大检查，进行考核；

（9）参加发包人和有关部门组织的安全生产专项检查。协调解决各施工单位交叉作业和工序交接中存在的影响安全文明施工的问题，对重大问题，应跟踪控制；

（10）检查承包人安全防护用品的配备情况；

（11）监理机构发现安全隐患时，应要求承包人立即整改；不要时，可按规定指示承包人暂停施工，并及时向发包人报告。

五、安全施工控制方法

（1）监理机构设置安全监理工程师岗位，负责审查承包单位的安全技术措施、落实安全教育计划、督促安全管理、参加安全例会，专业监理工程师协助安全监理工程师进行安全施工控制；

（2）安全监理工程师督促承包人对其分包单位和临时工加强管理，防止以包代管和以罚代管，分包单位入场前和每年年初进行资质审验时，进行安全保证体系的检查；

（3）安全监理工程师在单位工程开工前监督承包人的班组开好施工交底会，在进行技术交底的同时进行安全施工措施的交底；

（4）总监理工程师审查承包单位的安全报表和事故报表，并向建设单位报告；

（5）安全监理工程师经常进行现场检查，发现隐患书面通知承包单位，必要时，安排监理员对关键部分和工序进行旁站。

发现不安全因素和安全隐患时，应指示承包人采取有效措施予以整改。若承包人延误或拒绝整改时，监理机构可责令其停工。当监理机构发现存在重大安全隐患时，应立即指示承包人停工，做好防患措施，并及时向发包人报告；如有必要，应向政府有关主管部门报告。

1）特别重大事故，是指造成 30 人以上死亡，或者 100 人以上重伤（包括急性工业中毒，下同），或者 1 亿元以上直接经济损失的事故；

2）重大事故，是指造成 10 人以上 30 人以下死亡，或者 50 人以上 100 人以下重伤，或者 5000 万元以上 1 亿元以下直接经济损失的事故；

3）较大事故，是指造成 3 人以上 10 人以下死亡，或者 10 人以上 50 人以下重伤，或者 1000 万元以上 5000 万元以下直接经济损失的事故；

4）一般事故，是指造成3人以下死亡，或者10人以下重伤，或者1000万元以下直接经济损失的事故。

水利工程施工安全监理检查表

序号	检查项目	检查内容要求	检查意见
1	工程建设强制性标准	1、相关强制性标准要求识别完整	
		2、标准适用正确	
		3、发现不符合强制性标准时，有记录	
2	审查施工组织设计的安全措施	1、审查施工组织设计	
		2、审查专项安全技术方案	
		3、相关审查意见有效	
		4、安全生产措施执行情况	
3	安全生产责任制	1、相关人员职责和权利、义务明确	
		2、检查施工单位安全生产责任制	
4	安全生产事故隐患	1、及时发现并报告	
		2、及时要求整改	
		3、复查整改验收	
5	监理例会制度	1、按期召开例会	
		2、会议记录完整	
		3、会议要求检查落实	
6	生产安全事故报告制度等执行情况	1、报告制度	
		2、及时报告	
		3、处理措施检查监督	
7	监理大纲、规划、细则中有关安全生产措施	1、措施完善	
		2、执行情况	
8	执业资格	1、执业资格符合规定	
		2、执业人员签字	

六、安全事故的处理

当发生安全事故时，监理机构应指示承包人采取有效措施防止损失扩大，并按有关规定立即上报，协助发包人进行安全事故的调查处理工作。配合安全事故调查组的调查工作，监督承包人按调查处理意见处理安全事故。

根据生产安全事故造成的人员伤亡或者直接经济损失，事故一般分为以下等级：《生产安全事故报告和调查处理条例》（国务院令第 493 号）

整改通知

（监理 [2018] 整改 002 号）

合同名称：××× 工程　　　　合同编号：：×××-2017

致：攀枝花市观音岩引水工程第二标段项目部

由于本通知所述原因，通知你方 对现场施工安全 工程项目应按下述要求进行整改，并于 2018 年 6 月 5 日前提交整改措施报告，按要求进行整改。

整改原因：

施工现场工作人员安全意识淡薄或存在安全隐患。

1. 个别施工作业人员未佩戴安全帽；

2. 个别施工部位临边未进行防护或防护不规范；

3. 部分施工部位未设安全警示标志；

4. 边坡开挖位置机械工作时有车辆通过现象。

（见附页照片）

整改要求：

1. 对存在安全问题的部位进行整改；

2. 项目部专职安全员对施工现场进行排查，对危险源和潜在危险源进行自查自纠；

3、对现场作业人员进行安全再教育，提高人的安全意识。

监理机构：××× 监理公司 ××× 项目监理部

总监理工程师：

日期：　　年　月　日

承包人：××× 有限公司 ××× 标段项目部

签收人：

日　期：　　年　月　日

说明：本表一式份，由监理机构填写，承包人、监理机构、发包人各 1 份。

监理通知

（监理 [2019] 通知 5-05 号）

合同名称：××× 标工程　　　　　　　　　　　　合同编号：×××-2018×

致：××× 标项目部

事由：关于加强基坑临边防护要求通知

通知内容：经现场检查，你标施工的作业面存在安全防护、临时用电、安全文明施工等不规范问题，要求你标立即进行整改回复，并对建筑物施工基坑临边防护要求如下：

1. 防护栏杆应由上、中、下三道横杆及栏杆柱组成，上杆距地面高度应不低于 1.2m，栏杆底部应设置高度不低于 0.2m 的挡脚板，下杆离地高度为 0.3m；临边坡度大于 25° 时，防护栏应加高至 1.5m，离坡坎边口的距离不应小于 0.5m，特殊部位必须用网栅封闭；防护栏杆立杆间距不应大于 2m。栏杆应能承受任何方向 1kN 的水平推力时不发生明显变形或断裂；长度小于 10m 的防护栏杆，两端应设有斜杆。

2、使用的钢管应作防锈处理，并刷间距为 300mm、红白相间的油漆。重要部位必须按规定设置安全警示标志牌。高处临边防护栏杆处宜有夜间警示红灯。

3、基坑深度超过 3m 的，必须有专项支护设计；深度超过 5m 的，必须经专家论证。基坑施工应设置有效的排水设施，并满足施工、防汛需求。坑（槽）沟边 1m 以内不得堆土、堆料，不得停放机械。基坑内必须设置专用上下通道。

监理机构：××× 监理公司

××× 工程建设监理部

总监理工程师：

日期：　　年　月　日

承包人：××× 标项目部

签收人：

日　期：　　年　月　日

说明：本通知一式三份，由监理机构填写，承包人签收后，承包人、监理机构、发包人各一份。

第二节 环境保护监理

（1）工程项目开工前，监理机构应督促承包人按施工合同约定，编制施工环境管理和保护方案，并对落实情况进行检查；

（2）监理机构应监督承包人避免对施工区域的植物、生物和建筑物的破坏；

（3）监理机构应要求承包人采取有效措施对施工中开挖的边坡及时进行支护和做好排水措施，尽量避免对植被的破坏并对受到破坏的植被及时采取恢复措施；

（4）监理机构应监督承包人严格按照批准的弃渣规划有序地堆放、处理和利用废渣，防止任意弃渣造成环境污染，影响河道行洪能力和其他承包人的施工；

（5）监理机构应监督承包人严格执行有关规定，加强对噪声、粉尘、废气、废水、废油的控制，并按施工合同约定进行处理；

（6）监理机构应要求承包人保持施工区和生活区的环境卫生，及时清除垃圾和废弃物，并运至指定地点进行处理。进入现场的材料、设备应有序放置；

（7）工程完工后，监理机构应监督承包人按施工合同约定拆除施工临时设施，清理场地，做好环境恢复工作。

监理通知

（监理 [2017] 通知 011 号）

合同名称：××× 工程　　　　　　　　合同编号：×××-2016

<table>
<tr><td>
致：××× 标段项目部
事由：关于要求 ××× 抓紧落实工程项目内各部位环境保护的通知
目前，××× 工程已进入全面建设，为保护和改善环境，防治污染和其他公害，保障公众健康，推进生态文明建设，对你部建设的各施工工区，部分临时修建的施工便道的环保防护，前期因汛期洪水冲刷造成的破坏，现已不能满足环保要求，特要求你部：
通知内容：
1. 项目部抓紧组织落实施工区内，由于遭洪水破坏不满足环保要求的各部位进行整改，保证工程建设中满足环保及水保各项要求；
2. 整改后及时报发包人、监理现场检查验收；
3. 对没能按环保要求进行整改或整改后仍不能满足环保要求的，监理机构将按规定对你部进行经济处罚；
4. 若未按监理机构下发通知要求进行整改，一切后果皆由你部承担。
监理机构：××× 监理公司 ××× 工程监理部
监理工程师：
日期：　年 月　日
</td></tr>
<tr><td>
承包人：××× 建设公司 ××× 标段项目经理部
签收人：
日　期：　　年　　月　　日
</td></tr>
</table>

说明：1. 本表一式 3 份，由监理机构填写。承包人签收后，承包人、监理机构、发包人各 1 份。

2. 一般通知由监理工程师签发，重要通知由总监理工程师签发。

3. 本通知单可用于对承包人的指示。

警告通知

（监理 [2018] 警告 3-001 号）

合同名称：××× 工程施工监理合同　　　　　　合同编号：×××-1-2017

致：××× 有限公司 ××× 工程项目经理部

鉴于你方在履行合同时发生了下列所述的违约行为，依据合同约定，特发此警告通知。你方应立即采取措施，纠正违约行为后报我方确认。

违约行为情况描述：

2018 年 9 月 30 日上午，你部在 ×× 段填筑时，采用污染土弃料进行回填，对周边环境水土造成严重污染。

合同的相关约定：

1. 施工合同 × 款环境保护之规定。

监理机构要求：

为确保周边水土环境不被破坏污染，现要求你方立即进行纠正，并避免类似情况的再次发生

监理机构 ××× 监理公司 ××× 工程项目监理部

监理工程师：

日期：　　年　月　日

承包人：××× 有限公司 ××× 工程项目经理部

签收人：

日　期：　　年　月　日

说明：本表一式 3 份，由监理机构填写，承包人签收后，发包人 1 份、监理机构 1 份、承包人 1 份。

第六章　工程验收

中小型水利建设工程验收按验收主持单位分为法人验收和政府验收。法人验收包括分部工程验收、单位工程验收、水电站（泵站）中间机组启动验收、合同工程完工验收等；政府验收包括阶段验收、专项验收、竣工验收等。监理机构按照国家和水利部的有关规定做好各时段工程验收的监理工作如下：

（1）协助发包人制订各时段验收工作计划；

（2）编写各时段工程验收的监理工作报告，整理监理机构应提交和提供的验收资料；

（3）参加或受发包人委托主持分部工程验收，参加阶段验收、单位工程验收、竣工验收；

（4）督促承包人提交验收报告和相关资料并协助发包人进行审核；

（5）督促承包人按照验收鉴定书中对遗留问题提出的处理意见完成处理工作；

（6）验收通过后及时签发工程移交证书。

工程验收的依据：

（1）国家现行有关法律、法规、规章和技术标准；

（2）有关主管部门的规定；

（3）经批准的工程立项文件、初步设计文件、调整概算文件；

（4）经批准的设计文件及相应的工程变更文件；

（5）施工图纸及主要设备技术说明书等；

（6）法人验收还应以施工合同为依据。

工程验收的主要内容：

（1）检查工程是否按照批准的设计进行建设；

（2）检查已完工程在设计、施工、设备制造安装等方面的质量及相关资料的收集、整理和归档情况；工程验收在施工质量检验与评定的基础上，对工程质量提出明确结论意见；

（3）检查工程是否具备运行或进行下一阶段建设的条件；

（4）检查工程投资控制和资金使用情况；

（5）对验收遗留问题提出处理意见；

（6）通过各时段验收鉴定书，对工程建设做出评价和结论。

第一节　分部工程验收

分部工程验收应具备的条件：

（1）该分部工程的所有单元工程已完成；

（2）已完单元工程施工质量经评定均合格，有关质量缺陷已处理完毕或有处理方案并经监理机构批准；

（3）合同约定的其他条件。

分部工程具备验收条件时，由承包人向发包人提交验收申请报告，提出验收申请，监理机构组织检查分部工程施工完成情况、审查、审核承包人的分部工程验收资料，并指示承包人对提供的资料中存在的问题进行补充、修正，达到验收标准。

在分部工程的所有单元工程已经完建且质量全部合格、资料齐全时，提请发包人及时进行分部工程验收。

中小型水利工程分部工程验收一般由监理机构主持分部工程验收工作。

一、资料准备

验收前准备应提交的验收资料和提供的验收备查资料：

承包人：

（1）单元（工序）工程质量评定资料；

（2）工程质量管理文件，包括质量保证资料、检验记录；

（3）工程安全管理文件；

（4）施工日志、日记；

（5）工程中使用的技术标准、强制性条文等。

监理机构：

（1）质量缺陷备案表；

（2）工程质量管理（包括质量抽检资料）、安全管理文件；

（3）工程中使用的技术标准、强制性条文等；

（4）监理日志、日记、月报等。

设计单位：

（1）设计变更资料；

（2）工程中使用的技术标准、强制性条文等。

发包人：

（1）项目划分资料；

（2）质量、安全事故资料；

（3）重要会议记录；

（4）工程质量管理（包括质量抽检资料）、安全管理文件；

（5）工程中使用的技术标准、强制性条文等。

二、组织验收

中小型水利工程分部工程验收一般由监理单位主持。验收工作组应由项目法人、勘测、设计、监理、施工、主要设备制造（供应）商和运行管理单等单位的代表组成；验收工作组成员应具有相应的专业知识或执业资格。

分部工程验收程序：

（1）听取施工单位工程建设和单元工程质量评定情况的汇报；

（2）现场检查工程完成情况和工程质量；

（3）检查单元工程质量评定及相关档案资料；

（4）讨论并通过分部工程验收鉴定书；

（5）承包人应在分部工程验收通过之日后10个工作日内，将验收质量结论和相关资料报质量监督机构核备。

三、分部工程遗留问题的处理

分部工程验收通过后，监理机构应签署或协助发包人签署《分部工程验收签证》，并督促承包人按照《分部工程验收签证》中提出的遗留问题及时进行完善和处理。

第二节　单位工程验收

单位工程验收具备的条件：

（1）该单位工程的所有分部工程已全部完成建设施工并通过分部工程验收合格；

（2）分部工程验收遗留问题已处理完毕并通过验收，未处理的遗留问题不影响单位工程质量评定并有经批准的处理方案；

（3）合同约定的其他条件。

中小型水利工程单位工程验收一般由发包人主持。验收工作组由发包人、勘测、设计、监理、承包人、主要设备制造（供应）商、运行管理等单位的代表组成。必要时，可邀请上述单位以外的专家参加。单位工程验收工作组成员应具有中级及其以上技术职称或相应执业资格。发包人组织单位工程验收时，应提前通知质量和安全监督机构，派员参加列席验收会议。

单位工程完工并具备验收条件时，承包人向发包人提出验收申请报告，在单位工程验收前，监理机构应督促承包人提交单位工程验收施工管理工作报告和相关资料，并进行审核，指示承包人对报告和资料中存在的问题进行补充、修正。监理机构协助发包人检查单位工程验收应具备的条件，检验分部工程验收中提出的遗留问题的处理情况，并参加单位工程质量评定。发包人在收到验收申请报告之日起10个工作日内决定是否同意进行验收。

对于投入使用的单位工程，在验收前，监理机构应审核承包人因验收前无法完成、但不影响工程投入使用而编制的尾工项目清单，和已完工程存在的质量缺陷项目清单及其延期完工、修复期限和相应施工措施计划。投入使用的单位工程验收通过后，监理机构应签发工程移交证书。

一、外观质量等级评定

单位工程外观质量等级评分标准的确定：在主体工程开工初期，由发包人组织监理、设计、施工等单位，根据工程特点（工程等级及使用情况）和相关技术标准，提出各项目的质量标准，其质量标准及标准分由项目法人组织监理、设计、施工等单位共同研究确定后报工程质量监督机构核备、确认。

单位工程完工后，由发包人组织进行外观质量评定；监理机构按规定参与单位工程项目外观质量评定工作。单位工程项目外观质量评定由发包人组织，监理、设计、施工及工程运行管理等单位组成工程外观质量评定组，现场进行工程外观质量检验评定，参加工程外观质量评定的人员应具有工程师以上技术职称或相应执业资格，评定组人数应不少于五人，工程外观质量评定结论由发包人报工程质量监督机构核定。

二、资料准备

验收前准备应提交的验收资料和提供的验收备查资料：

承包人：

（1）工程施工管理工作报告；

（2）单元（工序）工程质量评定资料；

（3）工程质量管理文件，包括质量保证资料、检验记录；

（4）工程安全管理文件；

（5）施工日志、日记；

（6）竣工图纸；

（7）工程中使用的技术标准、强制性条文等。

监理机构：

（1）工程建设监理工作报告；

（2）质量缺陷备案表；

（3）工程质量管理（包括质量抽检资料）、安全管理文件；

（4）工程中使用的技术标准、强制性条文等；

（5）监理日志、日记、月报等。

设计单位：

（1）工程设计工作报告；

（2）施工图设计文件；

（3）设计变更资料；

（4）工程中使用的技术标准、强制性条文等。

发包人：

（1）工程建设管理报告；

（2）拟验工程清单、未完工程清单、未完工程的建设安排及完成；

（3）前期工作文件及批复文件；

（4）初步设计主管部门批文；

（5）招标投标文件；

（6）合同文件；

（7）项目划分资料；

（8）分部工程质量评定资料；

（9）单位工程质量评定资料；

（10）工程外观质量评定资料；

（11）质量、安全事故资料；

（12）重要会议记录；

（13）工程质量管理（包括质量抽检资料）、安全管理文件；

（14）工程中使用的技术标准、强制性条文等。

三、组织验收

单位工程验收应由项目法人主持。验收工作组由项目法人、勘测、设计、监理、施工、主要设备制造（供应）商、运行管理等单位的代表组成。必要时，可邀请上述单位以外的专家参加。单位工程验收工作组成员应具有中级及其以上技术职称或相应执业资格。

单位工程验收程序：

（1）听取工程参建单位工程建设有关情况的汇报；

（2）现场检查工程完成情况和工程质量；

（3）检查分部工程验收有关文件及相关档案资料；

（4）讨论并通过单位工程验收鉴定书。

四、单位工程遗留问题的处理

单位工程验收的遗留问题，由监理机构督促承包人提交针对验收鉴定书中提出的遗留问题处理方案和实施计划，并进行审批。

监理机构督促承包人按照审批的实施计划进行实施。

第三节　合同完工验收

当承包人按施工合同约定或监理指示完成所有施工工作、具备验收条件时，施工单位向发包人提出验收申请报告，监理机构及时提请发包人组织合同项目完工验收；发包人在收到验收申请报告之日起 20 个工作日内决定是否同意进行验收合同工程完工验收。

监理机构在合同项目完工验收前，检验前述验收后尾工项目的实施和质量缺陷的修补情况；审核拟在保修期实施的尾工项目清单；督促承包人按有关规定和施工合同约定汇总、整编全部合同项目的归档资料，并进行审核。

合同工程完工验收具备的条件：

（1）合同范围内的工程项目和工作已按合同约定完成；

（2）工程已按规定进行了有关验收；

（3）观测仪器和设备已测得初始值及施工期各项观测值；

（4）工程质量缺陷已按要求进行处理；

（5）工程完工结算已完成；

（6）施工现场已经进行清理；

（7）需移交项目法人的档案资料已按要求整理完毕；

（8）合同约定的其他条件。

一、资料准备

验收前准备的资料和验收备查资料：

承包人：

（1）工程施工管理工作报告；

（2）单元（工序）工程质量评定资料；

（3）工程质量管理文件，包括质量保证资料、检验记录；

（4）工程安全管理文件；

（5）施工日志、日记；

（6）竣工图纸；

（7）工程中使用的技术标准、强制性条文等。

监理机构：

（1）工程建设监理工作报告；

（2）质量缺陷备案表；

（3）工程质量管理（包括质量抽检资料）、安全管理文件；

（4）工程中使用的技术标准、强制性条文等；

（5）监理日志、日记、月报等。

设计单位：

（1）工程设计工作报告；

（2）施工图设计文件；

（3）设计变更资料；

（4）工程中使用的技术标准、强制性条文等。

发包人：

（1）工程建设管理报告；

（2）拟验工程清单、未完工程清单、未完工程的建设安排及完成时间；

（3）前期工作文件及批复文件；

（4）初步设计主管部门批文；

（5）招标投标文件；

（6）合同文件；

（7）项目划分资料；

（8）分部工程质量评定资料；

（9）单位工程质量评定资料；

（10）质量、安全事故资料；

（11）重要会议记录；

（12）工程质量管理（包括质量抽检资料）、安全管理文件；

（13）工程中使用的技术标准、强制性条文等。

二、组织验收

中小型水利工程合同完工验收由发包人主持。验收工作组由发包人以及参与合同工程建设的勘测、设计、监理、施工、主 要设备制造（供应）商等单位的代表组成。

合同工程完工验收程序：

（1）检查合同范围内工程项目和工作完成情况；

（2）检查施工现场清理情况；

（3）检查已投入使用工程运行情况；

（4）检查验收资料整理情况；

（5）鉴定工程施工质量；

（6）检查工程完工结算情况；

（7）检查历次验收遗留问题的处理情况；

（8）对验收中发现的问题提出处理意见；

（9）确定合同工程完工日期；

（10）讨论并通过合同工程完工验收鉴定书；

（11）发包人向有关单位发送合同工程完工验收鉴定书，并报送法人验收监督管理机关备案。

三、合同工程遗留问题的处理

合同工程验收的遗留问题，由监理机构督促承包人按照合同工程完工验收鉴定书中提出的遗留问题处理意见完成处理工作。

验收通过后，监理机构施工合同双方的工程交接和档案资料研究工作。监理机构及时审核承包人提交的合同工程完工申请，满足合同约定条件的，按合同约定签发合同工程项目移交证书，提请发包人签发合同工程完工证书。

第四节 阶段验收

水利工程阶段验收的主持单位是竣工验收主持单位或其委托的单位，由验收主持单位、质量和安全监督机构、运行管理单位的代表以及有关专家组成验收委员会，工程各参建单位应派代表参加，并作为被验单位在验收鉴定书上签字。

阶段验收包括：基础处理完毕、截流、水库下闸蓄水、机组启动、输水工程通水以及堤防工程汛前、除险加固工程过水、部分工程投入使用等关键阶段之前。

监理机构应在工程建设进展到阶段验收节点，核查承包人的阶段验收准备工作，具备验收条件后，提请发包人进行阶段验收的准备工作，协助发包人检查阶段验收具备的条件。发包人、承包人、设计单位、监理机构等工程参建单位派代表参加阶段验收，并作为被验收单位在验收鉴定书上签字。

一、资料准备

验收前准备的资料和验收备查资料：

承包人：

（1）工程施工管理工作报告；

（2）单元（工序）工程质量评定资料；

（3）工程质量管理文件，包括质量保证资料、检验记录；

（4）工程安全管理文件；

（5）施工日志、日记；

（6）竣工图纸；

（7）工程中使用的技术标准、强制性条文等。

监理机构：

（1）工程建设监理工作报告；

（2）质量缺陷备案表；

（3）工程质量管理（包括质量抽检资料）、安全管理文件；

（4）工程中使用的技术标准、强制性条文等；

（5）监理日志、日记、月报等。

设计单位：

（1）工程设计工作报告；

（2）施工图设计文件；

（3）设计变更资料；

（4）工程中使用的技术标准、强制性条文等。

发包人：

（1）工程建设管理报告；

（2）拟验工程清单、未完工程清单、未完工程的建设安排及完成；

（3）验收鉴定书初稿；

（4）度汛方案；

（5）工程调度运行方案；

（6）前期工作文件及批复文件；

（7）初步设计主管部门批文；

（8）招标投标文件；

（9）合同文件；

（10）项目划分资料；

（11）分部工程质量评定资料；

（12）单位工程质量评定资料；

（13）质量、安全事故资料；

（14）重要会议记录；

（15）工程质量管理（包括质量抽检资料）、安全管理文件；

（16）工程中使用的技术标准、强制性条文等；

（17）征地移民有关文件。

二、组织验收

阶段验收应由竣工验收主持单位或其委托的单位主持。阶段验收委员会应由验收主持单位、质量和安全监督机构、运行管理单位的代表以及有关专家组成。

阶段验收的程序：

（1）检查已完工程的形象面貌和工程质量；

（2）检查在建工程的建设情况；

（3）检查未完工程的计划安排和主要技术措施落实情况，以及是否具备施工条件；

（4）检查拟投入使用工程是否具备运行条件；

（5）检查历次验收遗留问题的处理情况；

（6）鉴定已完工程施工质量；

（7）对验收中发现的问题提出处理意见；

（8）讨论并通过阶段验收鉴定书。

三、阶段验收遗留问题的处理

阶段验收的遗留问题，由监理机构督促承包人按照阶段验收鉴定书中提出的遗留问题处理意见完成处理工作。

第五节　竣工验收

监理机构在竣工验收阶段主要工作是协助发包人组织竣工验收自查，核查历次验收遗留问题的处理情况。监理机构作为被验收单位参加工程项目竣工验收，对验收委员会提出的问题做出解释应参加工程项目竣工验收前的初步验收工作。

中小型水利工程竣工验收监理机构需要提交的资料主要为监理工作报告。

中小型水利工程 通过合同工程完工验收验收通过后，监理机构按合同约定签发合同项目工程移交证书。发包人与承包人 组织专人负责工程的交接工作，交接过程应有完整的文字记录且有双方交接负责人签字。

监理机构督促承包人按计划完成尾工项目，并对已完工程中存在的质量缺陷和遗留问题的处理方案和实施计划，进行审批、监督实行。若承包人未能在合理的时间内完成尾工或修复工作，监理机构报告发包人，建议另行雇佣他人完成遗留工作，按照合同约定确定责任及费用负担。

缺陷责任期满后，承包人提出缺陷责任终止申请，监理机构按照合同条件进行审核，审核符合后提请发包人签发缺陷责任期终止证书。

第七章　信息、档案管理

中小型水利工程建筑型式多样，建设环境分散、多变，跨年度或分年度建设周期较长，因此，在工程施工监理过程中发生的往来信息和文件档案资料零碎、繁杂。由于参与建设中小型水利工程各参建单位技术力量的局限性，这就要求监理机构的信息和档案资料管理更为重要。施工监理过程中发生的监理文件是监理信息的重要载体，实施质量控制、进度控制、资金控制、安全管理的基础是信息管理。监理机构通过监理文件和资料的管理有效地进行监理工作的标准化和规范化管理，达到提高监理工作质量，实现工程建设监理总目标。

第一节　信息管理体系及档案管理制度

一、现场信息管理体系及档案管理制度

1. 设置信息、档案管理人员并制定相应岗位职责。

2. 制定包括文档资料收集、分类、整编、归档、保管、传阅、查阅、复制、移交、保密等的制度。

3. 制定包括文件资料签收、送阅与归档程序，文件起草、打印、校核、签发、传递程序等文档资料的管理程序。

4. 文件、报表格式

（1）常用报告、报表格式应采用有关规范（如监理规范附录 e）和水利部印发的其他标准格式；

（2）文件格式应遵守国家及有关部门发布的公文管理格式，如文号、签发、标题、关键词、主送与抄送、密级、日期、纸型、版式、字体、份数等。

5. 建立信息目录分类清单、信息编码体系，确定监理信息资料内部分类归档方案。

6. 建立信息采集、分析、整理、保管、归档、查询系统及计算机辅助信息管理系统。

7. 监理机构管理文件起草、签发：按规定程序起草、打印、校核、签发监理文件。监理文件应表述明确、数字准确、简明扼要、用语规范、引用依据恰当。按规定格式编写监理文件，紧急文件应注明“急件”字样，有保密要求的文件应注明密级。

二、通知与联络

1. 监理机构、发包人和承包人以及与其他人的联络应以书面文件为准。特殊情况下可先口头或电话通知，但事后应按合同约定及时予以书面确认。为保证监理资料的完整、分类有序，工程开工前监理机构应与发包人、承包人对资料的分类、格式（包括用纸尺寸）、份数达成一致意见。

2. 监理机构发出的书面文件，应加盖监理机构公章和总监理工程师或其授权的监理工程师签字并加盖本人注册印鉴。

3. 发包人、监理机构、承包人发出的文件应做好签发记录，并根据文件类别和规定的发送程序，送达对方指定联系人，并由收件方指定联系人签收。

4. 监理机构对所有来往文件均应按施工合同约定的期限及时发出和答复，不得扣压或拖延，也不得拒收。

5. 发包人、监理机构、承包人对所有来往文件均应按合同约定的期限及时发出和答复，不得扣压或拖延，也不得拒收。

6. 收到政府有关管理部门和发包人、监理机构、承包人往来的文件，均应按规定程序办理签收、送阅、收回和归档等手续。

7. 在监理合同约定期限内，发包人应就监理机构书面提交并要求其做出决定的事宜予以书面答复；超过期限，监理机构未收到发包人的书面答复，则视为发包人同意。

8. 文件的传递：

1）承包人向发包人报送的文件均应报送监理机构，经监理机构审核后转报发包人；

2）发包人关于工程施工中与承包人有关事宜的决定，均应通过监理机构通知承包人；

3）不符合文件报送程序规定的文件，均视为无效文件。

三、主要监理文件

中小型水利工程主要监理文件包括监理日志、月报、专题报告与会议纪要等。

1. 监理日志：监理人员应及时、认真地按照规定格式与内容填写好监理日志。总监理工程师应定期检查。

2. 监理月报：监理机构应在每月的固定时间，向上级主管部门和监督部门、发包人、监理单位报送进度和监理月报。

3. 专题报告：监理机构应根据工程进展情况和现场施工情况，向发包人、监理单位报送监理专题报告。监理机构应按照有关规定，在各类工程验收时，提交相应的验收监理工作报告。在监理服务期满后，监理机构应向发包人、监理单位提交项目监理工作总结报告。

4. 会议纪要：监理机构应对各类监理会议安排专人负责做好记录和会议纪要的编写工作。会议纪要应分发与会各方，但不作为实施的依据。监理机构及与会各方应根据会议决定的各项事宜，另行发布监理指示或履行相应文件程序。

第二节　档案资料管理

中小型水利工程档案是指水利工程在前期、实施、竣工验收等各建设阶段过程中形成的，具有保存价值的文字、图表、声像等不同形式的历史记录；档案管理工作应贯穿于水利工程建设程序的各个阶段：即从水利工程建设前期就应进行文件材料的收集和整理工作；监理机构在控制水利工程进度与施工质量时，要同时检查水利工程档案的收集、整理情况；在工程各阶段验收与竣工验收时，要按照现行档案管理有关规定同时检查、验收工程建设管理档案。

监理资料的组卷及归档，在项目开工前，监理机构应主动与当地档案部门进行联系，明确具体档案管理的要求。对工程建设过程中档案资料收集、竣工验收档案资料的具体要求，应与发包人、质量监督机构等单位取得共识，以使资料管理符合有关规定和要求。

监理机构在整个施工过程中督促承包人按有关规定和施工合同约定做好工程资料档案的管理工作。

监理资料、档案是项目监理机构对工程项目实施监理过程中直接形成的，是工程建设过程真实、全面的反映；工程建设监理资料的管理水平反映了工程项目监理组的管理水平、人员素质和监理工作的质量。

监理机构按有关规定及监理合同约定，做好监理资料档案的收集、整理和管理工作。凡要求立卷归档的资料，应按照规定及时归档。在监理服务期满后，对应由监理机构负责归档的工程资料档案逐项清点、整编、登记、装订造册，向发包人及有关档案管理部门移交。

一、监理资料、档案的主要内容

1. 施工合同文件及委托监理合同；
2. 勘察设计文件；
3. 监理规划；
4. 监理实施细则；
5. 分包单位资格报审表；
6. 设计交底与图纸会审纪要；
7. 施工组织设计（方案）报审表；
8. 工程开工 / 复工报审表及工程停工令；
9. 测量核验资料；
10. 工程进度计划；
11. 工程材料、构配件、设备的质量证明文件；

12. 检查试验资料；

13. 工程变更资料；

14. 隐蔽工程验收资料；

15. 工程计量单和工程款支付证书；

16. 监理工程师通知单；

17. 监理报告；

18. 报验申请表；

19. 会议纪要；

20. 往来函件；

21. 监理日记、日志等；

22. 监理月报；

23. 质量缺陷与事故的处理文件；

24. 单元、分部工程、单位工程等验收资料；

25. 索赔文件资料；

26. 完工付款证书；

27. 保修责任终止证书；

28. 监理工作总结。

二、归档的监理资料主要内容

1. 委托监理合同；

2. 监理规划、监理细则；

3. 监理日记等；

4. 监理月报；

5. 监理指令文件（监理工程师通知单，监理工程师通知回复单，备忘录，工程停工令，工程开工 / 复工报审表等）；

6. 与业主、被监理单位、设计单位往来函件、文件；

7. 会议纪要；

8. 工程计量单、工程款支付证书、竣工结算审核意见书；

9. 施工组织设计、施工方案审核签证资料；

10. 监理总结报告；

11. 工程质量安全事故调查处理文件；

12. 工程验收资料（单元、分部工程验收记录，单位工程竣工验收记录，单位工程质量控制资料核查记录，单位工程外观质量检查评定记录，分部、单位工程竣工鉴定书，竣工验收报告等方面的资料）；

13. 分包单位资格报审资料；

14. 索赔文件资料；

15. 报验申请表（原材料 / 构配件 / 设备、检验批、分项、定位放样、沉降观察、施工试验等）；

16. 工程变更单；

17. 监理工作联系单等；

18. 总监巡视检查记录；

19. 旁站记录；

20. 工程进度资料；

21. 主要的监理台账。

三、监理资料的管理要求

1. 监理资料管理实行总监理工程师负责制；

2. 监理档案应按单位工程和施工的时间先后顺序整理，分类立卷装订，每页要有编号，每卷要有目录；

3. 每个单位工程的监理档案封面应注明工程名称、合同号、建设单位、总包单位、建设日期、完成日期和总监理工程师审核签字；

4. 在工程（合同）完成后一个月内由资料管理人员整理装订后，移交监理单位档案室并办理交接手续；

5. 一般工程监理档案在工程保修期满后保存一年，重要的工程监理档案保存可延长至三年。保存期间需要查阅时，应办理借阅和归还手续；

6. 监理档案，应真实可靠，字迹要清楚，签字要齐全，不得弄虚造假、擅自涂改原始记录。

四、施工阶段监理资料的归档目录

1. 合同管理资料；

2. 质量控制资料；

3. 投资控制资料；

4. 进度控制资料；

5. 工作管理资料。

合同管理资料

编号	归档资料名称
1	施工合同文件、监理委托合同
2	分包单位资格报审资料
3	施工组织设计报审表
4	索赔文件资料（申请书、批复意见）
5	工程变更文件
6	工程竣工验收资料
7	工程质量保修书或移交证书

进度控制资料

编号	归档资料名称
1	施工进度计划报审单及审核批复意见
2	工程开工/复工报审表及批复意见
3	有关工程进度方面的专题报告及建议

注：工程进度资料通常指：施工进度计划（年、月、旬、周）申报表及监理方的审批意见，进度计划与工程实际完成情况的比较分析报告，施工计划变更申请及监理方的批复意见，延长工期申请及批复意见，人员、材料、机械设备的进场计划及监理方的审批意见，工程开工 / 复工申请及监理方的批复意见。

工程质量控制资料

编号	归档资料名称
1	施工方案报审表及监理工程师审批意见
2	工程质量安全事故调查处理文件（事故调查报告、事故处理意见书、事故评估报告等）
3	原材料、构配件、设备报验申请表（含批复意见）
4	检验批、单元工程报验单（含批复意见）
5	工程放线、测量成果报验单及监理工程师复核意见
6	分部工程验收记录（工程验收记录）
7	旁站记录
8	施工试验报审单及监理方的见证意见
9	工程质量评定报告

注：因归档需要，在有关的报验申请表中，应注明部位、内容，监理方的审批意见明确、依据充分。

工程质量评定报告中已包含了质量保证资料（施工技术资料）的核查情况、检验批 / 单元 / 分部工程的质量统计情况、混凝土 / 砂浆试块的评定结果等方面的资料。因而，在归档资料中不再单独列项。

投资控制资料

编号	归档资料名称
1	工程计量单及审核意见、价格变更文件
2	工程款支付证书
3	竣工结算审核意见书

监理工作管理资料

编号	归档资料名称
1	监理规划
2	监理实施细则
3	监理日记、日志
4	监理月报
5	监理指令文件
6	总监巡视检查记录
7	与业主、被监理单位、设计单位的往来函件
8	会议纪要
9	监理总结报告
10	主要的监理台账

五、监理文件的归档范围和保管期限

水利工程建设项目监理文件资料归档范围和保管期限

序号	归档文件	保管期限
一	工程建设管理文件材料	
1	各种专业会议记录	长期
2	专业会议纪要	永久
3	工程建设各阶段有关工程启用、移交的各种文件材料	永久
二	监理文件材料	
1	监理合同，监理大纲、规划、细则，采购方案，监造计划及批复文件	长期

序号	归档文件	保管期限
2	设备材料审核文件	长期
3	施工进度、延长工期、索赔及付款报审材料	长期
4	开（停、复、返）工令、许可证等	长期
5	监理通知，协调会纪要，监理指令、指示，来往信函	长期
6	工程材料监理检查、复检、试验记录、报告	长期
7	监理日志，监理周（月、季、年）报、备忘录	长期
8	各项控制、测量成果及复核文件	长期
9	质量抽检、抽查记录	长期
10	施工质量检查分析评估、质量事故、施工安全事故等报告	长期
11	工程进度计划实施的分析、统计文件	长期
12	变更价格审查、支付审批、索赔处理文件	长期
13	单元工程检查及开工（仓）签证，分部分项质量认证、评估	长期
14	主要材料及工程投资计划、完成报表	长期
15	设备采购市场调查、考察报告	长期
16	设备制造的检验计划和检验要求、检验记录及试验，分包单位资格报审表	长期
17	原材料、零配件等的质量证明文件和检验报告	长期
18	会议纪要	长期
19	监理工程师通知单，监理工作联系单	长期
20	有关设备质量事故处理及索赔文件	长期
21	设备验收、交接文件，支付证书和设备制造结算审核文件	长期
22	设备采购、监造工作总结	长期
23	监理工作声像材料	长期
24	其他有关的重要来往文件	长期
三	竣工验收文件材料	
1	工程验收申请报告及批复	永久
2	工程监理工作报告	永久

注：保管期限中有 * 的类项，表示只保存与监理单位

附　件

附件1　××工程监理质量控制体系

一、编制依据

1.《中华人民共和国建筑法》；
2.《工程建设标准强制性条文》（水利部分）；
3. 水利工程建设监理规定》（水利部令第 28 号）；
4.《水利工程施工监理规范》（SL288-2014）；
5.《水利水电工程施工质量检验与评定规程》（SL176-2007）；
7.《水利水电建设工程验收规程》（SL223-2008）；
8.《水利水电工程单元工程施工质量验收评定标准》（SL631 ～ 637-2012）；
9.×× 工程建设监理合同文件；
10. ×× 工程施工合同文件；
11. ×× 工程设计图纸、文件等；
12. 水利水电工程建设有关规范、规程、技术标准及相关规定；
13. 其他质量管理的规定、制度。

二、质量控制目标

质量控制总目标：项目工程质量等级达到《水利水电工程施工质量检验与评定规程》（SL176-2007）优良标准，杜绝发生任何质量事故。

1. 质量控制分项目标
2. 单元工程质量一次检验全部合格，单元工程优良率 90% 以上；
3. 分部工程质量验收优良率 75% 以上，主要分部工程验收质量优良；
4. 单位工程质量验收优良率 75% 以上，主要单位工程验收质量优良；
5. 隐蔽工程质量检验一次通过；
6. 闸门启闭一次成功；
7. 工程外观质量达到优良标准（得分率 90% 以上）；
8、合同工程项目验收质量优良，监理标段验收质量优良。

三、质量控制体系

（一）质量控制监理组织机构

项目监理部由总监理工程师、副总监理工程师、各专业监理工程师和监理员组成，分四级质量控制组织机构。从组织上保证对工程质量进行控制，监理工程师从工程的原材料、中间产品平行监测，到每道工序、每个单元工程检查验收；从质量巡视检查，到旁站监理控制；从分部工程验收、到单位工程、合同项目验收；监理从组织上保证工程全过程全方位的质量控制。质量控制监理组织机构见以下框图：

质量控制监理组织机构图

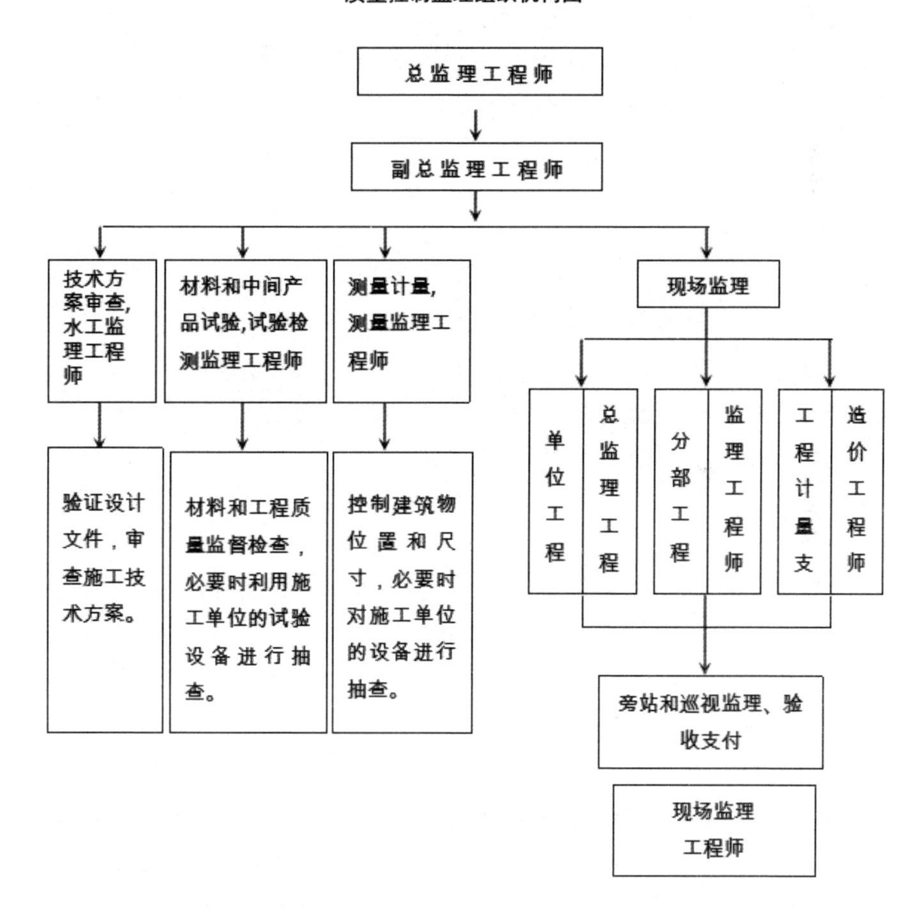

（二）监理机构质量控制领导小组

监理部成立由各专业监理工程师参加的质量控制领导小组，全面组织和领导 ×× 工程建设质量控制工作。

组　长：（总监）

副组长：（质量专业监理工程师）

成　员：×××

（三）监理人员质量控制岗位职责

1. 总监理工程师岗位职责

项目总监理工程师是工程项目目标考核的第一责任人，对项目的工程质量负全面责任，其主要岗位职责：

（1）主持编制监理规划，制定监理部规章制度，审批监理实施细则；

（2）确定监理部各部门职责及监理人员职责权限，协调监理部内部工作；负责监理部中监理人员的工作考核，调换不称职的监理人员；根据工程建设进展情况，调整监理人员；

（3）签发或授权签发监理部的文件；

（4）主持审查施工单位提出的分包项目和分包人，报业主批准；

（5）审批施工单位提交的合同工程开工申请、施工组织设计、施工进度计划、资金流计划；

（6）审批施工单位按有关安全规定和合同要求提交的专项施工方案、度汛方案和灾害应急预案；

（7）审核施工单位提交的文明施工组织机构和措施；

（8）主持或授权监理工程师主持设计交底；组织核查并签发施工图纸；

（9）主持第一次工地会议，主持或授权监理工程师主持监理例会和监理专题会议；

（10）签发合同工程开工令、暂停施工指示和复工通知等重要监理文件；

（11）组织审核已完成工程量的付款申请，签发各类付款证书；

（12）主持处理变更、索赔和违约等事宜，签发有关文件；

（13）主持施工合同实施中的协调工作，调解合同争议；

（14）要求施工单位撤换不称职或不宜在本工程工作的现场施工人员或技术、管理人员；

（15）组织审核施工单位提交的质量保证体系文件、安全生产管理机构和安全措施文件并监督其实施，发现安全隐患及时要求施工单位整改暂停施工；

（16）审批施工单位施工质量缺陷处理措施计划，组织施工质量缺陷处理情况的检查和施工质量缺陷备案表的填写；按相关规定参与工程质量及安全事故的调查和处理；

（17）复核分部工程和单位工程的施工质量等级，代表监理部评定工程项目施工质量；

（18）参加或业主委托主持分部工程验收，参加单位工程、合同工程完工验收、阶段验收和竣工验收；

（19）组织编写和签发监理月报、监理专题报告和监理工作报告；组织整理监理档案资料；

（20）组织审核施工单位提交的工程档案资料，并提交审核专题报告。

2. 质量专业监理工程师（副总监）岗位职责

项目质量专业监理工程师协助总监理工程师开展现场施工监理工作，是项目质量目标考核的直接责任人。在总监理工程师授权下其主要岗位职责：

（1）配合总监理工程师执行监理任务，做好监理部的质量管理工作；

（2）协助总监理工程师做好协调建设各方的关系；

（3）协助总监理工程师做好专业监理与项目监理之间的内部协调工作；

（4）协助总监理工程师管好有关专业监理工程师的工作，处理有关专业的工程进度、工程质量、工程投资的控制问题，处理有关专业工程的质量事故和安全事故问题；

（5）遇重大问题及时报告总监理工程师并同业主代表沟通；

（6）受总监理工程师的委托，主持监理例会和监理专题会议；

（7）接受总监理工程师委派的其他任务，行使总监理工程师委托的其他职责；

（8）总监理工程师因特殊原因暂时离岗，接受总监理工程师委托、并经业主和公司的同意批准，暂时履行总监理工程师的职责，代替总监理工程师工作。

3. 测量监理工程师岗位职责

（1）熟悉本工程建造合同中有关工程布置、主要建筑物的结构形式、体型尺寸及设计技术要求；

（2）熟悉施工图纸，按工程施工组织设计、进度计划和设计技术要求制定本专业测量监理工作计划和监理实施细则；

（3）掌握施工三角控制网和测量基准点的有关情况。及时向施工单位移交原始基准点、基准线、基准高程等资料，并进行现场交验。对施工单位复测的成果进行审核；

（4）审查施工单位的测量技术设计与方法，监督、检查施工单位的测量工作，审查批准其测量成果；

（5）负责审查和核实施工单位提供的收方工程量，协助投资控制监理工程师审核施工单位报送的工程结算表；

（6）参加有关的生产协调会议，参与审查施工单位报送的关于工程测量和质量自检报告、竣工报告和竣工资料，编写单位工程竣工测量监理报告和总结；

（7）定期向总监理工程师汇报工作情况，填报有关记录、报表，承担总监理工程师委派的其他工作。

4. 试验检测监理工程师岗位职责

（1）依据合同文件及相关的技术规范、规程及标准，对施工单位质量检测活动实施监督并对其检测结果签认；

（2）负责原材料、中间产品的平行检测和跟踪检测；

（3）做好各类试验的资料保存、整理、归档工作；

（4）做好监理实验室的日常管理和试验设备、仪器的维护保养工作；

（5）对各类试验资料的数据进行整理分析，定期写出质量分析报告；

（6）对质量事故进行调查分析，写出调查报告报总监理工程师批准；

（7）协助总监理工程师审查施工单位试验设备、人员的状况及资质；

（8）协助总监理工程师审查与质量相关的文件及事务，为现场工程师的质量管理提供质量信息。

5. 水工建筑监理工程师岗位职责

（1）根据监理合同、施工合同文件，熟悉和掌握施工图纸、施工操作规范和质量验收标准，以及有关法规和条例；

（2）参加有总监理工程师组织的审查设计图纸和施工组织设计，并提出审查意见供总监理工程师参考，督促施工单位按设计图纸和施工组织设计进行施工；参与编写监理规划、编写本专业监理实施细则；

（3）审查重点部位的施工技术方案和施工单位拟采用的新技术和新工艺，并提出意见交总监理工程师；督促施工单位按审批同意后的技术措施和工艺进行施工；检查施工单位的质量保证体系；督促施工进度计划的制定落实；

（4）审查施工单位编制的施工进度计划，根据施工单位实际生产能力、劳动力、资源配备等情况提出修改意见；

（5）审批确认施工单位已进场的施工机具和设备的性能、规格、数量是否满足合同和实际需要；

（6）提出质量问题整改通知单，监督施工单位处理施工中发生的质量事故，参与质量安全事故的调查，并提供发生事故的有关情况；

（7）审查施工单位提出的工程计量申报表或项目月支付申报表，提供确实数据供总监理工程师审查签认；

（8）发现问题及时向总监理工程师汇报或依据总监理工程师授权做出处理意见；

（9）参与施工单位申请索赔和延期的情况调查，审查索赔和延期申请单；交总监理工程师审核；

（10）编写监理工作记录，及时向总监理工程师汇报工作情况，按时参加工地会议；

（11）负责审核施工单位提交的质量报验单；

（12）参与审核施工单位提交的工程项目划分的内容，负责按照《质量检验与评定规程》规定的监理承担的质量评定工作；

（13）按照合同要求、负责监理部承担的实验工作；

（14）协助其他专业监理工程师的工作；

（15）起草本职责范围内的监理文件；

（16）承担总监理工程师委派的其他工作。

6. 金属结构设备监造及安装监理工程师岗位职责

（1）对设计施工图纸进行审核；参与编写监理规划、监理实施细则；

（2）对设备制造过程进行监控；

（3）审批施工单位的施工组织设计、设备安装程序及工艺流程；

（4）参加设备及结构件的进场验收和移交验收；

（5）对在施工现场进行的拼装进行检查，确认其拼装质量；

（6）对设备的安装过程进行监督检查，评价安装质量；

（7）记录和整理安装调试中发现的设备制造缺陷和质量问题，提出处理建议，协助业主与供货单位谈判交涉；

（8）设备进行调试，报相关机构批准后进行试运行；

（9）参加设备运行的移交验收；

（10）按照运行要求准备所需的监理资料，组织初步验收；

（11）协助总监理工程师进行本监理部范围内的其他工作。

7. 机电设备监造及安装监理工程师岗位职责

（1）审核设计方案；参与编写监理规划、监理实施细则；

（2）协助业主做好机电设备招标工作，审查设备制造单位生产资质、能力和社会信誉，落实主要设备的制造计划；

（3）根据工程整体进度计划和目前施工进度情况，拟定设备交货日期，以保证日后设备能够按照工程进度计划进行供货，确保工程整体进度需要；

（4）审核设计单位和厂家提供的图纸，比较设计和厂家单位的数据，确定相关数据的一致性，避免一些误差造成质量缺陷，对设备制造过程进行监控；

（5）检查已到场产品的质量，包括材质、尺寸、焊接等，同时审查施工单位编制的预埋安装技术措施和进度安排计划，检查其是否合理，监理批复后，安装单位才可以进行安装，以保证安装工作有章可循，安装质量始终处于受控状态；

（6）做好设备预埋期各类原始数据的记录，按档案管理要求分类归档；

（7）检查到场设备的数量、出厂检验记录单、合格证书、外观以及质量等，并记录备案，特别是备品备件清点结束后应随清单交给业主入库保管，按事先安排好的详细工作计划对各工作面的安装质量和进度进行有效的控制；

（8）主要机电设备安装完毕后，按有关规定进行静态检查、空载试验、过速试验、带负荷和甩负荷试验；

（9）机组通过移交验收后，编写竣工资料，做好材料整理移交工作。

8. 监理员岗位职责

（1）核实进场原材料和中间产品报验单并进行外观检查，核实施工测量成果报告；

（2）检查施工单位用于工程建设的原材料、中间产品和工程设备等的使用情况，并填写现场记录；

（3）检查、确认施工单位单元工程（工序）施工准备情况；

（4）检查并记录现场施工程序、施工工艺等实施过程情况，发现施工不规范行为和质量隐患，及时指示施工单位改正，并向监理工程师或总监理工程师报告；

（5）对所监理的施工现场进行定期或不定期的巡视检查，依据监理实施细则实施旁站监理和跟踪检测；

（6）协助监理工程师预审分部工程或分部工程部分工作的开工申请报告、施工措施计划、施工质量缺陷处理措施计划；

（7）核实工程计量结果，检查和统计计日工情况；

（8）检查、督促工程现场的施工安全和文明施工措施的落实情况，发现异常情况及时指示施工单位纠正违规行为，并向监理工程师或总监理工程师报告；

（9）检查施工单位的施工日志和现场试验室记录；

（10）核实施工单位质量评定的相关原始记录；

（11）填写监理日记，依据总监理工程师或监理工程师授权填写监理日志。

五、监理质量控制工作制度

1. 设计文件、图纸核查与签发制度；
2. 施工组织设计（方案）审核、审批制度；
3. 技术交底制度；
4. 施工测量复测检查确认制度；
5. 监理见证取样、平行检测工作制度；
6. 工序质量检查验收制度；
7. 工程质量巡视检查制度；
8. 旁站监理制度；
9. 隐蔽工程质量检查验收制度；
10. 工程质量评定与验收制度；
11. 工程质量缺陷备案及检查处理制度；
12. 工程质量事故处理制度；
13. 工地例会制度；
14. 监理人员培训制度。

六、监理质量控制工作程序

1. 工程开工前，施工单位报送工程项目施工组织设计和质量检查机构及质检人员的资质，经监理部批准后实施。

2. 督促施工单位按照合同约定建立工地实验室，并经相关部门验收合格并经监理部审查批准后方可投入使用。

3. 根据施工单位开工申请，审查开工条件，符合条件后批复开工申请。

4. 每个单位工程、分部工程开工前，施工单位应向监理部报送详细的施工措施计划等，监理工程师审查批准后，才能开工。

5. 施工单位进场的原材料、中间产品等，都必须按规定报监理部审查，并按规定抽样检验合格，经监理工程师批准才能用于工程施工。

6. 根据监理工作实施细则，按工序、单元进行质量控制，上道工序经检验合格后，才能进行下道工序、单元施工。

7. 隐蔽工程隐蔽前，监理部组织各参建方进行联合验收。

8. 按照国家规定的质量评定标准和验收规程，进行分部、专项、阶段、单位、合同工程验收。

9. 施工单位基本完成了本合同规定工程项目任务后，应全面进行自检。合格后由项目经理向总监理工程师提交“完工验收申请报告”，附全部验收资料。监理部组织参建各方有关人员进行工程竣工初步验收。初验合格后，总监理工程师认为已具备竣工验收条件时，及时提请业主组织竣工验收。

10. 由业主签发“完工移交证书”。

11. 保修责任期满，施工单位完成所有合同工程项目，并完成了保修期内缺陷修复工作，经监理验收合格，由业主或授权总监理工程师签发“缺陷责任证书”给施工单位。

七、质量控制措施

（一）质量事前控制措施

施工准备阶段的质量控制应严格事前审查制度，建立控制网络，动态分析，防范风险。

1. 施工准备控制

（1）审查工程分包施工单位的资质，对于总承包施工单位选择的分包施工单位需经监理部审查认可，报送业主批准后才能进场施工；

（2）审查施工单位进场施工设备的规格、性能和数量是否与标书一致；

（3）督促检查施工单位完善施工管理制度及施工质量保证体系等；

（4）组织有关单位进行设计技术交底及图纸会审；

（5）建立工程建筑材料进场报验制度，完善原材料和中间产品的质量检查措施及试验手段；

（6）建立单项工程开工申请制度，审查施工单位提交的施工组织设计、质量保证措施等；

（7）建立施工放样报验制度，并检查复核施工现场的施工测量控制网；

（8）建立工地试验室，审查其试验设备和人员资质。

2. 合同项目开工条件控制

（1）监理部在施工合同约定的期限内，经业主同意后向施工单位发出进场通知，要求施工单位按合同约定及时调遣人员和施工设备、材料进场进行施工准备；进场通知中应明确合同工期起算日期；

（2）监理部协助业主按施工合同约定向施工单位移交施工设施或施工条件，包括施工用地、道路、测量基准点以及供水、供电、通信设施等；

（3）施工单位完成开工准备后，应向监理部提交开工申请。监理部经检查确认业主和施工单位的施工准备满足开工条件后，签发开工令；

（4）由于施工单位原因使工程未能按施工合同约定时间开工的，监理部通知施工单位在约定时间内提交赶工措施报告并说明延误开工原因。由此增加的费用和工期延误造成的损失由施工单位承担；

（5）由于业主原因使工程未能按施工合同约定时间开工的，监理部在收到施工单位提出的顺延工期的要求后，应立即与业主和施工单位共同协商补救办法。由此增加的费用和工期延误造成的损失由业主承担。

3. 分部工程开工条件控制

监理部审批施工单位报送的每一分部工程开工申请，审核施工单位递交的施工措施计划，检查分部工程开工条件，确认后签发分部工程开工通知或开工许可证。

4. 单元（首件）工程开工条件控制

第一个单元（首件）工程在分部工程开工申请获批准后开工，按照《引江济淮工程首件工程认可制暂行办法》执行，在开工前五天，施工单位应向监理部递交首件工程开工报告，并附施工作业技术交底书，经批准后实施开工，后续单元工程凭监理部签发的上一单元工程施工质量合格证明方可开工。

5. 混凝土浇筑开仓控制

监理部应对施工单位报送的混凝土浇筑开仓报审表进行审核和现场检查确认，符合开仓条件后方可签发开仓证。

（二）质量事中控制措施

施工过程中的质量控制应进行规范化、程序化管理，确保重点，不放松普查，强化量化事中控制。

1. 检查施工单位三检制落实情况，以工序控制为基础，把影响工序质量的因素都纳入管理范畴，及时掌握质量的变化情况，检查分析施工单位提交的质量统计数据和质量控制图。

2. 实施赋予的质量监督否决权。经现场检查，对不符合质量要求的，及时下达监理指令，该修补的修补，该返工的返工，需要下停工令时，征得业主同意后，及时下达停工令，并提出整改意见。

3. 定期或不定期组织现场会议，分析解决或通报工程质量情况。

4. 在施工过程中，适时邀请设计代表来现场考察工程施工是否符合设计要求，解决设计时没有考虑到的施工中发现的问题。

5. 加强重点工序质量跟踪和施工现场巡视、抽检工作，重要工序、关键部位进行全过程旁站监理。

6. 根据事前设置的质量控制点（即见证点和待检点），及时检查验收签证。

7. 督促检查施工单位对工程的保修，检查工程运行状况。

（三）质量事后控制措施

质量事后控制措施包括工程质量验收复核、质量缺陷事故处理、工程资料的检查验收等。

1. 建立工序质量报验制度，坚持“上一道工序不验收，不得进行下一道工序施工”的原则。

2. 对于事前确定的关键部位、重要工序及隐蔽工程，及时组织由业主、质监、设计、施工等单位参加的联合验收。

3. 及时组织单元工程验收、分部工程验收，协助并参与工程阶段验收、单位工程验收及工程竣工验收。及时签发工程移交证书。

4. 审查施工单位提供的质量检验报告及有关技术性资料。

5. 对于工程质量安全事故，按照“三不放过”的原则，组织有关单位及时处理，并报告业主。

6. 每月向业主报告一次工程质量情况。

7. 审查施工单位提交的工程竣工图。

8. 整理有关技术文件归档。

9. 鉴定质量缺陷责任，签发缺陷责任证书。

八、质量控制方法

（一）试验、测量或检测见证

试验是工程质量控制的重要手段，其数据是评定工程质量的依据。试验工程师对施工单位的试验进行监理和进行见证试验，对施工单位试验室的建立、设备和仪器的鉴定与使用、试验过程及方法、试验标准、试验人员的资质等进行监理。

测量是施工质量控制、正确计量的依据和重要手段。测量专业工程师对施工单位的测量工作进行监理和复核。

监理工程师首先应对施工单位的测量设备数量、型号、精确度是否满足要求进行监督检查；监督按期对设备进行检校，并向项目监理部提供合格检校证明；检查施工单位设备的运行、使用和维护情况；其次，应检查施工单位的测量专业人员应具有岗位证书，人员的数量应满足要求；其三，在测量工作开始前，审批施工单位的测量方案；采用联合测量方式实施监理，对重要部位或项目监理部认为有必要时对施工单位的测量进行抽检复核；对采用测量计量的项目，应在中间过程中进行测量核实；对测量控制网和施工单位引申的施工测量控制网进行核实。

见证取样试验是项目监理部对施工单位试验结果和对工程施工质量进行确认和评价的重要手段。监理工作中出现下列情况时进行见证取样试验：合同、技术规范有明确要求；重要的工程部位；对施工材料、产品质量和试验结果有疑问。见证取样试验工作由现场监理员执行。对产品的检验和试验应严格执行合同、国家、行业相应的技术标准。所有的检验和试验都必须按照合同和技术规范要求进行记录。对样品检验和试验状态应按照规定进行标识。对需要保存的样品，应按照有关规定和要求进行存放。监理工程师应按照合同规定对施工单位的取样和试验方法进行审查，对取样、试验、调试过程进行监督和旁证，并进行签认。

（二）材料和工程设备的检验

1. 对于工程中使用的材料、中间产品，将监督施工单位按有关规定和施工合同约定进行检验，并应查验材质证明、产品合格证和使用说明书等。

2. 对于施工单位采购的工程设备，监理部参加工程设备的交货验收；对于业主提供的工程设备，监理部组织施工等参建单位进行交货验收和进场开箱验收。

3. 材料、中间产品和工程设备未经检验，不得使用；经检验不合格的材料、中间产品和工程设备，督促检查施工单位及时运离工地或做出相应处理。

4. 对于进场的材料、中间产品和工程设备的质量有异议时，将指示施工单位进行重新检验；必要时进行监理平行检测。

5. 如果发现施工单位未按有关规定和施工合同约定对材料、中间产品和工程设备进行检验，将指示施工单位补做检验；若施工单位未按监理部的指示进行补验，将按施工合同约定自行或委托其他有资质的检验机构进行检验，施工单位应为此提供一切方便并承担相应费用。

6. 在工程质量控制过程中发现施工单位使用了不合格的材料、中间产品和工程设备时，应指示施工单位立即整改或返工。

（三）施工设备的检查

1. 监理部督促施工单位按照施工合同约定保证施工设备按计划及时进场，并对进场的施工设备进行检查评定和认可。禁止不符合要求的设备投入使用并应要求施工单位及时撤换。在施工过程中，监理部应督促施工单位对施工设备及时进行补充、维修、维护，满足施工需要。

2. 旧施工设备进入工地前，施工单位应提供该设备的使用和检修记录，以及具有设备鉴定资格的机构出具的检修合格证，并进行试运行，经监理部确认其符合使用要求和有关规定后，方可投入使用。

3. 监理部若发现施工单位使用的施工设备影响施工质量和进度时，应及时要求施工单位增加或撤换。

（四）施工测量控制

1. 对于施工单位使用的测量仪器，要有检测资格的机构进行年检，方可使用。

2. 施工前，监理部审批施工单位制订的施工控制网和原始地形图的施测方案，并对施工单位施测过程进行监督，对测量成果进行签认或参加联合测量，共同签认测量结果。

3. 监理部对施工单位在工程开工前实施的施工放线测量进行抽样复测或与施工单位进行联合测量，并签认测量结果。

（五）巡视、平行检测和旁站监理

对于施工正常，不易出现质量事故的施工过程，监理工程师采用巡视监理。对工程重要部位或关键工序的施工作业实施连续性的全过程旁站监理。通过现场巡视、监督和检查整个施工过程，注意并及时发现潜在的质量隐患和影响质量的不利因素，以便及时进行控制。监理人员应做好检查巡视和旁站的记录。

在施工单位对原材料、中间产品和工程质量自检的同时，监理部按照监理合同的约定或规范规定独立进行抽样检测，核查施工单位的检测结果。对施工现场可采用测量手段进行平行检测；需要通过实验室进行检测的项目，由监理部现场试验室进行检测；对于现场实验室不能进行的检测项目，委托具有相应资质的工程质量检测单位进行检测试验。

（六）履行监理职权、严格质量控制程序

工程质量控制是监理“四大控制”的核心，应充分利用监理合同赋予的职权，如利用工程价款支付手段、监理指令、召开协调会议等措施，使质量控制程序得到严格执行。

工程开工前，项目监理部以书面文件的形式向施工单位规定必须遵守的质量控制工作程序。工序完工后，施工单位先进行自检，自检合格后，填报质量验收单，附上自检记录及各种试验和检查表格，监理人员对现场工序质量进行核查验收，如合格，则签发质量验收单，准许进行下道工序施工。

单项工程开工前，要求施工单位将施工方案、原材料使用、劳动力调配、质量保证措施、安全保证措施等基本材料报监理部，经总监理工程师审核批准后方可开工。

如果施工单位的工程质量达不到合同和规范标准，而又不按项目监理部的指示处理质量问题或缺陷，项目监理部有权将相应部分款项从支付凭证中暂时扣除。当施工单位拒绝或其他原因不能及时有效地处理质量问题或缺陷，项目监理部将建议业主委托其他施工单位进行处理，其费用将从施工单位应得款项中扣除。

指令是项目监理部向施工单位提出指示和要求的书面文件，用以向施工单位指出施工中存在的问题，提请施工单位注意，以及向施工单位提出要求或指示其应做什么或不做什么等。我们要根据合同规定，结合工程实际情况及时、准确地发出指令。

协调会议是用来解决参建各方需要协调沟通、研究处理有关问题的重要手段。监理部根据工程实际需要可以随时召集有关各方参加的协调会议，并做出会议纪要；必要时，监理部可以召开专题质量会议来解决质量控制中的有关问题，使工程质量得到有效控制。

（七）隐蔽工程的检查

经施工单位的自检确认隐蔽工程和工程的隐蔽部位具备覆盖条件后的 24 小时内，施工单位应通知监理工程师进行检查，通知应按规定的格式说明检查地点、内容和检查时间，并附有施工单位自检记录和必要的检查资料。监理人员将按通知约定的时间到现场进行检查，在监理人员确认质量符合合同和规范要求，并在检验记录上签字后，施工单位才能进行覆盖。对重要隐蔽工程应按有关规定，由业主、设计、地质、质量监督、监理、施工组成联合验收小组共同检查验收并核定其质量等级，参验单位代表应现场签证确认。在未经共同检验或检验不合格的

部位，严禁自行封闭或掩盖，否则不予以认可并作违规处理。

（八）工程质量事故的调查、处理

质量事故发生后，施工单位应对发生事故的过程、范围、现状等细节进行描述，分析原因，提出处理方案，并以正式文函的形式提交项目监理部。监理人员会同施工单位制定处理方案（必要时须与设计部门商议）并跟踪验证，审核《质量事故处理报告》。

（九）工程验收及质量复核

1. 单元工程验收及质量评定

（1）施工单位对完成的单元工程进行自检合格后向项目监理部提出检查验收申请，并填写《单元工程质量评定表》，对完成的单元工程进行自评。

（2）监理对施工单位自检合格的单元工程进行检查验收，并按水利部《水利水电基本建设工程单元工程质量等级评定标准》复核单元工程质量等级。发现不合格单元工程，应按设计要求及时处理，合格后才能进行后续工程施工。对施工中的质量缺陷要记录备案，进行统计分析，并计入相应单元工程质量评定表“评定意见”栏内。

2. 单位工程、分部工程验收

（1）在全部工程完工验收前，经业主同意或施工单位需要提前使用尚未全部完工的某项工程时，可对具备验收条件的单位工程或已完成的分部工程进行验收。

（2）施工单位在自检合格后对具备验收条件的单位工程或分部工程向项目监理部提交验收申请报告（附相应资料），并抄送业主。

（3）监理部对验收申请报告进行审核，若发现工程尚有较大缺陷时，可不同意或推迟进行完工验收，若认为已具备完工验收条件时，报业主组织工程验收。

（4）以单元工程为基础，按水利部《水利水电基本建设工程单元工程质量等级评定标准》和《水利水电工程质量评定规程》及本工程质量监督部门的要求，对施工单位自评的工程质量等级进行复核。

3. 竣工验收

工程竣工验收前应进行初步验收。初步验收工作由业主主持，设计单位、施工单位、监理单位、质监部门、运行管理单位、有关上级主管单位代表参加。其验收成果是“初步验收工作报告”。竣工验收应在全部工程完工验收且工程运行一年后进行，竣工验收的成果是“竣工验收鉴定书”，竣工验收的遗留问题，由竣工验收委员会责成有关单位妥善处理。监理监督和检查遗留问题的处理，及时将处理结果报告竣工验收主持单位。竣工验收完成后，在合同规定的时间内颁发整个工程的移交证书。

附件2　工程监理安全生产控制体系

一、编制依据

（1）《中华人民共和国安全生产法》；
（2）《水利工程建设安全生产管理规定》（水利部令第 26 号）；
（3）《工程建设标准强制性条文》（水利部分）；
（4）《水利水电工程施工安全管理导则》（SL721-2015）；
（5）《中华人民共和国建筑法》；
（6）《中华人民共和国劳动法》；
（7）《中华人民共和国消防法》；
（8）《建筑工程安全生产管理条例》；
（9）《特种设备质量监督与安全监察规定》；
（10）《水利工程安全生产管理规定》；
（11）《工程建设重大事故报告和调查程序规定》；
（12）《重大事故隐患管理规定》；
（13）《建筑工程施工现场供用电规程》GB50194-93;
（14）《水利工程土建施工安全技术规程》SL399-2007;
（15）《水利水电金属结构与机电设备安装安全技术规程》SL400-2007;
（16）《水利水电工程施工作业人员安全操作规程》SL401-2007;
（17）《水利水电工程施工通用安全技术规程》（SL398-2007）；
（18）《建筑施工扣件式钢管脚手架安全技术规范》JGJ130-2001;
（19）《起重机械安全规程》；
（20）《爆破安全规程》（GB6722-2003）；
（21）× × 工程施工监理合同文件;
（22）× × 工程施工合同文件;
（23）水利部、安徽省有关安全生产法律法规;
（24）其他安全生产的规定、制度。

二、安全监理目标

本项目安全生产控制目标计划：无一例人员死亡事故，杜绝发生任何生产安全事故，争创文明工地。

三、安全责任管理体系

（一）安全生产监理组织机构

建立安全文明施工监理组织机构，由项目总监理工程师为第一责任人，领导项目监理部的安全施工监理工作，各专业监理工程师按照“管生产必须管安全，谁主管谁负责”的原则，落实安全文明施工监理岗位责任。形成一个完整、全面的组织架构。

1. 总监理工程师参加工程施工安全领导小组，这是安全管理的组织管理机构，由参建各方的主要负责人组成。

2. 监理部建立以总监理工程师为第一责任人、安全监理工程师及专业监理工程师参加的安全生产监理管理体系，实行全方位、全过程的安全生产管理机制。

（二）监理部安全领导小组

监理部成立由各专业监理工程师参加的安全控制领导小组，全面组织和领导工程建设安全控制工作，并接受建设单位的统一组织和指导。

组　长：总监理工程师

副组长：副总监理工程师

成　员：×××

（三）监理人员安全生产责任制

1. 责任对象

项目总监理工程师是工程项目目标考核的第一责任人，对项目的安全生产工作负全面责任，项目分管副总监理工程师是项目目标考核的直接责任人。

2. 责任考核目标

确保不发生较大以上安全生产事故，杜绝人员死亡和重大机械设备事故，安全生产事故为零。

3. 安全生产领导小组及监理人员安全职责

（1）安全生产领导小组

安全领导小组负责监理部安全工作的规划、实施、检查和整改。

（2）总监理工程师

1）确定项目监理机构安全监理岗位的设置和兼职安全监理人员，并明确其工作任务；

2）主持编写安全监理方案，审批安全监理实施细则，审核签发安全监理通知单、（安全）监理月报和安全专题报告；

3）审查承包人的安全生产许可证；

4）组织审查施工组织设计中的安全技术措施或者危险性较大的单项工程（包括须经专家论证、审查的项目）安全专项施工方案并签认；

5）发现严重的安全事故隐患或承包人拒不整改时，签发暂停施工令并报告业主。

（3）分管安全副总监理工程师

是分管安全监理工作的直接领导，审批一般安全技术文件，组织编写安全监理有关规章制度，参与处理安全事故。

（4）安全监理工程师

1）在总监理工程师的领导下，从事施工现场日常安全监理工作。协助总监理工程师编制安全监理方案及负责编制安全监理实施细则；

2）协助建设单位与施工承包单位签订工程项目施工安全协议书；

3）审查分包单位资质、特殊作业人员资格和上报的施工组织设计或专项施工方案中的安全技术措施、高危作业安全施工及应急抢险方案；

4）监督施工单位建立健全施工安全生产保证体系；

5）监督施工单位做好逐级安全交底工作；

6）监督施工单位按照工程建设强制性标准和专项安全施工方案组织施工，制止违规施工作业；

7）负责施工现场安全巡视检查工作，并对其中高危作业实施旁站；

8）参与施工现场安全生产检查，复核施工承包单位施工机械、安全设施的验收手续，并签署意见；

9）负责安全监理资料的填写、收集工作，编写安全监理月报表，对当月施工现场的施工状况和安全监理工作作出评述，报总监理工程师审阅；

10）做好安全监理日记和相关记录。

（5）专业监理工程师

1）参与编写安全监理实施细则；

2）参与危险性较大的单项工程（包括须经专家论证、审查的项目）安全专项施工方案或承包人提出的安全技术措施的审查，并配合对其实施进行监督；

3）结合本专业及业务范围，监督施工单位按照工程建设强制性标准和专项安全施工方案组织施工，制止违规施工作业。发现安全事故隐患及时向安全监理工程师和总监理工程师报告。

（5）监理员

1）在专业监理工程师的领导下，负责做好分管范围内的有关安全监理工作；

2）协助安全监理工程师检查、检测并做好相关记录；

3）协助做好安全资料、信息收集管理工作；

4）对重大、危险、特殊作业实施旁站监理。在旁站监理过程中，若出现承包人严重违规操作，施工安全没有保证的情况下，应及时提出，加以制止，同时报告监理工程师，以便尽快采取有效措施；

5）协调处理旁站监理现场所出现的一些影响质量安全方面的问题；

6）督促检查承包人落实旁站监理施工现场的安全措施，同时需注意自身安全。遇紧急情况可应急处理，做好记录，并及时向总监报告。

五、安全监理工作制度

（一）安全生产例会制度

为了及时掌握工程建设安全生产状况，总结部署安全生产工作，确保工程建设施工安全，监理部单独组织或会同业主联合组织召开安全例会。

1. 参会人员

建设单位负责人及分管安全生产的负责人，监理部负责人及安全监理工程师，施工项目部负责人及分管安全负责人、安全部主任，设计代表。

2. 会议时间

安全例会召开时间与监理工作例会同时召开。

3. 会议要求

分析本工程安全生产工作形势，检查上周安全工作落实情况，特别是安全生产隐患情况，分析存在问题和安全隐患的存在原因，研究制定安全隐患整改措施和方案，制定下周安全生产工作计划，安排部署下周安全生产主要工作。

4. 会议程序

（1）由施工单位汇报上周安全生产情况；各级安全检查、隐患整改落实情况、下月安全生产工作重点。

（2）分析研究当前安全生产的突出问题和安全隐患，明确下周安全工作重点，制定对策措施，明确责任人及完成日期。

每次会后，监理部根据安全例会记录，及时整理形成会议纪要，发至各参会单位并存档。

（二）安全及文明施工监理检查制度

为了及时了解和掌握安全生产情况，及时发现事故隐患，消除不安全因素，防患于未然，特制订本制度。

1. 安全生产检查的内容

（1）查思想：查对安全生产的认识是否正确；查安全生产的责任心是否强；查对忽视安全生产的思想和行为；

（2）查制度：查安全生产制度的建立和健全情况，是否有无违章作业情况；查安全生产制度的执行情况，有没有违章冒险作业现象；

（3）查纪律：查岗位上劳动纪律的执行情况，有没有擅离岗位、做与生产无关的事；

（4）查领导：领导是否把安全生产摆到议事日程，对安全生产成绩显著的员工是否做到及时表扬和奖励，对忽视安全生产造成事故的责任者是否进行严肃处理，生产与安全是否做到了“五同时”；

（5）查隐患：是否做到了文明、安全生产，在建工程有无不安全因素，平台、栏杆是否安全可靠。

2. 安全生产检查的形式

（1）综合性安全生产大检查

综合性安全生产大检查每周一次，由安全监理工程师负责组织施工单位并请业主单位参加，对施工现场安全文明施工情况进行联合检查，形成检查纪要，对检查发现的签发整改通知单，并监督落实。

（2）专业性安全生产检查

1）对施工现场的机械设备检查，每月不少于一次；督促施工承包单位定期检查施工机械设备；

2）对施工过程中的高危作业巡视检查，每天不少于一次；

3）对宿舍消防、卫生检查，每月不少于一次；

4）不定期的检查特殊工种现场施工的持证情况；督促施工承包单位对施工人员进行安全教育，特别是节假日期间的安全教育，检查安全教育签字手续；

5）专业性安全生产检查的每一个项目，必须作好详细登记，每次检查都必须对前期检查登记的问题做出准确性的鉴定。

（3）季节性安全生产检查

针对季节性施工，对防暑降温、防雨防洪、防雷、防电、防寒、防冻等季节性安全生产检查，督促施工承包单位落实相应的措施，特别是雨季施工，将加大对安全用电的检查力度。

（4）不定期安全巡查

总监理工程师、副总监理工程师及专业监理工程师到工地巡视，事先要对施工现场的安全生产情况进行巡查。要坚持普遍检查与专业检查相结合；经常性检查与临时性检查相结合；检查与整改相结合。对查出的不安全因素，按“三定”措施实施，即：定项目、定时间、定具体完成项目的人。

（三）安全生产事故报告制度

根据《国务院生产安全事故和调查处理条例》，为规范生产安全事故报告，落实安全生产事故责任追究制，防止和减少安全生产事故，结合单位实际，制定本制度。

1. 生产安全事故（以下简称事故）分为以下等级：

（1）特别重大事故，是指造成 30 人以上死亡，或者 100 人以上重伤（包括急性工业中毒，下同），或者 1 亿元以上直接经济损失的事故；

（2）重大事故，是指造成 10 人以上 30 人以下死亡，或者 50 人以上 100 人以下重伤，或者 5000 万元以上 1 亿元以下直接经济损失的事故；

（3）较大事故，是指造成 3 人以上 10 人以下死亡，或者 10 人以上 50 人以下重伤，或者

1000 万元以上 5000 万元以下直接经济损失的事故；

（4）一般事故，是指造成 3 人以下死亡，或者 10 人以下重伤，或者 1000 万元以下直接经济损失的事故。

2. 事故调查处理应当及时、准确地查清事故经过、事故原因和事故损失，查明事故性质，认定事故责任，总结事故培训，提出整改措施，并对事故责任者追究责任。

3. 事故发生后，事故现场有关人员应当立即向监理部负责人报告；监理部负责人接到报告后，应立即向业主单位负责人报告。

情况紧急或者遇到无法联系监理部负责人等特殊情况时，事故现场有关人员可以直接向业主单位负责人报告。

4. 报告事故应当包括下列内容：

（1）事故发生单位概况；

（2）事故发生的时间、地点以及事故现场情况；

（3）事故的简要经过；

（4）事故已经造成或者可能造成的伤亡人数（包括下落不明的人数）和初步估计的直接经济损失；

（5）已经采取的措施；

（6）其他应当报告的情况。

事故报告后出现新情况时，应当及时补报。自事故发生之日起 30 日内，事故造成的伤亡人数发生变化的，应当及时补报。

5. 任何部门和个人不得有下列迟报、漏报、谎报和瞒报事故行为：

（1）报告事故时间超过规定时限；

（2）因过失对应当上报的事故或者事故发生的时间、地点、类别、伤亡人数、直接经济损失等内容遗漏未报；

（3）故意不如实报告事故发生的时间、地点、类别、伤亡人数、直接经济损失等内容；

（4）故意隐瞒已经发生的事故。

6. 事故发生后，应当立即启动事故应急预案，采取有效措施，组织抢救，防止事故扩大，减少人员伤亡和财产损失。

7. 事故发生后，相关人员应妥善保护事故现场以及相关证据，任何人不得破坏事故现场、毁灭相关证据。

因抢救人员、防止事故扩大以及疏通交通等原因，需要移动事故现场物件的，应当做出标志，绘制现场简图并做出书面记录，妥善保存现场重要痕迹、物证。

8. 任何部门和个人应当支持、配合事故抢险救援，并提供必要的便利条件。

事故抢险救援中可能发生重大危险或者造成更大损失的，抢险救援现场主要指挥人员在听取专家意见后，可以决定暂停或者终止抢险救援。

9. 未造成人员伤亡但造成 10 万元以上直接经济损失的一般事故，受安全生产监督管理部门和负有安全生产监督管理职责的有关部门委托对事故进行调查，应成立事故调查组对事故进行调查，并将事故调查报告报县级安全生产监督管理部门和负有安全生产监督管理职责的有关部门。

只造成人员轻伤，或者未造成人员伤亡但造成10万元以下直接经济损失的一般事故，由单位组织事故调查组进行调查、处理，事故调查处理报告应当报县级安全生产监督管理部门和负有安全生产监督管理职责的有关部门备案。

10. 事故发生后，根据事故的具体情况，成立事故调查组，并履行下列职责：

（1）事故调查处理应当实事求是，坚持公平、公开、公正的原则；

（2）及时准确查明事故发生的经过、原因、人员伤亡情况及直接经济损失；

（3）查明认定事故性质和事故责任；

（4）根据公司相关制度，提出对事故责任者的处理建议；

（5）总结事故教训，提出防范和整改措施；

（6）提交事故调查报告。

11. 事故调查组有权向有关部门和个人了解与事故有关的情况，并要求其提供相关文件、资料，有关部门和个人不得拒绝、阻碍或者干涉。

12. 事故调查报告应当包括下列内容：

（1）事故发生单位名称、地址、所属行业、经济类型、隶属关系等概况；

（2）事故发生经过、类别、事故救援和善后处理情况；

（3）事故造成的人员伤亡和直接经济损失；

（4）事故发生的原因和事故性质；

（5）事故责任的认定；

（6）对事故责任者的处理建议；

（7）事故防范和整改措施。

事故责任可以分为直接责任、管理责任和领导责任，前述各类责任从重到轻可分为主要责任、重要责任和一般责任。

事故调查报告应当附具有关证据材料。事故调查组成员应当在事故调查报告上签名。

13. 事故调查组成员对事故原因、责任认定、对事故责任者处理建议等不能取得一致意见的，由事故调查组组长做出结论性意见。

14. 发生一般及以上事故，相关人员须按国家规定的调查责权，接受调查。

（四）安全生产文件和档案管理制度

为了规范安全生产文件档案的管理，确保文件档案的完整性、合理性、科学性，使其为今后工作开展提供参考资料和文献，特制定本制度。

1. 职责

（1）安全监理工程师负责安全生产文件和档案综合监督管理；

（2）信息资料管理员负责文件档案的收集、归档和保管。

2. 文件资料收集

安全生产文件和档案收集的内容如下：

（1）国家有关安全生产法律法规、标准规范及其他要求；

（2）上级主管部门安全生产文件、批复文、领导指示材料及会议资料等；

（3）业主单位安全生产文件、安全生产管理制度、安全操作规程、安全会议记录材料、安全学习资料、领导指示材料等；

（4）安全生产工作计划、总结、报告等；

（5）各种安全活动记录、安全管理台账、事故报告、安全通报等；

（6）供应商、承包商相关材料；

（7）安全设施检测、校验报告、记录等；

（8）安全、职业卫生评价报告。

3. 立卷归档

（1）文件资料应根据其相互联系、保存价值分类立卷，保证档案的齐全、完整，能反映安全生产主要情况，以便保管和利用；

（2）应根据文件资料的重要性，按时间永久、长期和短期等三种进行时间整理，分类归档；

（3）在每年一月底前对上年度的文件资料进行归档，统一保存；

（4）各种文件资料按一定特征进行排列和系统化，应层次分明，编写页码，填写卷内文件资料目录；

（5）不同价值，不同性质的文件资料应当区别管理，单独立卷。

4. 档案保管

（1）档案应入柜上架，分类排列，避免暴露和捆扎堆放；

（2）应采取防潮、防虫措施，防止档案损坏。

5. 档案借阅

（1）文件资料档案借阅，必须借阅手续，借阅当案要注意保护，不得丢失、损坏、涂改，要如期归还，到期不能归还者，要说明情况，并办理续借手续；

（2）借阅的档案要注意保密，未经许可，不得随意公开、发表或转借他人；

（3）归还档案时，由档案管理人员当面查点清楚，并在借阅登记本上注销。

6. 档案销毁

对于过期并失去保存价值的文件资料，经总监理工程师批准，可以销毁，必要时做好销毁记录。

（五）交通车辆安全管理制度

1. 目的

为了加强交通车辆安全管理，预防和减少交通事故的发生，确保本工程项目生产建设和后勤保障等工作任务的顺利完成，依据《中华人民共和国道路交通管理条例》，结合本工程的实际情况，特制定本制度。

2. 适用范围

本制度适用于本工程各种车辆的安全管理。

3. 职责

加强安全工作组织领导，明确交通安全管理的责任，落实交通安全管理措施。监理和施工单位要根据车辆状况、驾驶员素质，制定交通安全管理目标，坚持安全生产“谁主管谁负责”的原则，落实责任措施。

4. 登记注册

施工单位工程用车牌照、行驶证、凭证复印件连同《机动车辆登记表》都应上报项目部登记建档，并分别按购进日期、车型号码、使用单位（或使用人）等项目进行登记注册，由项目部建立好档案。

5. 车辆必须保持良好的技术状况和车容，每月由项目部组织一次车辆定期技术检查，检查的重点：一是检查车辆的状况，特别是对危及行车安全的转向、制动和转动部位；二是查违章操作、违章行车，特别是工程作业车辆（吊车、高空作业车）的违章现象，一经发现，严肃处理。三是查安全工作组织机构是否健全，规章制度是否完善，有无安全管理目标，措施是否落实，事故处理、该报废的车辆是否报废的检查。

6. 工程所有车辆必须落实车辆“五定”（即定人、定车、定停放地点、定管理、定调度），未经本工程项目经理批准，驾驶员不能随意调换车辆驾驶，驾驶员要树立车辆的公有意识，严禁公车私用。

7. 休息时间和节假日，车辆应按规定停放在指定地点，如需动用车辆，事先必须向分管领导报告。长途出车在外住宿，车辆必须停放在正规停车场，并索取票据，采取安全防盗措施。

8. 驾驶员必须努力提高专业技术水平，坚持搞好出车前、行驶中、收车后的检查工作，即行车“三检制”。凡是在“三检”过程中发现的缺陷，必须坚持修好才能出车。行驶中发现的问题必须在采取了安全可靠的应急措施后方能行驶。不准安排带病车出勤。车辆维修尽量定点修理，并应贯彻“应修必修、修必修好、保证安全、节约费用”的原则，根据车辆检测诊断和技术鉴定的结果，视情况按不同作业范围和深度进行。

9. 驾驶员必须坚持学习交通法规、事故简报、安全操作规程等，严禁酒后开车，酒后驾车造成的后果责任自负。严禁驾驶员开英雄车、霸王车，要吸取十次肇事九次快的教训，行车时要严格遵守交通规则，“宁停三分，不抢一秒”，“十”字路口行车时要做到“一慢二看三通过”。坚决杜绝无证驾驶。

10. 凡符合国家规定报废标准或无修复价值的车辆，应停止该车的使用，同时办理注销该车户籍、养路费、运输管理费等有关手续。

11. 项目部应安排专人负责在施工区域内各类车辆的指挥。

（六）监理人员岗前培训制度

1. 培训目的

为提高监理人员的业务水平，增强岗位工作能力。监理部将以解决现场问题为重点，以适应工程建设需要为目的，开展形式多样的技术岗位培训，提高监理部人员综合素质。

2. 培训管理

监理部工作需要和现场的情况，适时提出培训计划和措施，并组织落实，编制培训大纲。培训工作做到有记录，培训情况由监理部综合办存档。

3. 培训方式和内容

项目监理部要用讲课、讲座和技术研讨会、培训班、学习交流等方式组织现场监理人员进行集中培训，或由总监理工程师、专业监理工程师指导监理人员进行自学，进行考试考核；积极参加由业主组织的各种技术、安全等培训。

根据工程施工进展和需求，适时组织进行培训。重点做好以下培训工作：开工前技术培训，内容主要包括全线工程概况和技术体系、施工组织安排、以及安全、质量、环保等保证体系和控制标准等。

（1）有关工程建设监理的法规、政策、规定、办法、制度；

（2）本项目的设计、施工规范、质量验收标准；

（3）本项目的设计文件；

（4）本项目的施工监理规划、监理实施细则；

（5）业主有关本项目的文件、规定。

经过上述培训后，通过考核达后准予上岗。

4. 建设过程中技术培训，内容主要包括关键技术或通用专项技术培训以及在建设过程中发现的特殊或普遍存在的质量问题进行针对性培训。

（七）现场监理人员安全守则

1. 工程项目监理人员进驻工地应遵守施工现场的安全、治安、消防的规定。

2. 进入施工现场必须佩带工作卡、安全帽并扣好安全带。

3. 不得擅自进入无安全措施的作业区。

4. 不准在高处起吊物下行走或停留；不准在脚手架或防护栏杆上休息；不准在高处向下抛投物件。

5. 严禁在禁烟区吸烟。

6. 现场监理的办公室、宿舍内禁止使用电炉、电饭煲等大功率电器。

六、安全监理工作的实施

（一）施工准备阶段安全监理的主要工作

1. 协助建设单位与施工承包单位签订工程项目施工安全生产协议书。

2. 检查承包人安全生产保证体系。

（1）检查承包人现场专职安全生产管理人员的配备是否符合规定。

（2）检查承包人的安全生产责任制、安全生产教育培训制度、安全生产规章制度和操作规程、消防安全责任制度、安全生产事故应急救援预案、安全施工技术交底制度以及设备的租赁、安装拆卸、运行维护保养、验收管理制度等。

3. 审查专业分包与劳务分包单位资质。

4. 审查电工、焊工、架子工、起重机械工、塔吊司机及指挥人员、爆破工等特种作业人员资格，督促施工企业雇佣具备安全生产基础知识的一线操作人员。

5. 施工承包单位建立、健全施工现场安全生产保证体系；督促施工承包单位检查各分包企业的安全生产制度。

6. 审核施工承包单位编制的施工组织设计、安全技术措施、高危作业安全施工及应急抢险方案。

7. 审查危险性较大的单项工程安全专项施工方案。

（1）承包人应当分别编写各危险性较大的单项工程的安全专项施工方案，并在施工前办理监理报审。

（2）总监应按下列方法主持审查：

1）程序性审查。安全专项施工方案按规定须经专家认证、审查的，是否执行；安全专项施工方案是否经承包人技术负责人签认，不符合程序的应退回。

2）符合性审查。安全专项施工方案必须符合强制性标准的规定，并附有安全验算的结果。须经专家论证、审查的项目应附有专家审查的书面报告，安全专项施工方案应有紧急救护措施等应急救援预案。

3）针对性审查。安全专项施工方案应针对本工程特点以及所处环境、管理模式，具有可操作性。

（3）安全专项施工方案经专职安全监理人员、专业监理工程师进行审查后，应在报审表上填写监理意见，并由总监签认。

（4）未审批的施工组织设计或方案不得施工。

8. 督促施工承包单位做好逐级安全交底工作

（1）检查交底制度，班组是否每天做好上岗前交底制度，是否层层交底；

（2）交底的针对性，是否存在代签现象；

（3）检查总包单位的安全生产、文明施工交底；审查分包单位资质，督促分包单位建立安全生产的规章制度、管理机构网络图；

（4）检查施工单位现场是否有国家、市、行业的法规、规范和标准。

9. 根据本工程的特点，对重要部位的风险点、危险源编制相应的应急方案。

10. 检查施工现场各种施工安全告示牌的齐全性、针对性、规范性和醒目程度；办公、生活、生产场地的选址的合理性和安全性；场地内消防通道和设备的齐全性与有效性。

11. 爆破作业前，检查是否编制了爆破设计书及施工组织设计，并得到监理和有关单位审批合格。爆破作业施工是否获得有关部门批准；爆破作业人员（爆破员、安全员、押运员、保管员、爆破工程技术人员）是否持证上岗，并严格按照爆破规程规范执行；是否制定爆破应急预案和特殊情况处置预案。监理单位和施工单位的安全管理人员是否坚守作业现场等。

（二）施工过程中的安全监理的主要工作

1. 督促施工承包单位按照工程建设强制性标准和专项安全施工方案组织施工，检查承包人专职安全生产管理人员是否到岗，制止违章施工作业。

2. 对施工工程中的高危作业等进行巡视检查，每天不少与一次。发现严重违规施工和存在安全事故隐患的，应要求施工承包单位整改，并检查整改结果，签署复查意见；情况严重的，由总监下达工程暂停施工令并报告业主；施工承包单位拒不整改的应及时向业主和安全监督部门报告。

3. 巡视检查作业场所和设施设备是否采取了可靠的防雷、防风、防火和防电等设施。

4. 巡视检查施工作业现场条件是否按照施工作业规程规范进行布置，各危险部位（临边、脚手架、“四口”即通道口、预留洞口）是否设置了护栏、扶手、踢脚板、安全网等，并设置了安全警示标志。

5、督促施工承包单位进行安全自查工作；参与施工现场的安全生产检查。

6、复核施工承包单位施工机械、安全设施的验收手续，并签署意见。未经安全监理人员签署认可的不得投入使用。

7、安全监理人员应对高危作业的关键工序实施现场旁站监理。

七、安全监理工作方法

（一）监理通知

监理人员在巡视检查中发现安全事故隐患，或有违反施工方案、法规和工程建设强制性标准的，应立即下发监理通知单，要求限时整改。

（二）暂停施工

监理人员在巡视检查中发现有严重安全事故隐患或有严重违反施工方案、法规和工程建设强制性标准的，应立即要求承包人暂停施工，并及时报告业主。

（三）报告

1. 月度报告。监理部根据情况将月度安全监理工作情况在监理月报中或单独向业主和有关部门报告。

2. 专题报告——针对某项具体安全生产问题，总监认为有必要，可做专题报告。

（四）工地例会

安全监理工作需要工程建设参与各方协调的事项，应通过工地例会及时解决。会上监理人员对施工现场安全生产工作情况进行分析，提出当前存在的问题，要求承包人及有关各方予以改进。

（五）现场巡视

1. 安全专项施工方案实施时的巡视。对危险性较大的分部分项工程的全部作业面，每天应巡视到位，发现问题要求改正的，应跟踪到改正为止，对暂停施工的，应注意施工方的动向。

2. 其他作业部位巡视。根据现场施工作业情况确立巡视部位。

3. 巡视检查应按专项安全监理实施细则的要求进行，并做好相应的记录。

八、安全监理资料

施工安全监理资料应包括下列内容（凡是与安全有关的资料均应独立、系统归档）：

1. 委托监理合同关于安全监理的约定；

2. 监理计划中的安全监理方案；

3. 承包人安全保证体系内容（承包人安全生产资质；承包人的项目负责人、专职安全生产管理人员、特种作业人员资格；组织机构、管理制度、安全生产应急预案等）；

4. 安全监理会议纪要、监理通知、整改回复单、相关的工程暂停令及复工令、监理安全生产专题报告、监理工作总结等；

5. 安全专项施工方案报审表；

6. 安全监理日记和台账。每天安全监理情况可写在监理日志中。安全监理日记应包括以下内容：

（1）施工现场的安全状况；

（2）当日安全监理的主要工作；

（3）有关安全生产方面各类问题的处理情况；

（4）承包人现场人员变动，以及材料和施工机械运转等情况；

7. 安全监理月报。每月安全监理情况可写在监理月报中。安全监理月报应包括以下内容：

（1）当月工程施工安全生产形势简要介绍；

（2）当月安全监理的主要工作及效果；

（3）承包人安全生产保证体系运行状况及文明施工状况评价；

（4）危险性较大的分部分项工程施工安全状况分析；

（5）安全生产问题及安全生产事故的分析处理情况；

（6）当月安全监理签发的监理文件；

（7）存在问题及打算（必要时附照片）。

九、教育和培训

开展安全教育培训工作。公司定期对监理部总监理工程师、副总监理工程师、安全监理人员进行安全教育培训，并进行考核；其他从业人员每年都要定期开展安全教育培训，培训时间不得低于有关规定的学时；新进员工要进行“三级教育”安全培训后才能上岗，每一级培训都要达到规定的学时。各种培训都要建立安全培训考评档案，要详细、准确记录培训考评情况。培训档案要有培训内容、培训时间、地点，并有培训人员和参培人员亲自签字确认。

及时将适用的安全生产法律、法规、标准、本单位的规章制度宣教和传达，对业主和上级部门签发的安全、质量技术文件进行传阅学习，并建立安全培训台账。根据文件要求加强对施工现场的安全管理，督促施工单位贯彻执行。

附件3 安全施工监理实施细则

×××工程建设监理

安全施工监理实施细则

×××监理公司×××工程建设监理部

年 月

一、适用范围及服务期限

（一）××× 安全管理监理实施细则适用于 ××× 项目工程建设安全施工监理工作。
（二）监理服务期：××× 施工准备开始至缺陷责任期结束。
（三）施工工期：共 × 个月，自 年 月至 年 月底。

二、编制依据

（一）法律、法规、部门规章、规范及规程

1. 法律、法规、标准和相关文件
（1）《中华人民共和国安全生产法》；
（2）《中华人民共和国劳动法》；
（3）《中华人民共和国消防法》；
（4）《中华人民共和国突发事件应对法》；
（5）《中华人民共和国特种设备安全法》；
（6）《中华人民共和国职业病防治法》；
（7）《特种设备安全监察条例》；
（8）《危险化学品安全管理条例》；
（9）《特种作业人员安全技术培训考核管理规定》；
（10）《中华人民共和国工程建设标准强制性条文》；
（11）《建设工程安全建设管理条例》；
（12）《水利工程建设安全建设管理规定》；
（13）《公路水运工程安全生产监督管理办法》；
（14）《安徽省安全生产条例》；
（15）《安徽省建设工程安全生产管理办法》；
（16）《水利安全生产标准化评审管理暂行办法》；
（17）《安全帽》；
（18）《个体防护装备选用规范》；
（19）《建设工程施工现场供用电安全规范》；
（20）《安全防范工程技术规范》；
2. 规程、规范（水利工程）
（1）《水利水电工程施工安全管理导则》；
（2）《水利安全生产标准化评审管理暂行办法实施细则》；
（3）《水利水电工程施工通用安全技术规程》；

（4）《水利水电工程土建施工安全技术规程》；
（5）《水利水电工程机电设备安装安全技术规程》；
（6）《水利水电工程施工作业人员安全操作规程》；
（7）《水利水电起重机械安全规程》；
（8）《水利水电工程施工安全防护设施技术规范》；
（9）《水工钢闸门和启闭机安全检测技术规程》；
（10）《企业安全生产标准化基本规范》；
（11）《水利工程建设安全生产监督检查导则》；
（12）《水利工程施工监理规范》。

3. 规程、规范、标准（建筑工程）

（1）《施工现场临时用电安全技术规范》；
（2）《建筑施工安全检查标准》；
（3）《建筑机械使用安全技术规程》；
（4）《建筑工程大模板技术规程》；
（5）《建筑施工高处作业安全技术规范》；
（6）《建筑施工门式钢管脚手架安全技术规范》；
（7）《建筑拆除工程安全技术规范》；
（8）《建筑施工模板安全技术规范》；
（9）《建筑施工碗扣式钢管脚手架安全技术规范》；
（10）《建筑施工土石方工程安全技术规范》；
（11）《建筑施工起重吊装工程安全技术规范》；
（12）《建筑深基坑工程施工安全技术规范》。

4. 规程、规范、标准（公路工程）

（1）《公路交通安全设施设计规范》；
（2）《公路交通安全设施施工技术规范》；
（3）《公路工程施工监理规范》；
（4）《公路工程施工安全技术规范》。

（二）合同文件

（1）××× 工程建设监理合同》；
（2）××× 工程建设监理招、投标文件。

（三）其他依据

发包人安全生产管理的管理制度、管理要求等指导性文件。

三、安全生产目标和原则

1. 安全生产工作应当以人为本，强化“红线”意识，坚持“安全第一、预防为主、综合治理”的方针，落实安全生产主体责任。

2. 安全生产管理目标：杜绝一般及以上安全生产责任事故；安全管理和特殊岗位人员持证率100%；安全教育培训及合格率100%；劳动保护用品配备及使用率100%；设施设备完好率100%；隐患排查及整改率100%。

3. 监理安全生产控制目标：杜绝一般及以上安全生产责任事故；杜绝重大机械设备事故；杜绝重大交通安全事故；一般火灾事故为“零”；杜绝职业病及急性中毒事故；控制施工污染和噪音，节约能源；隐患排查及整改率100%；安全教育培训及合格率达100%；安全生产投入率100%；劳动保护用品配备及使用率100%；重大危险源监控率100%；设施设备完好率100%；环境保护达标；创建省级及以上标准化工地。

4. 坚持“管生产必须管安全、管业务必须管安全，谁主管谁负责”的原则，全面落实党政同责、一岗双责、齐抓共管、失职追责。参建单位的法定代表人是安全生产的第一责任人。坚持“有法必依、执法必严、违法必究”、坚持“以事实为依据，以法律为准绳”、坚持“坚持监督与服务相结合原则”、坚持“坚持教育与惩罚相结合”的原则。

四、本工程的施工安全特点和控制要点

（一）本工程的施工特点

本工程监理 ××× 施工标段位于　， 主要施工内容包括：土石方开挖、边坡防护、、新建道路及跨沟桥涵、新（重）建或加固交叉建筑物、水土保持工程等。

工程概算投资约 ××× 万元，××× 标段计划施工总工期 × 个月。

主要特点：开挖挖深大，边坡较高；建筑物基坑挖深较大；因此安全管理时间长，需临边防护内容多工作量大、交叉作业多。

安全监理重点：施工现场临时用电、土石方开挖工程、基坑支护、起重吊装工程。

（二）本工程施工现场安全监理控制要点

1. 施工现场按《建设工程施工安全技术操作规程》进行核查

（1）施工现场在执行中，是否按监理审批过的“总平面布置图”上各临设的安全距离与隔离措施执行等；

（2）施工现场的“封闭管理”与“围挡作业”和“六防”（防火、防水、防雷、防震、防洪、防风）与卫生设施是否符合要求；

（3）作业区、施工区、库料区和脚手架等是否已按规定远离了高低压电力网络和危害作

业场所，并满足规定的最小间距；

（4）对一切施工安全设施，必须按审批了的“施工组织设计”、“施工方案”检查和验收，符合要求后方可使用；

（5）施工现场入口、起重机械、临时用电设施、脚手架、出入通道口、楼梯口、电梯井口、孔洞口、交叉路口、桥梁口、基坑边缘、爆破物及有害气体和液体存放等危险部位；现场的洞、坑、沟、临边、临空、临水和高危作业区等，要求必须有安全设防、安全标志、闪红灯警示等，安全通道应畅通明亮；

（6）要求坑、槽施工应有全面可靠的安全措施和管理规章，其料堆、机械与坑槽边须按各种参数进行计算确定，保持可靠距离。

（7）要求制定重大危险源辨识清单，及时对重大危险源辨识和管控；建立重大危险源管理台账。

（8）要求采用定期综合检查、专项检查、季节性检查、节假日检查和日常检查的形式开展隐患排查治理工作。

2. 按《建筑施工安全检查标准》（JGJ59-2011）检查施工设施与设备的安全措施。

（1）检查脚手架的施工方案、立杆或架体基础、架体与建筑结构、杆件和剪刀撑的连接固定、悬挑梁与架体稳定、脚手板、荷载架体和层间防护、材质与杆件接头、通道与卸料平台的搭设和各部分的施工技术交底与验收、以及升降装置与附着支撑等诸多内容；在用的脚手架应定期检查和维护，并不得附加设计以外的荷载和用途；在暴雨、台风、暴风雪等极端天气前后组织有关人员对脚手架进行检查或重新验收。

（2）基坑支护、上下通道、土方开挖、周边建筑设施和基坑支护的变形检测、作业环境等内容。

（3）现浇构件的模板安装中，检查施工方案、支撑系统、立杆稳定、施工荷载、模板堆放与吊装、支撑方法与验收、拆除前的混凝土强度、运输道路与作业环境等方面。

（4）个体防护与劳动防护用品使用：按规定穿戴安全帽、工作服、工作鞋、呼吸面罩、绝缘手套、护目镜等防护用品，正确使用安全防护用具，严禁穿拖鞋、高跟鞋或赤脚进入施工现场；严禁酒后作业；严禁在铁路、公路、洞口、高边坡处或山坡下等不安全地区停留和休息；严禁跳车、爬车、强行搭车；不得随意移动、拆除、损坏安全卫生、环境保护实施和警示标准等。

（5）检查施工用电：

a 外电安全距离与防护措施；

b 工作接地与接零保护系统；

c 配电箱与开关箱的两级漏电保护的做法、参数、标记、门锁；

d 现场照明的电压、回路、做法和接零保护；

e 配电线路的电缆芯数、电线质量、穿越过道的保护、架设与固定；

f 电气装置的参数与设备是否匹配；

g 用电记录与档案（巡视维修记录、接地极阻值摇测、规章制度）等内容。

（6）对物料提升机械检查架体、限位保险装置、架体稳定（缆风绳和建筑结构、连接）钢丝索、卸料平台门栏、吊笼门栏、架体安拆（方案、基础、垂直度、架蓝间隙、防护网、保护绳等）、传动系统（地锚、卷钢绳、滑轮与防脱保险装置）、联络信号、操作规章、避雷防护等内容：

（7）施工的设施设备在使用现场明显部位设置设备负责人及操作规程标牌；在负荷范围内使用施工设备实施；基础稳固，行走面平稳，轨道铺设规范；制动可靠、灵敏；限位器、联锁联动、保险等装置齐全、可靠、灵敏；灯光、音响、信号齐全可靠，指示仪表准确、灵敏；在传动转动部位设置防护网、罩，无裸露；接地可靠，接地电阻值符合要求；使用的电缆合格，无破损情况；各种设施设备已履行安装验收手续。

（8）施工脚手架管理：脚手架的基础、材料应符合规范要求；按审批的方案和规程规范搭设（拆除）脚手架，扫地杆、立杆、横杆、抛撑、斜撑、剪刀撑、挡脚板、脚手板、扣件紧固程度、搭接长度以及密目网、水平兜网等安装符合要求，搭设过程中安排专人现场监护；脚手架经验收合格后挂牌使用；在用的脚手架应定期检查和维护，并不得附加设计以外的荷载和用途；在暴雨、台风、暴风雪等极端天气前后组织有关人员对脚手架进行检查或重新验收。

（9）防汛度汛管理：配置足够的防洪度汛物资器材，并集中仓库管理；有台账，物质进出有领用清单；做好汛期值班。

（10）交通安全管理：施工现场道路（桥梁）符合规范要求，交通安全防护设施齐全可靠，警示标志齐全完好；定期对车船进行检测和检验，保证安全技术状态良好；车船不得违规载人；车辆在施工区内应限速行驶；定期组织驾驶人员培训，严格驾驶行为管理，严禁无证驾驶、酒后驾驶、疲劳驾驶、超载驾驶；大型设备运输或搬运应制定专项方案。

（11）消防安全管理：建立消防管理制度，落实消防安全责任制，建立重点防火部位或场所档案；临建设施之间的安全距离、消防通道等均符合消防安全规定；仓库、宿舍、加工场地及重要设备配有足够的消防设施、器材，并建立台账；消防设施、器材应有防雨、防冻措施，并定期检验、维修，确保完好有效；严格执行动火审批制度；组织开展消防培训和演练。

（12）易燃易爆危险品管理：建立易燃易爆危险品管理制度；易燃易爆危险品运输应按规定办理相关手续并符合安全规定；现场存放炸药、雷管等，得到当地公安部门的许可，并分别存放在专用仓库内，指派专人保管，严格领退制度；氧气、乙炔、液氨、油品等危险品仓库屋面采用轻型结构，并设置气窗及底窗，门、窗向外开启；有避雷及防静电接地设施，并选用防爆电器；氧气瓶、乙炔瓶存放、使用应符合规定；带有放射源的仪器的使用管理，应满足相关规定。

（13）高处作业管理：高处作业人员体检合格后上岗作业，登高架设作业人员持证上岗；坝顶、陡坡、悬崖、杆塔、吊桥、脚手架、屋顶以及其他危险边沿进行悬空高处作业时，临空面搭设安全网或防护栏杆，且安全网随着建筑物升高而提高；登高作业人员正确佩戴和使用劳动防护用品、用具，作业前应检查作业场所安全措施落实情况；有坠落危险的物件应固定牢固，无法固定的应先行清除或放置在安全处；雨天、雪天高处作业，应采取可靠的防滑、防寒和防冻措施；遇有六级及以上大风或恶劣气候时，应停止露天高处作业；高处作业应现场监护。

（14）起重吊装作业管理：作业前对设备、安全装置、工器具进行检查，确保满足安全要求；起重吊装作业区域应设置警戒线，并安排专人进行监护；司机、信号司索工应持证上岗，按操作规程作业，信号传递畅通；吊装按规定办理审批手续；严禁以运行的设备、管道以及脚手架、平台等作为起吊重物的承力点；利用构筑物或设备的构件作为起吊重物的承力点时，应经核算；恶劣天气不得进行室外起吊作业。

（15）焊接气割作业管理：焊接前对设备进行检查，确保性能良好，符合安全要求；焊接作业人员持证上岗，按规定正确佩戴个人防护用品，严格按操作规程作业；进行焊接、切割作业时，有防止触电、灼伤、爆炸和引起火灾的措施，并严格遵守消防安全管理规定；焊接作业结束后，作业人员清理场地、消除焊件余热、切断电源，仔细检查工作场所周围及防护设施，确认无起火危险后离开。

（16）交叉作业管理：建立交叉作业安全管理制度；制定协调一致的安全措施，进行充分的沟通和交底，且应有专人现场检查与协调、监护；两个以上不同作业队伍在同一作业区域内进行作业活动时，应签订安全管理协议，明确各自的管理职责和采取的措施；垂直交叉作业应搭设严密、牢固的防护隔离设施；交叉作业时，严禁上下投掷材料、边角余料；工具应随手放入工具袋，严禁在吊物下方接料或逗留。

（17）对施工机具中的木工（平刨、圆盘锯）机械、手持电动工具、钢筋、电焊机、搅拌机、气瓶、打桩机、潜水泵、翻斗车等，检查人机资证、安装稳定、电气可靠（线路开关、接地接零等）、环境（棚、屋等）符合要求，操作有规程、防护与标志齐全等内容。

五、安全生产监理工作内容、技术要求

（一）开工前安全生产监理工作

1. 工程项目开工前，进行有关安全生产许可事项的审查，包括单位资质、安全生产许可证（包括本单位、分包、租赁单位的许可证）、主要负责人安全资质证、安全管理人员安全资质证（填写安全管理人员登记表）、特种作业人员操作资格证（填写特种作业人员登记表）等。

2. 审查承包人编制的安全管理体系文件和检查承包人的安全生产组织机构建立情况与人员配置情况，包括：

（1）安全管理机构设立情况（成立安全生产领导小组，配备专职安全生产管理人员并以文件报批）；

（2）检查安全管理人员按要求到位；

（3）检查人员数量是否按投标承诺配备；

3. 审查承包人安全生产目标明确情况与安全生产职责明确情况包括：

（1）安全生产目标管理计划，逐级分解到各管理层、职能部门及相关人员；

（2）逐级签订安全生产目标责任书，实行分级控制；

（3）组织安全生产领导小组会议及安全生产例会。

4. 审批承包人编制的安全生产措施；

5. 审批安全应急救援预案、防洪度汛应急预案；

6. 每项分部工程安全技术方案和措施经监理部审批符合要求后，方可进行施工；超过一定规模的危险性较大的单项工程是否组织专家论证并根据专家意见完善专项方案后报批。

7. 按合同要求审查承包人的安全技术措施及对应的施工安全文明措施费的预算，施工安全文明措施费要在合同金额及业主批复的预算范围内。工程开工前施工单位编制安全生产费用使用计划并报监理审批。

（二）对施工项目安全生产管理制度的监理

1. 检查安全生产责任制度

（1）制度是否建立和健全；

（2）制度中是否有齐全而明确的目标；是否有安全生产目标管理计划及相关文件安全生产目标责任书；是否建立安全生产目标考核办法；

（3）项目与施工队及班组签订的合同条款中，有无明确的管理职责和指标；

（4）各生产管理层是否都建立并落实了适宜的安全生产的机构、人员，且已经各方确认；

（5）是否建立和健全了安全生产的奖惩与考核制度并在过程中予以落实。

2. 检查承包人是否建立有健全的安全生产资金管理制度并予以落实了

（1）完善、改造和维护安全防护设备设施；

（2）安全生产教育培训；劳动保护用品；安全评价、重大危险源监控、事故隐患评估和整改；

（3）设施设备安全性能检测检验；

（4）应急救援器材、装备的配备及应急救援演练；

（5）安全标志、标识及其他安全宣传；

（6）职业危害防治措施、职业危害作业点检测、职业健康体检；

（7）安全生产适用的新技术、新标准、新工艺、新装备的推广应用；

（8）安全生产检查；安全生产咨询；安全生产标准化建设；

（9）其他与安全生产直接相关的物品或活动等资金；

（10）检查安全生产费使用计划编制及报批情况，安全生产费用台账建立情况，安全生产费用使用、计量、支付情况。

3. 检查安全教育与培训制度

（1）有无对项目经理、安全员、特殊工种、待岗、转岗与换岗职工和新招员工进行安全教育培训的制度；

（2）有无培训计划；

（3）检查计划落实情况；

（4）检查安全生产管理人员、特种作业人员教育培训记录；

（5）检查三级安全教育培训记录；

（6）检查日常安全教育培训记录。

4. 检查“安全检查制度”

（1）是否建立有各层次（项目、专项与日常、月、季度等）的检查制度；

（2）制度中有无时间、人员、内容、要求的规定；

（3）有无重大危险源辨识记录及相关文件；

（4）有无重大危险源安全评估报告；

（5）有无重大危险源管理台账；

（6）制度中有无对安全隐患的整改、处置及复查等要求的内容；

（7）对各项检查和隐患的处置与责任是否有记录（档案）。

5. 对安全事故报告与处理的制度的检查

（1）是否建立有各层次的事故报告制度；

（2）制度是否实施并落实了“四不放过”原则；

（3）是否建立有事故档案；

（4）是否按规定办理了“全员意外保险”；

（5）是否有“事故应急救援预案”。

（三）对施工企业、机构、资质的监理

1. 检查安全管理机构的设置与人员配置

（1）承包人必须配置有安全生产管理机构，并配备专职管理人员；

（2）现场应建立“项目部－施工队－施工班组”三级安全生产管理体系（各级均需分别配备足够的专、兼职安全生产管理人员）。

2. 检查企业资质与从业人员资格证明

（1）企业资质（包括专业分包）与项目等级和生产经营行为是否相符；

（2）主要负责人、项目经理、安全管理人员是否有安全考核合格证或上岗证；

（3）特殊工种人员是否经过培训并持有上岗资格（上岗证）。

3. 对安全产品供应单位的管理

（1）承包人对安全设施材料、设备和防护用品的供应单位应有控制要求和规定（制度）；

（2）所有安全材料、设施和防护用品的供货单位应出具有“生产许可证”等生产资质证明文件，资质证明材料必须与经营内容相符。

（四）从安全技术管理方面进行控制和监督

1. 各标段承包人应对可能导致死、伤害、职业病、财产损失、环境破坏等情况、状态和根源，列出清单（如高处坠落、物体打击、坍塌、触电、中毒、火灾等），制定有关管理制度（培训教育、操作规程与技术措施），编制应急预案（包括技术、监控措施与方法，人员、材料、

器具、设备的配置等）；

2.“施工组织设计”与“施工方案”中必须有明确的安全措施（包括内容、工艺、作业条件、职工素质等），都应有明确的规定，实施中不得随意更改；

3.对施工项目中超过一定规模的危险性较大的单项工程（基坑开挖与支护、高边坡、爆破、脚手架、模板支撑系统、混凝土拌和系统（安、拆）、起重机械（安、拆）、吊装、导截流、建筑物或构筑物拆除等）工程，均应结合实际编制专项安全技术方案，并组织专家论证和按程序审批后才予实施，实施前应组织交底、检查和验收；

4.施工项目部必须制定有给项目管理人员、班组进行安全技术分级交底的制度。讲明职责、权限、管理要求，工作程序及分解落实，监督、检查等内容和规定。口头交底后应有书面交底记录和交签手续，并予以备案检查；

5.承包人应全面收编国家现行安全技术标准、规范和各级安全技术操作规程、合同条款等文件中包含的强制性条文，除专档专人管理外，并应随工程进度将目录、摘要编发给企业相关人员，其内容至少包括：（1）管理文件类（文明卫生、劳动保护、职业健康、教育培训、事故管理）；（2）建筑工程类（土方、脚手架、模板、高处作业、临时用电、起重吊装、施工机械、焊接工程、拆除与爆破、消防等项目）；（3）安全技术操作规程（如架工、混凝土、钢筋、油漆、起重吊装、施工机具装拆与使用等）；

6.检查工程中安全设备、工艺的选用：

（1）严禁施工现场使用国家、行业、地方等方面已明文规定的淘汰器材设备和落后或不安全施工工艺；

（2）支持和鼓励施工项目优先选用国家、行业、地方推荐的器材、设备、新的安全施工工艺及新的安全防护材料、器具。

（五）对施工设备与设施安全管理的监控

1.对设备安全管理的监督

（1）要求各标段对现场施工和应急救援使用的全部设备在安装和拆除、验收与检测、使用与保修、改造与报废等各方面都建立有完整的管理制度，对职责、权限、工作程序等提出有明确要求，确定有监督检查、考核方法，形成有组织措施的文件；

（2）安全设备、设施采购：必须是合格产品、报送有效证明（说明或合格证、生产许可证、检验控制报告或鉴定证书等）。不得购置国家、行业、地方等方面已明文规定要淘汰的产品。购置旧设备，必须由有资质的鉴定单位出具的技术鉴定合格、有效使用的证明文件；

（3）督促并参与施工企业定期（季或月）检查各项管理制度的执行情况核查设备、器材在采购、安装与拆卸、验收与检测使用与保养、维修与改造以及报废等相关记录；

（4）检查租赁设备双方具有承担的资质与能力的证明材料、租赁协议、出租方对设备机具和配件性能、运行安全、检测维修等证明材料文件；

（5）督促并检查企业的设备档案（台账），包括：自制、出租、承租设备的数量、型号与规格、日常检修记录和目前状况等说明与记录。

2. 对大型设备（设施）装、拆的安全监理

（1）按国务院第 373 号令《特种设备安全生产监督条例》核查装、拆单位及人员的资质、资格、承包人须报监理审查并办理确认手续，且不准将装、拆出租、分解给二个以上单位进行；

（2）要求承包人必须在装拆之前申报《装拆方案》和《安全措施》，经监理部确认后予以实施；

（3）使用单位必须派专人参与装拆过程的监控与管理（包括：方案与措施审批手续，企业资质与人员资格，隐蔽部分的验收，设备安、拆程序及过程是否与方案、措施相符，装拆人员是否到位，完工必须经过检查、验收，出具验收证明和使用交底记录等）；

（4）设备安装完成、设施建设完成后，必须经过自检和需要行政批准的必须经行政批准的检测机构实施检测，检测合格并取得合格证后，方可核准使用。

3. 对现场安全设施和防护的管理与监控

（1）检查施工现场在危险部位是否设有明显的安全警示标志（安全色和安全标志）；

（2）检查和督促承包人必须建立有：正确使用其警示标志和安全色的明确制度和要求。对设置的部位、内容、各级的管理职责与权限，监督与检查方法、组织等都有明确的（制度和要求）规定；

（3）要求施工现场的安全标志、安全色应统一规划，并符合《安全标志及其使用导则》（GB2894-2008）和《安全色》（GB2893-2008）的要求和企业内部规定。

4. 对工程中使用特种设备的监理

（1）检查项目使用的特种设备是否按国家《特种设备安全监察条例》（国务院令第 549 号）要求建立有该设备生产、使用的管理制度、岗位安全责任制度，并设有专人管理，明确相应的管理要求、职责和权限，确定有监督、检查、考核的方法（产品单位应具有相关部门发的《生产许可证》）。

（2）检查单位在管理中，是否按有关规定要求，落实了法定单位，对特种设备定期检测并出具有《检测合格》报告。

5. 监督工地落实现场安全检查与测试工具

（1）承包人应按现场所使用的设备配备有相对完善的检测设备与工具（包括：检查几何尺寸的卷尺、经纬仪、水准仪、卡尺、塞尺，检查受力状态的传感器、控力器、力矩扳手，检查电器的接地电阻测试仪、绝缘电阻测试仪、电压电流表、漏电测试仪等，测风速的风速仪的等）；

（2）要求各种检测设备与工具必须是证明齐全的合格产品（产品合格证、生产许可证、专门机构的《认证证明》、《出厂检测报告》等）；

（3）要求各种安全检测工具必须按国家规定进行了定期检查和经常性核正（监理应查其书面检验报告或记录）。

（六）安全生产监理工作技术要求

1. 施工安全保证体系的审查与批准

工程项目开工前，监理项目部应要求承建单位按承建合同文件规定，建立安全管理机构和施工安全保障体系，并予以审查，并对其领导机构、人员配备和安全监控仪器设备等情况进行核查。同时，项目部还应督促承建单位，设立专职施工安全管理人员以全部工作时间用于施工过程中的安全检查、指导和管理，并及时向监理机构反馈施工作业中的安全事项。

工程施工期间，监理机构应督促承包人结合工程进展和施工条件、现场施工安全条件的变化，以及施工安全措施执行中的实际情况，定期对施工安全保证体系进行补充、调整和完善，并报监理机构批准。施工安全保证体系申报的主要内容包括：

●施工安全管理机构的设置（包括各级施工安全管理机构的设置，各级施工安全管理机构责任人及其资历、资质情况）；

●各级施工安全管理机构的职责、工作制度与岗位责任制；

●施工安全防护设施的总体规划与布置；

●安全教育制度以及施工安全的人员配置、培训与管理；

●分部目工程施工过程中的施工安全保证措施；

●分部工程施工过程中的劳动保护与防护措施；

●其他报告事项，或业主、监理机构要求报送的其他资料。

2. 施工安全措施计划的申报与批准

工程承包人按合同文件规定，在单位工程、分部工程开工前向项目部提交施工组织设计或施工措施计划，编制详细的施工安全和劳动保护措施并报项目部批准。

对属于高空、高危险区或特种作业的施工项目或工作，承包人应在施工作业前，编制专门的高空、高危险区或特种作业施工安全作业措施计划报送监理部批准。

单位工程、分部工程开工前必须进行安全交底。

3. 审核承包商编制的安全技术方案，要求程序合理、内容全面、数据科学。重大安全方案应进行受力计算和专家论证。安全技术方案审查内容如下：

①平面布置。在施工组织设计中，设置详细的施工平面布置图，各种设施布局合理，道路坚实平坦，排水畅通，物料堆放整齐有序，符合安全、文明施工要求；

②深基坑开挖工程。应根据地质情况，选择开挖方式及支护方式；

③编制施工临时用电方案；

④施工现场的各种电气线路及设备都必须规范，用电线路采用“三相五线制”和“三级配电二级保护”要求设置电箱，使用合格电气设备；

⑤脚手架搭设方案要符合规范，临边防护要到位；

⑥安全设施齐全，安全防护装置齐全、可靠，警示标志齐全；

⑦防火、防雷、防毒、防爆措施正确、有效；

⑧文明施工，减少噪声，控制烟尘。

4. 起重机开始作业时，由专人负责指挥，起重机操作工按照指挥命令进行起吊，起重臂下严禁逗留、穿梭，吊机的钢丝绳要经常检查，发现断裂应及时更换。

5. 本项目施工期跨四个汛期，故施工过程中出现大量降雨时为保证机械人员安全，可暂停施工，机械禁止停放于河道岸边基础不稳的部位及河道内。

6. 检查电工、焊工、司索工、架子工、特种设备操作工等特种作业人员和安全管理人员的资格。

7. 对投入的安全设施和机械进行数量检查，以及质量检查和验收。

8. 在施工过程中，检查安全制度、方案等落实情况，检查安全防护设施的投入使用情况，对存在的问题督促解决。

9. 对非常情况制定预控措施，确保临时管线通畅，确保安全排水，确保防汛，确保交通通行运输的畅通及安全。制定安全管理应急预案（防汛、防坍塌、防雷击、防触电、防台风、防火等）。

10. 降低施工过程中产生的噪声，控制对周边的噪声污染。

11. 通过举措，防止施工中产生的尘土飞扬及废弃物、杂物飘散，保持道路的整洁。

12. 督促承包商做好逐级安全交底工作。

六、安全监理的措施和方法

（一）建立健全的监理安全生产管理机构和职责

1. 建立安全组织机构，配备专职安全监理人员，以文件形式印发并通知、抄送相关相关单位；

2. 明确安全生产责任制，层层签订责任书；

3. 监理人员安全生产岗位职责上墙。

（二）建立监理安全生产管理制度

包括安全生产责任制度；安全生产教育培训制度；安全生产费用、措施、方案审查制度；安全生产隐患排查制度；危险源监控管理制度；施工安全防护设施、生产设施、危险性较大的单项工程、重大事故隐患治理验收制度；安全例会制度及安全档案管理制度等。

（三）制定监理培训制度加强强制性条文学习

1. 制定监理培训制度与培训计划，细化至每月。主要负责人和安全生产监理人员每年培训时间不少于 12 学时，监理员及其他人员不少于 8 学时。

2. 严格执行《建筑工程安全生产管理条例》，贯彻执行国家现行的安全生产的法律、法规，建设行政主管部门的安全生产的规章制度、建设工程强制性标准；制定强制性条文学习方案且有学习记录，对施工单位的强制性条文学习情况进行检查并留痕。

（四）认真编制监理文件加强文件的学习和交底

及时组织监理人员、施工单位主要管理人员对监理部制定的相关安全文件进行学习和交底并做好记录。

（五）安全监理的方法

1. 审核施工组织设计、施工技术方案（措施）的安全技术措施或专项施工方案是否符合工程建设强制性标准；

2. 在施工前应认真检查施工现场的安全生产条件；

3. 督促承包人落实安全生产的组织保证体系，建立健全安全全生产责任制；督促承包人对工人进行安全生产教育及分部、单元工程的安全技术交底，审核施工方案及安全技术措施；

4. 检查并督促承包人，按照建设施工安全技术标准和规范要求，落实分部、单元工程或各工序的安全防护措施；

5. 对进场设备组织进行检查，对承包人设施设备的使用、维修、保养进行监督检查，杜绝设备带病运行；

6. 对承包人安全生产费使用计划督促及审核，安全生产费用金额进行审核；

7. 采用定期综合检查、专项检查、季节性检查、节假日检查和日常检查的形式开展隐患排查治理工作；

8. 成立防洪度汛及应急预案领导小组，审核施工单位防洪度汛方案及应急预案，参加应急预案演练，检查施工单位人员、设备、物资准备情况；

9. 坚持安全检查评比制度，进行每周综合检查评定、每月质量安全文明施工检查评比，及时提出存在的问题和整改意见，把隐患消灭在萌芽中；

10. 发现违章冒险作业时要责令其停止作业，情况严重的应责令停工整改并及时报告建设单位；

11. 现场监理人员每天应对施工现场安全情况进行巡视，配合安全监理工程师做好督导管理工作，对监理过程中发现存在的安全事故隐患的部位，及时书面要求承包人整改，承包人拒不整改或者不停止施工的，应及时向有关主管部门报告；

12. 开好每月的监理例会，把安全监理控制工作作为一项重要的议事内容，对现场安全技术存在问题进行剖析，督促承包人总结制定有效对策；

13. 做好监理安全日志记录。对每日施工过程中安全管理措施的落实情况、安全运行情况进行记录，以便以后追溯。

七、创建文明工地措施

开展文明工地创建活动是引江济淮工程工程建设快速、安全、有序进行的有力保证，也是建设的重要内容，是“两个文明”建设的结合点，对促进工程建设进度和项目管理水平的提高有着极大的促进作用。进一步加强引江济淮工程建设项目的安全文明施工管理，提高建设项目的安全文明施工管理水平，实现建设项目安全文明施工管理的标准化、规范化，确保工程建设安全、优质、顺利进行，并通过创建文明工地活动、获得文明工地称号殊荣。为达到此目标，监理部制定文明工地创建措施。

（一）综合管理

健全文明工地创建工作组织，落实责任制，制定创建计划，完善规章制度，主要规章制度上墙；内部管理规范，工作安排合理，监理人员持证上岗；监理人员恪守监理职业道德，完成安全文明生产监理工作。

（二）施工区环境控制

认真审查施工承包人的施工环境管理和环境保护措施等文件；安全监理工程师监督检查施工承包人环境管理和环保措施等制度的贯彻落实；定期检查办公室、宿舍、食堂，力争做到干净、整洁，摆放有序，环境卫生良好。

（三）对各施工单位实施考核

1. 考核内容

（1）综合管理

包括：①团队建设；②其他，如各类图表是否齐全，是否布置上墙、安全保卫措施是否完善、与其他参建单位关系是否融洽、档案资料制度是否健全、资料管理是否有序、劳务分包管理是否规范等。

（2）安全管理

包括：①制度、机构及人员 . 包括安全生产管理组织机构是否健全、是否建立健全安全生产责任制、安全生产管理是否有明确目标、专职安全技术人员是否配备齐全、岗位职责是否明确、是否执行安全生产“五同时”、是否制定针对性和操作性强的应急救援预案、是否为管理人员和作业人员办理意外伤害保险等；②安全技术措施。包括防汛设备、物资、人员是否满足防汛抢险要求、是否严格执行安全生产管理规定和安全技术交底制度、是否制定有施工作业安全操作规程、有无施工违章现象、火工材料的采购、运输、保管、领退制度是否健全、施工现场安全设施是否齐备、各种机具、机电设备安全防护装置是否齐备、健全、劳动防护用品是否配备、齐全、性能可靠、消防器材配备是否齐全、有效、施工现场各种警示标识牌是否齐全醒目等；③安全教育培训。包括对各级管理、特殊工种和其他人员是否有计划地进行了安全生产教育培训和考核，是否留有记录、是否做到了特殊工种人员持证上岗等；④安全检查。包括是否实行了安全生产检查制度、是否对存在问题进行了跟踪和认真整改、安全生产检查档案是否建立健全等；⑤目标、安全事故处理。包括是否制定有事故报告制度，发生的事故是否按“四不放过”原则处理、有无安全责任制度等。

（3）施工区环境

包括：①场地布置及管理，包括施工场区是否按施工组织设计总平面图布置和建设、施工现场是否做到工完料净场地清、施工材料堆放是否整齐有序、标识分明、施工区道路是否平整畅通，布置合理，是否即使养护、洒水、标段分界处是否设置有彩门，施工企业标识是否醒目、是否建立有门卫制度，是否建立有佩戴工作卡上岗制度等；②生活区布置及管理，包括生活区布局合理、环境卫生良好、建立有医疗保健措施，并设有专职或兼职卫生员、建立有文化活动和学习场所、施工食堂干净卫生，符合卫生检验要求、办公室、职工宿舍整洁、卫生、宣传教育氛围浓厚，设立有宣传栏、读报栏、黑板报以及各种宣传标语醒目等；③环境保护，包括施工区排水畅通，无严重积水、弃土弃渣堆放整齐、设置有垃圾筒（箱）并定期清运垃圾、能有效地防止和减少粉尘、废水、废气、固体废弃物、噪声、振动和施工照明对人和环境的危害及污染、建立有完善的环境保护体系和职业健康保护措施、无随意践踏、砍伐、挖掘、焚烧植被现象、遵守相关法律法规，在施工中无破坏国家文物等有价值物品的现象。

八、安全生产监理工作程序、流程

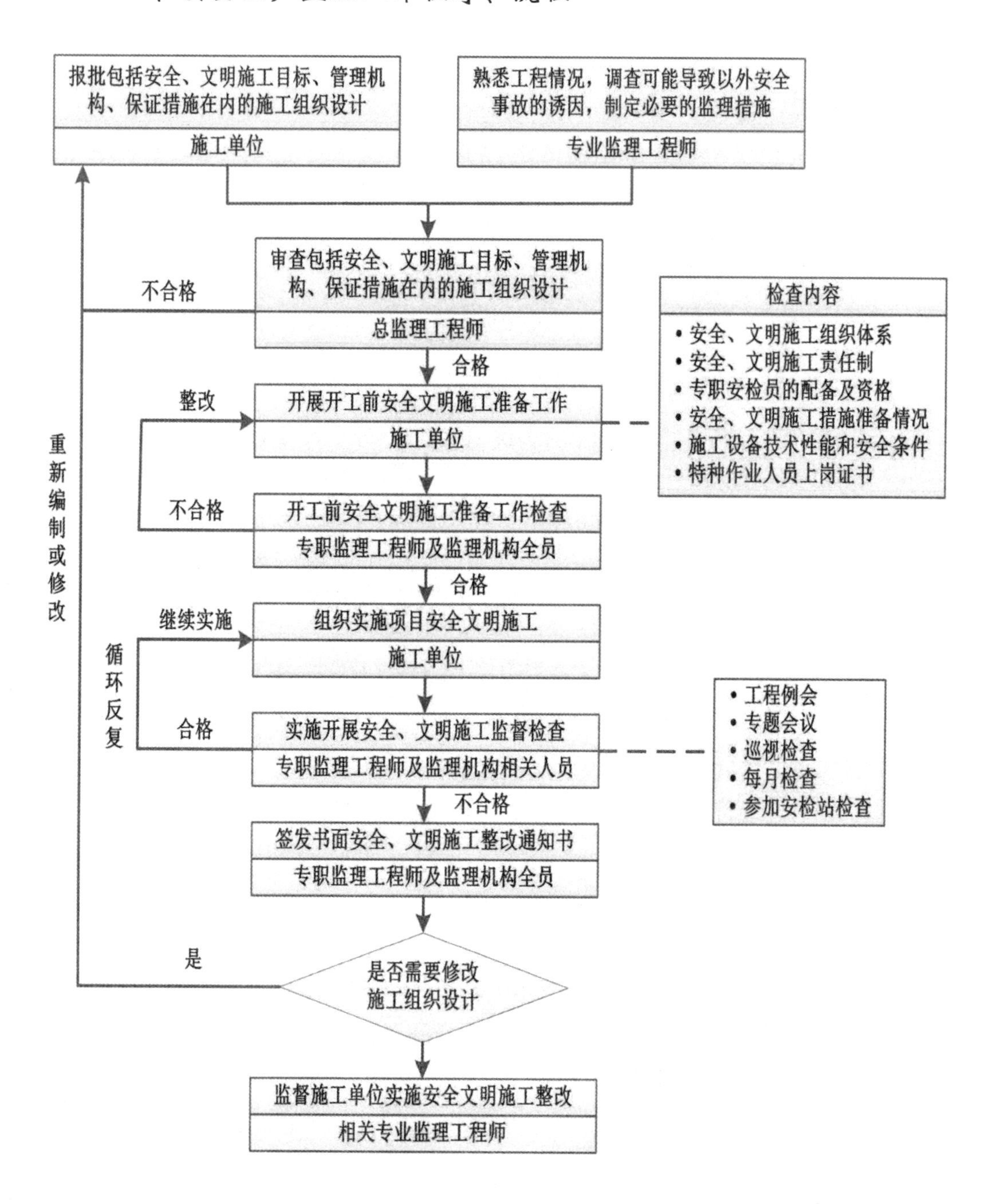

施工阶段安全文明施工监理工作程序框图

九、安全检查记录和表格样式

（一）采用表格引用的规范

1.《引江济淮工程建设参建单位考核管理办法（暂行）》；

2.《安徽省引江济淮工程建设标准化实施指南》；

3.《水利水电工程施工安全管理导则》。

（二）附表

安全例会会议纪要

（监理 [ ] 安全例会纪要号）

合同名称： 合同编号：

会议名称	****** 工程安全文明施工专题会议		
会议主要议题	本月安全、水环保工作总结、对下月安全、水环保工作要求		
会议时间	**** 年 ** 月 ** 日	会议地点	****
会议组织单位	**********	会议主持人	****
会议主要内容及结论	会议参加单位及主要人员： 建设单位：************ 监理单位：************ 施工单位：************ 会议主要内容： **** 年 ** 月 ** 日，由监理单位组织建设单位、施工单位召开了安全例会，形成纪要如下： 1、本月安全、水环保情况 （1）标段 （2）标段 2、针对存在问题的整改要求 3、下月工作计划 4、监理对安全管理的要求。 监理机构：××× 监理公司 ××× 工程建设监理部 日　　期：　　年　月　日		

说明：1、本表由监理机构填写，会议主持人签字后送达参会各方。2、参会各方收到本会议纪要后，持不同意见者应于3日内书面回复监理机构；超过3日未书面回复的，视为同意本会议纪要。

安全生产隐患排查治理台账

（201* 年 * 月 ** 日 ~ 201* 年 * 月 ** 日）

××× 监理公司 ××× 工程建设监理部

年 月 日

序号	检查时间、人员（部门）	隐患情况	隐患等级	危害范围	整改（防范）措施	整改责任人	整改期限	整改验收		
								整改完成情况	时间	验收人
1										
2										
3										

附件4　环境保护、水土保持监理实施细则

×××工程建设监理

环境保护、水土保持监理实施细则

×××监理公司×××工程建设监理部

年　月

一、编制依据

本项目主要编制依据如下（但不限于）：

《中华人民共和国环境保护法》（2015.1.1）；

《中华人民共和国大气污染防治法》（2016.1.1）；

《中华人民共和国水污染防治法》（2008.6.1）；

《中华人民共和国环境噪声污染防治法》（1997.3.1）；

《中华人民共和国固体废物污染环境防治法》（修订）2015.4.24;

《中华人民共和国水土保持法》（2011.3.1）；

《中华人民共和国水土保持法实施条例》（1993.8）；

《中华人民共和国土地管理法》（2004.8）；

《中华人民共和国森林法》（2016.2.67）；

《中华人民共和国防洪法》（1998.1）；

国务院第 253 号令《建设项目环境保护管理条例》（1998.10）；

《水土保持综合治理验收规范》（GB/T15773-2008）；

《水土保持综合治理技术规范》（GB/T15773-2008）；

上级环境保护行政主管部门的批复文件;

××× 工程施工合同文件及施工监理合同文件。

二、环保、水保监理工作流程

图14–1　环保、水保工作流程

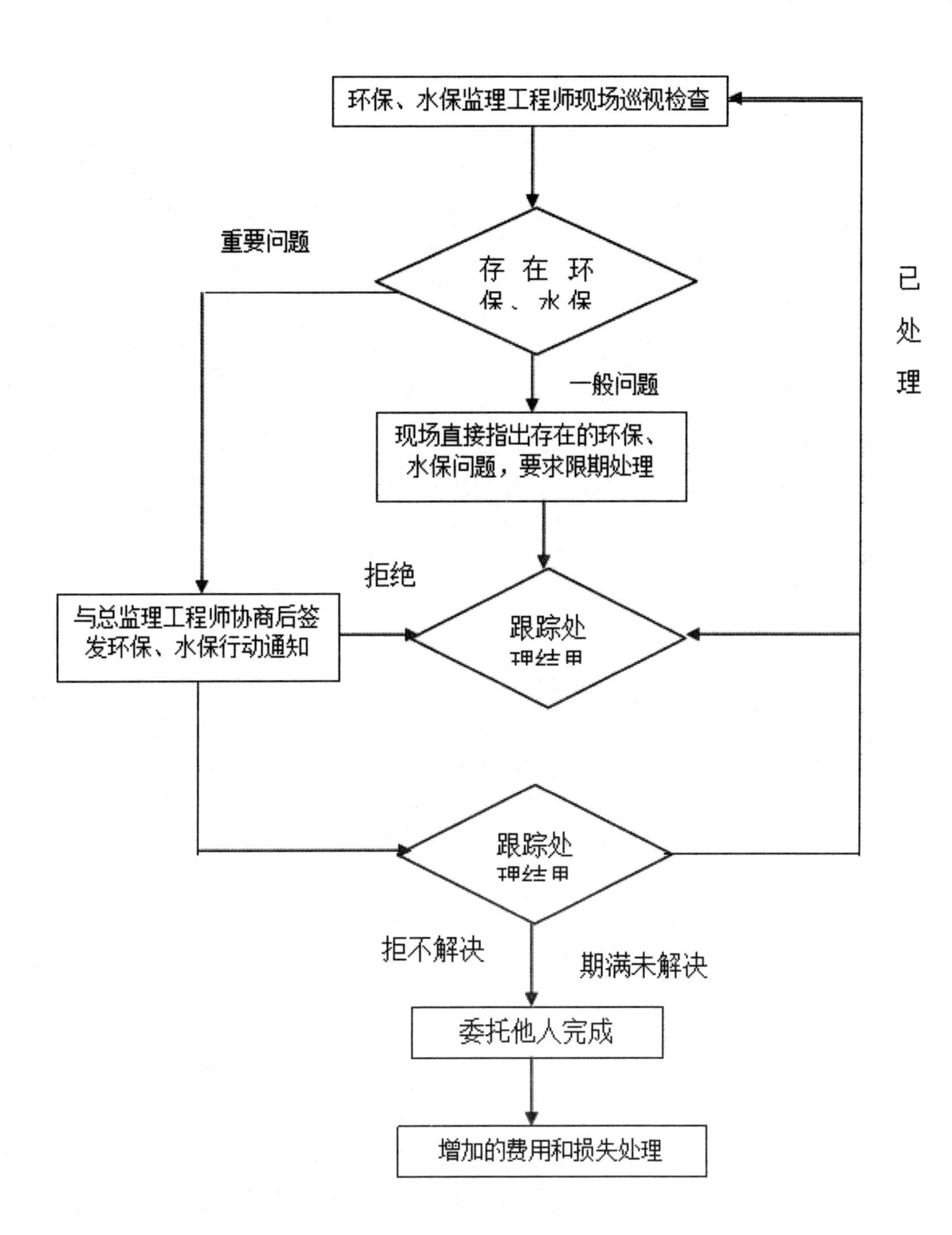

环保、水保监理工程师现场巡视检查
重要问题
存 在 环
保 、 水 保
已
处
理
一般问题
现场直接指出存在的环保、
水保问题，要求限期处理
拒绝
与总监理工程师协商后签
发环保、水保行动通知
跟踪处
跟踪处
拒不解决
期满未解决
委托他人完成
增加的费用和损失处理

三、环保、水保监理组织机构及岗位职责

（一）组织机构

项目监理机构按照二级管理模式组成环保、水保监理架构，一级管理由项目监理机构总监负责，二级管理由环保、水保专业监理工程师负责。环保、水保专业监理工程师是环保、水保工作的直接监控执行者，负责环境保护、水土保持工作的日常监督、检查和具体实施，对整个工程施工期环境保护、水土保持工作进行组织、检查、监督和管理。

（二）岗位职责

1. 总监理工程师岗位职责

（1）总监理工程师是项目监理机构环保、水保监理职责的负责人，对本工程环保、水保监理工作负全面责任。根据委托监理合同要求，及时协调解决施工中的出现、发生的环保、水保问题，保证监理工作环保、水保目标的实现；

（2）主持项目监理机构全面环保、水保工作，主持编写工程项目环保、水保监理规划和监理实施细则；

（3）确定项目监理机构环保、水保专业监理工程师配置及岗位职责，检查和监督环保、水保监理人员的工作，协调处理环保、水保监理业务；

（4）主持监理环保、水保工作会议，签发相关文件和指令；

（5）审查并签署施工单位提交的开工报告、施工组织设计、技术方案、进度计划等文件；

（6）检查施工单位环保、水保管理体系和有关规章制度；

（7）签发单位工程停工令、复工令；

（8）定期巡视施工现场；

（9）组织编制环保监理季报、年报。

2. 环保、水保监理工程师岗位职责

（1）熟悉掌握国家有关环保、水保的法律法规和当地政府的相关规章制度、《环境影响报告书》、《水土保持方案》及批复意见，以及本项目的有关环保、水保设计文件等；

（2）熟悉施工工地环境与条件，检查施工单位环保、水保工作的组织机构、保证体系、规章制度建立健全情况，督促施工单位制定环保、水保措施并具体实施；

（3）审查施工单位编制的单位工程施工组织设计，敏感区域、敏感水体的施工组织设计、施工方案和施工工艺的环境保护、水土保护措施，审查其可行性并签署意见；

（4）检查工程材料、半成品和成品的出厂合格证，并进行环境影响评估；

（5）检查施工单位施工环保管理人员的资质情况，检查环保、水保工作全员培训教育情况；

（6）检查和督促施工单位在施工中切实严格保护生态环境，审查施工单位临时工程用地、

取弃土场的设置等情况；

（7）进行过程控制，检查施工单位在生态保护、水土保持、大气与噪音污染、固体废弃物和水环境污染等方面的环保工作，检查施工单位执行情况；

（8）对不符合环境保护、水土保持要求的施工方案、工艺不予批准实施；施工中发现有违环境保护、水土保持措施的，及时发出整改指令，要求施工单位进行整改；

（9）对严重造成原有生态环境破坏、水土流失、污染的事件，有权责令停工，并及时上报业主直至上级行政主管部门，以督促施工单位整改；整改效果未经专业监理工程师认可，不得擅自复工；

（10）编写工程环境保护季报和年报；

（11）完成总监理工程师交办的其他工作。

四、环保、水保监理工作控制要点及目标

（一）控制要点

1. 设计图要求控制临时工程的影响

（1）修建临时施工道路、征地或租用土地必须取得当地环保、水保部门的批准，办理相关环境保护、水土保持手续；

（2）任何树木的砍伐，必须办理相关手续，有条件移栽的尽量移栽；

（3）对原地形地貌的破坏，施工完成后必须予以恢复；

（4）临时便道的修建，如对地表水系造成影响，施工中必须采取相应的保护措施，施工结束后对原来的地表水系要予以恢复；

（5）施工弃碴不得弃入当地河道内，不得影响现有地表水系，应集中在设计的弃碴场地。

2. 取土场、弃土场的使用和恢复

（1）施工中取土及弃碴应在设计文件中指定的位置，工程开工前，施工单位应办好相关的征地手续；

（2）检查取、弃土场便道扬尘对环境影响的控制措施；

（3）施工取土场及弃碴场应建立良好的排水系统，弃碴场挡护结构应符合设计文件的规定先挡渣后使用；

（4）施工结束后，应根据周边地貌特点，对取土场予以恢复，在取土场及弃碴场周围，应按设计要求进行地表绿化。

3. 施工现场周围水系的保护

施工中应尽量保护当地水系，如有破坏，应采取工程措施予以恢复，防止地表水土流失或造成堵塞，排泄不畅。

4. 施工影响区的恢复

施工结束后，应按照原地貌特点，进行土地复耕，地貌恢复并进行绿化，清除一切施工垃

圾。硬化的地面、地表临时建筑予以凿除。

（二）控制目标

1. 严格执行国家有关环境保护、水土保持等法律、法规、技术标准、规程规范，确保工程环境影响评价报告、上级环境保护行政主管部门批复文件以及工程环保、水保设计文件的相关措施和设施得到良好执行和落实，所有工程建设过程中产生的废气、废水、废渣等按照相关文件要求得到妥善处理，所有工程建设污染物排放符合国家规定标准。

2. 新增水土流失得到基本控制。除工程占地、生活区占地外，土地复垦及恢复植被面积必须占破坏地表面积的 90% 以上。

3. 工程建设的前期、建设阶段、工程竣工之后，工程周边的环境监测指标不发生明显改变。在工程施工期间确保无任何不文明不环保的现象发生，且没有受到当地政府部门的任何投诉和通报批评。

五、环保、水保监理工作方法及具体内容

（一）工作方法

工程施工期间，环境、水保监理工程师主要采用现场巡视、采样、监测等方式，对施工单位的施工行为是否符合有关环保、水保要求及可能产生污染的环节进行全方位的监测、检查、控制与管理，及时掌握现场的污染动态，及时发现和处理较重大的环保污染、水保违规问题，监督施工单位落实与实施各项环保、水保措施。

（二）具体内容

严格遵守国家、安徽省及当地有关环境保护、水土保持的规定，遵循“以人为本”的原则，最大限度地减少施工活动给周围群众造成的不利影响。建立健全的施工环境管理制度和管理体系，实现施工环境管理体系，监理工程师随时检查施工单位制定的环境保护、水土保持措施的落实情况，主要检查内容包括：

（1）施工单位是否严格执行了“施工人员环保、水保教育”；

（2）是否按照环评报告书的要求合理布设施工营地位置；

（3）路面施工中是否先铺过水涵管，再筑路基；

（4）施工废水、渣土、生活污水、垃圾的处置是否合理；

（5）是否按照环评要求尽量避免夜间施工，特别是压路机等高噪声、强震动作业施工。对固定强噪声施工机械是否采取围挡柔性减噪网或其他减噪措施；

（6）是否按照设计在拟定的取土场取土，取土完工后是否对取土场采取了有效的排水防护措施和植被恢复措施；

（7）机械设备的各类废油料及润滑油是否全部分类回收并存储，揩擦油污的固体废弃物是否集中填埋；

（8）建材堆场设置的环境合理性及运输建筑材料的车辆是否加盖篷布以减少洒落。

六、环保、水保监理措施落实

（一）环境保护和水土保持措施

1. 保护沿线植被，减少植被破坏，保护水资源和自然景观，避免因施工引起水质污染等环境问题；

2. 保护施工区内野生动物，严禁猎杀、捕捉或恐吓野生动物，保护沿线野生动物的栖息环境和迁移通道；

3. 开工前详细规划施工便道、取弃土场和施工营地等的临时用地，用地计划报经监理工程师批准同意后，施工单位方可向当地政府土地管理部门申请并办理租用手续。严禁随意开辟施工便道、取弃土场，严禁随意设临建工程；

4. 严格划定施工范围和人员、车辆行走路线，对场地和人员活动范围进行界定，不得随意超出规定范围，并设置标语牌、界碑牌等标志，防止对施工生产、生活范围之外区域的植被造成破坏；

5. 生活垃圾、生产垃圾应集中收集，定时清除运走；

6. 完工后对场地和砼搅拌场、路面冷热拌和场等进行清理，拆除临时建（构）筑物，掘除硬化地面，将弃碴、废物运走，同时对清理后的场地进行植被恢复；

7. 尽量利用既有便道进行路基填料的运输，减少土地的占用。如有新修便道，完工后对新修便道进行达标整理保留备作公路养护维修便道或掘除原填料，恢复植被、恢复原貌。尽量租用当地已有的房屋或拼装活动板房作施工生产、生活用房；

（二）水资源环境保护和水土保持

1. 生活营地的生活污水，砼搅拌站、路面冷热拌和场、预制场等产生污水，不得直接排入农田、河流和坝体，须经沉淀或处理达标后方能排放；

3. 沥青、油料、化学物品等不得堆放在民用水井及河流、湖泊附近，并应采取措施，防止雨水冲刷进入水体；

3. 对生产机械经常进行检修，防止机械和施工用油的跑、冒、滴、漏对水质产生污染。施工或机械产生的废油、废水，采用隔油池或采用其他方法处理合格后才能排放；

（三）大气环境、噪音及粉尘的防治

1. 在设备选型时选择低污染设备，并安装空气污染控制系统，减少对空气的污染；

2. 在运输水泥、石灰、粉煤灰等粉状材料和沥青混合料时，进行严密的遮盖；

3. 利用水车，对施工现场和临时便道进行洒水湿润，防止尘土飞扬，减少空气中的固体颗粒；

4. 对汽油等易挥发品的存放要密闭，并尽量缩短开启时间；

5. 路面冷热拌和场生产时，严格控制粉尘的污染，注意回收和覆盖；

6. 生产和施工现场、路面冷热拌和场、砼搅拌站和预制场地等应加强对噪音的防治，尽量减少夜间作业，减少对居民噪音的干扰。

（四）固体废弃物处理

1. 施工营地和施工现场的生活垃圾，应集中堆放，定时清运；

2. 施工中的废弃物，经当地环境保护部门同意后，运到指定的场地进行处理；

3. 报废材料或施工中返工的挖除材料应立即运出施工现场，各种包装袋及时清理处理，以免造成白色污染；

4. 加强材料运输车辆的管理，严禁超载、高速行驶，保证不会沿线撒漏，否则须迅速清除。

（五）保护文物及宗教设施

1. 尊重当地的民俗，保护宗教设施及场地不受影响和破坏；

2. 保护国家文物，对施工中挖出的古董文物，按招标文件合同条款及国家有关法律规定进行保护和上交。

（六）重要设施的保护

1. 保护施工场地附近的通信设施；

2. 保护当地的军用设施设备；

3. 对施工场地附近的光缆进行严密的管理，不致因施工机械造成破坏和人为破坏。加强对光缆的监护，确保施工期间万无一失。

七、环保、水保主要潜在影响及防治、保护

（一）场地清理及旧建筑物拆除防治保护

表 7–1　场地清理及旧建筑物拆除潜在环境影响

序号	活动内容	潜在影响
1	清除草丛、树木等植被	1. 生态破坏 2. 水土流失
2	清淤	水土流失
3	旧建筑物拆除	1. 扬尘污染 2. 噪声污染 3. 损害景观
4	场地内积水	1. 水污染 2. 传播病媒
5	废弃物未及时处理	1. 废弃物流失 2. 传播病媒

续表

序号	活动内容	潜在影响
6	推土机、挖掘机、运输车辆等运行	1. 噪声污染 2. 扬尘污染 3. 漏油污染水土
7	渣土运输遗撒及车轮带泥	污染路面

1. 在施工前应明确清理对象和范围，不应仅考虑方便施工而任意破坏沿线两侧的植被。对于古树名木等有保存价值的植物，应事先联系当地林业部门，采取移植等异地保护的方法加以保护。地表清理物应有专门的场地用以处置，不得随意丢弃；

2. 施工清场的树木、农作物、杂草，除部分可作为肥料外，应及时清运；

3. 剥离表层腐植熟土应集中堆放，予以保存，以备工程后期用于绿化或用于弃土、碴场的复土还耕。表土堆放地宜相对低凹、周围相对平缓，并设置排水设施；

4. 结构物拆除点周围 30m 范围内有居民点的，拆除框架混凝土结构，宜整体大部件吊装移除，减少粉尘排放，并且在拆除前应对被拆体充分洒水，保持湿润。

（二）基础开挖防治保护

表 7-2　基础开挖潜在环境影响

序号	活动内容	潜在影响
1	土石方开挖	1. 生态破坏 2. 水土流失 3. 扬尘
2	开山	生态破坏 2. 水土流失 3. 噪声（振动）4. 扬尘 5 损害景观
3	推土机、挖掘机、装载机等	1. 噪声 2. 漏油污染 3. 扬尘 4 排出有害气体
4	土石方运输	1. 沿路洒落 2. 随意丢弃
5	运输车辆	1. 噪声 2. 尾气 3 扬尘
6	炸药残留	污染环境
7	开挖时管道破裂	水污染
8	特殊路基处理：打桩机、推土机、挖掘机、装载机等	1. 噪声 2. 漏油污染 3. 扬尘 4 排出有害气体

1. 施工前应明确开挖范围，取土、挖方和运输过程中不得损坏自然环境，不应仅考虑方便施工而任意破坏沿线两侧的植被。根据环评报告书的结论对弃渣场进行认定，明确弃渣场的范围。弃渣应在指定范围内严格按照设计技术要求进行堆置；

2. 在路堑路段，开挖山体前，应先在坡面上修筑截水沟，以免降雨引起大的径流冲刷坡面；

3. 预防表层土流失。剥离表层土，不用于本地恢复的，应直接覆盖至可供耕作的其他地面；用于本地恢复的，应移至他处堆存，堆放地宜相对低凹、周围相对平缓，并设置排水设施；

4. 将弃土、弃渣于指定地点堆放，并采取防护措施，避免其流入水体。公路边的临时零星弃渣，应在公路封闭前处理完毕，以免公路全封闭后，难以清理；

5. 施工单位向周围生活环境排放废气、尘土，应当符合国家规定的环境空气质量标准（GB3095-2012）；

6. 土石方开挖回填时避开雨季，雨季来临前将开挖回填、弃方的边坡处理完毕。在雨水地面径流处开挖路基时，及时设置临时土沉淀池拦截混砂，待路基建成后，及时将土沉淀池推平，进行绿化或还耕；

7. 在雨水充沛地区，及时建设临时排水设施或永久排水设施，以免引起淤积和冲刷、边坡崩塌、滑坡产生；水土流失不得排入农田、耕地和污染自然水源；

8. 本工程施工场界噪声限值为昼间 75dB，夜间 55dB，工程地处学校、幼儿园、居住区等敏感点附近，夜间原则上停止作业，如确需连续作业的，应报环保部门批准，并公告居民；

9. 尽可能以挖掘代替爆破，以多点少药代替大量炸药爆破，采用延时爆破技术等手段降低噪声和振动。夜间禁止开山爆破，敏感点及文物保护单位附近禁止开山放炮，确需放炮作业的，应加以阻挡，防护，以防碎石冲击，并减小振动对建筑物的影响；

10. 运送土方车辆应采取加盖篷布等措施；

11. 路基施工中要严防施工机械路、冒、滴、漏，以避免对土壤和水环境的污染。

12. 保持水系路系畅通：

（1）不论何种原因，在没有得到有关管理部门的书面同意的情况下，施工活动不应干扰河流、水道、现有灌坝或排水系统的自然流动；

（2）及时沟通排水系统，为邻近的土地所有者提供灌溉与排水用的临时管道；

（3）在路基与原有乡、县、省、国道相邻路段，应做一定维护，保持原有道路整洁畅通。

（三）土石填筑防治保护

表 7－3　土石方填筑潜在环境影响

序号	活动内容	潜在影响
1	挖掘机、装载机等	1. 噪声 2. 漏油污染 3. 扬尘 4 排出有害气体
2	土石方运输	1. 沿路洒落 2. 随意丢弃
3	运输车辆	1. 噪声 2. 尾气 3 扬尘 4 噪声
4	打桩机、压路机、夯实机械、发电机等	1. 施工噪声 2. 漏油污染 3. 排出有害气体
5	履带式设备行驶	对道路场地破坏
6	施工设备、车辆等维修保养	1. 机油洒弃 2. 零配件丢弃 3. 包装物丢弃
7	粉喷桩施工	1. 粉尘污染 2. 噪声
8	塑料排水板等施工	1. 噪声 2. 边料丢弃
9	土工格栅等铺设	边料丢弃
10	施工粉尘排放	污染空气

1. 施工单位向周围生活环境排放废气、尘土，应当符合国家规定的环境空气质量标准

（GB3095-2012）；

2. 对以成形施工路段应适时洒水，减轻扬尘污染；

3. 施工单位向周围生活环境排放噪声应当符合国家规定的环境噪声施工场界排放标准（GB12523-2011），因工程地处学校、幼儿园、居住区等敏感点附近，夜间原则上停止作业，如确需连续作业的，应报环保部门批准，并公告居民；

4. 雨季施工时，应及时掌握气象预报资料，以便按降雨时间和特点实施雨前填铺的松土压实等防护措施，减少水土流失；

5. 临时坡面应做集中排水槽，暴露面及时压实、及时洒水，注重水土保持工作，并控制扬尘污染；

6. 及时建设临时排水设施和永久排水设施，水土流失不得排入农田、耕地和污染自然水源，不得引起淤积和冲刷；

7. 在路基施工前，应对路基附近居民房屋进行危房调查，采取措施以避免各种重型施工机械作业的震动对房屋造成损坏；

8. 在路基施工过程中，如果遇到文物古迹，应立即停止施工，上报当地文物部门，待妥善处理后方可继续施工；

9. 保持水系

（1）不论何种原因，在没有得到有关管理部门的书面同意的情况下，施工活动不应干扰河流、水道、现有灌坝或排水系统的自然流动；

（2）及时沟通排水系统，为邻近的土地所有者提供灌溉与排涝的临时管道。

（四）路基路面工程防治保护

表 7–4　路基路面潜在环境影响

序号	活动内容	潜在影响
1	稳定土拌和楼场地平整	1. 植被破坏 2. 水土流失
2	稳定土拌和楼搬运、安装	1. 扬尘 2. 噪声
3	拌和楼运行	1. 噪声 2. 水泥等泄漏污染土壤 3. 清洗拌锅、皮带等废水排放 4. 能源消耗 5. 有害气体
4	稳定土混合料运输	沿路撒落
5	场地碎石、黄砂堆放	扬尘
6	石灰、矿粉	1. 石灰矿粉洒落污染空气 2. 土壤污染
7	破碎机、振动筛等	1. 噪声 2. 扬尘
8	各类运输车辆	1. 噪声 2. 扬尘 3. 有害气体 4. 漏油
9	路面摊铺、压实设备运行	1. 噪声 2. 有害气体 3. 漏油 4. 扬尘
10	夜间拌和场强光直照	强光

1. 对农、林等生产用地的占用无法避免，则在施工结束后，必须恢复原有的土地利用功能。

严格控制影响范围，不应仅考虑方便施工而任意破坏场地以外的植被；

2. 施工单位向周围生活环境排放废气、尘土，应当符合国家规定的环境空气质量标准（GB3095-2012）；

3. 稳定土拌和站、水泥混凝土拌和站不得设在饮用水源地保护区内。拌和站应距离学校、医院、疗养院、城乡居民区和有特殊要求的地区的下风处 300m 以上，以减少拌和站对环境敏感点的粉尘和噪声污染。拌和设备应配装有集尘等环保装置；

4. 要按照批准的场拌、路拌要求施工，重点控制扬尘和沥青烟中的苯明芘污染，控制污水排放；

5. 路拌要及时洒水；细粉料拌和作业，应设置喷水嘴装置；石灰、粉煤灰等路用粉状材料，运输易引起扬尘，车辆应备有盖布及类似物进行遮盖；混合料应集中拌和，减轻对空气、农田的污染。如有必要，施工结束后，堆置点及其附近被污染的土壤应进行改良，恢复其肥力。

6. 施工单位向周围生活环境排放噪声应当符合国家规定的环境噪声施工场界排放标准（GB12523-2011）。该阶段施工场界噪声限值为昼间 70dB，夜间 55dB；

7. 响居民休息的建筑施工作业。确需连续作业的，应报当地环保部门批准，并公告居民；

8. 在靠近学校、居民区、企事业单位等敏感地区通过设立临时声屏障（如围墙），种植绿化带，修筑路堤来降低噪声；

9. 配备临时污水汇集设施，对拌和场清洗沙石料的污水应汇集处理回用，不得直接排出施工现场以外的地方；

10. 在珍稀动植物保护区域施工，要缩短夜间施工时间，必要时，在拌和场周围设置高于光源的挡光墙。

（五）防护及砌石工程防治保护

表 7-6　防护工程潜在环境影响

序号	活动内容	潜在影响
1	挖掘机、装载机等	1. 噪声 2. 漏油污染 3. 扬尘 4 消耗能源 5. 排出有害气体
2	土石方运输	1. 沿路洒落 2. 随意丢弃
3	运输车辆	1. 噪声 2. 尾气 3 扬尘 4 消耗能源
4	夯实机械	1. 施工噪声 2. 漏油污染 3. 水泵能源 4. 排出有害气体
5	砂浆拌和机搅拌	1. 噪声 2 砂浆外漏污染
6	砂浆喷射机	1. 噪声 2. 砂浆泄漏污染
7	清洗砂浆设备污水	水污染

1. 建设施工过程中，应当采取措施，控制扬尘、噪声、振动、废水、固体废弃物等污染，防止或者减轻施工对水源、植被、景观等自然环境的破坏，改善、恢复施工场地周围的环境；

2. 将弃土、弃渣于指定地点堆放，并采取防护措施，避免其流入水体；

3. 施工单位向周围生活环境排放噪声应当符合国家规定的环境噪声施工场界排放标准（GB12523-2011）。该阶段施工场界噪声限值为昼间 70dB，夜间 55dB；

4. 除抢修、抢险作业外，禁止夜间在居民区、文教区、疗养区进行产生噪声污染、影响居民休息的建筑施工作业。确需连续作业的，应报当地环保部门批准，并公告居民。

（六）排水工程防治保护

表 7–7　排水工程潜在环境影响

序号	活动内容	潜在影响
1	挖掘机、装载机等	1. 噪声 2. 漏油污染 3. 扬尘 4 消耗能源 5. 排出有害气体
2	土石方运输	1. 沿路洒落 2. 随意丢弃
3	运输车辆	1. 噪声 2. 尾气 3 扬尘 4 消耗能源
4	夯实机械	1. 施工噪声 2. 漏油污染 3. 水泵能源 4. 排出有害气体
5	砂浆拌和机搅拌	1. 噪声 2 砂浆外漏污染
6	砂浆喷射机	1. 噪声 2. 砂浆泄漏污染
7	清洗砂浆设备污水	水污染

1. 建设施工过程中，应当采取措施，控制扬尘、噪声、振动、废水、固体废弃物等污染，防止或者减轻施工对水源、植被、景观等自然环境的破坏，改善、恢复施工场地周围的环境；

2. 将弃土、弃渣于指定地点堆放，并采取防护措施，避免其流入水体；

3. 施工单位向周围生活环境排放噪声应当符合国家规定的环境噪声施工场界排放标准（GB12523-2011）。该阶段施工场界噪声限值为昼间 70dB，夜间 55dB；

4. 除抢修、抢险作业外，禁止夜间在居民区、文教区、疗养区进行产生噪声污染、影响居民休息的建筑施工作业。确需连续作业的，应报当地环保部门批准，并公告居民。

八、环保、水保监理管理措施

1. 环境保护、水土保持设施与主体工程同步设计、施工、验收，环境保护、水土保持设施不达标，工程不予验收；

2. 经济措施：工程量清单中技术措施费列有环境保护、水土保持费用，如环境保护、水土保持达不到要求，监理工程师对该项费用不予计价支付；

3. 报告：对环境保护、水土保持不重视或不采取有效措施的单位，及时向业主或上级行政主管部门报告。

附件5　土方填筑工程监理实施细则

×××工程建设监理

土方填筑工程监理实施细则

×××监理公司×××工程建设监理部

年　　月

一、总则

（一）编制依据

1. 引江济淮工程（安徽段）江淮沟通段 J010-1、J010-2 标段工程施工合同文件、设计文件和图纸；

2. 本项目施工《监理规划》、经批准的施工组织设计与技术措施、施工进度计划；

3.《堤防工程施工规范》（SL260-98）、《碾压式土石坝施工规范》（DL/T5129－2001）、《土工试验规程》（SD237）等国家及部门颁发的有关规程、规范、标准；

（二）适用范围

本细则适用于引江济淮工程（安徽段）江淮沟通段 J010-2 标段工程所有的土石方回填及压实工程，以及监理机构指明的其他土石方填筑工程。

二、开工准备阶段监理

（一）协助发包人完成开工前提供的施工条件

1. 首批开工项目施工图的审核、签发和设计交底；

2. 测量基准点的移交；

3. 施工用地；

4. 施工合同中约定应由发包人提供的道路、供电、供水、通信等条件。

（二）检查开工前承包人的施工准备情况

1. 承包人派驻现场的主要管理、技术人员数量及资格是否与施工合同文件一致；

2. 检查取土场及渠道开挖可利用料的质量、储量是否满足规定和施工需要；

3. 审查承包人工地试验室是否符合有关规定要求；

4. 督促承包人对发包人提供的测量基准点进行复核，并对承包人在此基础上完成施工测量控制网的布设及施工区原始地形图的测绘进行审核；

5. 取土场及施工区内道路、供水、供电等施工辅助设施的准备。审查、检查场内道路布置是否合理，尽量减少施工重型车辆对填筑基础面和开挖边坡的扰动；

6. 对承包人的质量保证体系进行审查；

7. 施工组织设计、施工措施计划的审查。监理机构审查渠道填筑、河渠交叉建筑物土方回填施工措施计划时，应审查技术方案是否符合设计要求和相关规范规定；施工段的划分是否合理、均衡。查土方平衡和土料使用规划时，应注意对再利用土料分类堆放，进行土料质量的预控；

8. 审查规范和技术条款规定的各种施工工艺试验。对不同取土场、不同的土料开始施工前，应进行碾压工艺等试验，确定土料的铺土厚度、土块限制直径、碾压设备、碾压遍数和碾压速度等碾压参数。当土料或压实设备、工序等条件发生变化时，应重新进行工艺试验确定施工参数;

9. 组织设计交底，及时组织设计单位进行设计交底，明确施工中应注意的重点、难点问题;

10. 组织项目划分。在工程开工前，监理机构组织项目管理、设计、施工单位进行工程项目划分，并将项目划分情况书面报项目管理单位。

三、开工审批

（一）开工审核程序

土石方开挖工程开工前 14 天，承包人对拟开工部位所在分部工程提出分部开工申请并提交施工方案，经监理机构审查批准后，按分部工程开工通知指定的日期开工。

监理机构应在收到该分部开工申请和施工方案后 14 天内批复。

（二）开工审核的主要内容

1. 工程概况（包括申请开工部位、设计工程量、施工平面布置、施工方案等）;

2. 施工测量放样，按《施工测量监理实施细则》的规定执行;

3. 料场核查情况:

（1）料场位置、开挖范围和开采条件，可开采土料厚度及储量估算;

（2）料场复查报告、各种填料加工的工艺和料物供应;

（3）料场的水文地质条件和采料时受水位变动影响的情况;

（4）料场土质和天然含水量;

（5）根据设计要求对料场土质鉴定情况，并对筑堤土料的适用性做初步评估;

（6）土料特性，要求按《土工试验规程》（SD237-1999）的要求做颗粒组成、粘性土的液、塑限和击实试验，砂性土的相对密度等试验;

（7）土石方平衡计划。

4. 碾压试验报告;

5. 施工方法，包括开挖及运输方式、铺填及碾压方式等;

6. 工期计划及作业强度;

7. 安全文明生产及环境保护措施;

8. 施工设备、设施配置;

9. 监理部要求提交的其他文件和资料;

10. 如果承包人未能按期向监理部报送开工申请所必需的文件和资料，由此造成工期延误和损失，由承包人承担全部责任。

四、质量控制措施

（一）清基与堤基处理质量控制措施

1. 渠道基础按照开挖图示的高程进行清基和开挖（清基 30cm），清基范围为堤身设计基面边线外 50cm，所有填筑基面或接触面的腐殖土、草皮、树根、废渣、垃圾等应清除，堤基范围内的坑、沟、槽等，应按堤身填筑要求进行回填；

2. 基础面清理后按规定进行联合验收后方可开始填筑作业的施工，若不能及时施工的，应做好基面保护，复工前应再检验；

3. 堤基清理的弃土、杂物、废渣等，应运送到指定的场地堆放；

4. 在渠堤填筑之前，应对堤基进行碾压，采用不小于 20t 的振动碾，碾压遍数不少于 5 遍；

5. 填筑材料及开采质量控制措施：

填筑土料在符合设计要求的同时，还应符合下列要求：

①取土场在取土前，在现场监理工程师参加情况下，承包人对料区土料取样，送认可的第三方试验室进行击实试验，确定最大干密度和最优含水率，并根据击实试验成果进行分区编号，按照设计要求进行分类开采、分区填筑；

②对土料场应经常检查所取土料的土质情况，土块大小，土料含水量等是否满足填筑要求。

③土料开采，应在料场严格控制土料的含水量，土料的含水量应在最优含水量的 -2% ~ +3% 之间；

④对渠道开挖利用料，应分清开挖土料类别，按照设计要求运至指定位置，严格区分非粘性土、粘性土及不可利用土料。严禁各种土料混杂填筑。开挖利用料不得含植物根茎、砖瓦、垃圾等杂质；

⑤分清建筑物开挖土料的类别，可利用土料就近进行利用，不可利用土料运至指定位置弃掉。可利用土料不得含植物根茎、砖瓦、垃圾等杂质。

（二）填筑标准

1. 土料填筑工程开工前，应分别按不同取土场、明渠可采区和不同填筑材料类别，按照《土工试验规程》（SL237-1999）进行与实际施工条件相仿的碾压试验，并根据其所获得的试验成果确定填筑施工参数，验证碾压质量能否达到设计干密度值，并将试验结果报监理部审查；

2. 填筑土料压实度按设计要求均不得小于 0.95。

（三）填筑与压实施工质量控制措施

1. 质量控制点的设置

对渠道填筑施工过程中一些重要的质量控制点，应设置质量待检点，必须在监理人员到场监督、检查的情况下承包人才能进行检验，待检点设置见表 1。

表 1　渠道土方填筑质量控制点设置表

质量控制点类别	质量控制点设置	备注
待检点	材料检验、测量放样、基础面处理、铺土厚度、铺土边线、碾压遍数、碾压行车速度、碾迹搭接宽度、含水率检验、层间结合面处理、坡面与缺口处理、每一填筑层压实质量检验、质量缺陷处理等。	

2. 填筑作业

（1）填筑应按项目划分进行分段作业，作业面的最小长度不应小于 100m；人工施工时，段长可适当缩短；

（2）填筑过程中，应分别检查和控制铺土厚度、土块大小、含水量、干密度及压实层间结合是否符合设计及施工要求；

（3）地面起伏不平时，应按水平分层由低处开始逐层填筑，不得顺坡铺填。为使填土和地面良好结合，横向（垂直总干渠方向）填方部位地面削坡坡度不应陡于 1：2，纵向（顺总干渠方向）地面削坡坡度不应陡于 1：3，弃土回填部位削坡也可根据需要适当放陡。对于需进行强夯地基处理的渠段，可填平后在进行强夯处理，对于较大的土坑需通报设计部门；

（4）作业面应分层统一铺土，统一碾压，并配备人员或平土机具参与整平作业，严禁出现界沟；

（5）已填土料表面在压实前被晒干或风干，应洒水湿润；

（6）填筑层检验合格后，因故未继续施工，因搁置较久或经过雨淋，干湿交替，使表面产生疏松层时，复工前应进行复压、复验；

（7）若发现局部“弹簧土”、层间光面、层间中空、松土层或剪切破坏等质量问题时，应及时处理，并经检查合格后，方可铺填新土；

（8）施工过程中应保证观测设备的埋设安装和测量工作的正常进行，并保证观测设备和测量标志完好，严禁采用危害监测仪器设备安全的施工方法；

（9）对占压堤身断面的上堤临时坡道作补缺口处理，将已板结老土刨松，与新铺土料统一按填筑要求分层压实。

（10）渠堤身全断面填筑完毕后，应作整坡压实及削坡处理，并对堤防两侧护堤地面的坑洼进行铺填平整。

3. 铺填作业

（1）将符合要求的填筑材料铺至规定部位；

（2）铺料厚度和土块直径的限制尺寸，应符合通过碾压试验确定的尺寸，铺土厚度检查可采用插钎法，严禁铺料厚度超过规定值；

（3）铺料至堤边时，应在设计边线外侧各朝填一定余量：人工铺料为 10cm，机械铺料为 30cm。

4. 压实作业

（1）应严格按照碾压试验确定的填筑施工参数施工；

（2）分段填筑时，各段应立标志，以防漏压，欠压和过压。上下层的分段接缝位置应错开；

（3）相邻施工段的作业面宜均衡上升，若段与段之间出现高差时，应以斜坡面相接，坡度不陡于 1：3，高差大时宜用缓坡。在土坡的斜坡结合面上填筑时，应符合下列要求：

① 应随填筑面上升进行削坡，并削至质量合格层；② 削坡合格后，应控制好结合面土料的含水量，边刨毛、边铺土、边压实。压实时压实机械应按照平行渠道轴线方向进行，相邻碾压轨迹及相邻材料连接处的碾压至少应有 0.5m 的搭接，不允许出现漏压。垂直渠轴线的堤身接缝碾压时，应跨缝搭接碾压，其搭接宽度不小于 3.0m；

（4）应采用凸块振动碾碾压作业，宜采用进退错距法，铺料与碾压工序宜连续进行，凸块振动碾碾压时应控制行车速度不大于 2Km/h；

（5）机械压不到的部位，应辅以夯具夯实，夯实时应采用连环套打法，夯迹双向套压，夯压夯 1/3 夯径，行压行 1/3；分段分片夯实时，夯迹搭接宽度应不小于 1/3 夯径。

（四）渠道与建筑物接合部施工质量控制措施

1. 对渠道与建筑物接合部填筑施工过程中一些重要的质量控制点，应设置质量待检点，必须在监理人员到场监督、检查的情况下承包人才能进行检验，待检点设置见表 3。

表 3　渠道与建筑物接合部填筑施工质量控制点设置表

质量控制点类别	质量控制点设置	备注
待检点	材料检验、基础面处理、涂抹泥浆、土工格栅铺放、铺土厚度、碾压遍数、碾压行车速度、碾迹搭接宽度、含水率检验、层间结合面处理、每一填筑层压实质量检验、质量缺陷处理等。	

2. 建筑物进行回填前，要检查以下工作：

（1）回填的建基面是否进行了地质素描；

（2）建筑物两侧的回填宽度及边坡是否满足设计及碾压振动设备作业要求；

（3）现场配备的碾压振动设备能否保证压实指标；

（4）回填材料的准备或拌制设备是否符合要求；

（5）建筑物质量缺陷、降水管井、螺栓孔是否已处理完毕并通过验收；

（6）穿渠建筑物的顶部设计有无排水盲沟、碎石垫层等透水设施，如有，是否采取了防渗措施；

（7）应清除建筑物表面的乳皮、粉尘及油污等；对表面的外露铁件宜割除，必要时对铁件残余露头需用水泥砂浆覆盖保护。

（五）雨天与低温施工

1. 雨天不宜进行土方回填。必须在雨天填筑时应有防水措施，要防止地面水流入基坑内，并应连续进行，尽快完成。工作面不宜过大，分层分片逐片进行，不宜人行践踏，并应严禁车辆通行。日降雨量大于 50mm 时，禁止填筑施工。雨后恢复施工，填筑面应经晾晒、复压处理，并待质检合格后及时复工；

2. 填方不宜冬季施工。必须在负温施工时，应取正温土料，装土、铺土、碾压、取样等工序，都应采取快速连续作业，土料压实时，气温必须在 -1℃以上；

3. 填土中不得加冰雪。

（六）质量检测与验收

1. 质量检测

（1）击实试验：粘性土当粒径大于 5mm 的颗粒含量小于 30% 时，应采用轻型击实，并根据粒径大于 5mm 的颗粒含量，对最大干密度及最优含水率进行校正；当粒径大于 5mm 的颗粒含量大于 30% 时、砾质土等粗颗粒土料应根据粒径大小，采用重型击实或大型击实；

（2）土堤的填筑施工参数应与碾压试验参数相符；

（3）质量检测取样部位及方法应符合下列要求：

①取样部位应有代表性，且应在作业面上均匀分布，不得随意挑选，特殊情况下取样须加注明；

②环刀取样部位应在压实层厚的下部 1/3 处，若下部 1/3 的厚度不足环刀高度时，以环刀底面达下层顶面时环刀取满土样为准，并记录压实层厚度。

（4）取样方法：粘性土现场干密度检测，宜采用环刀法，环刀容积不小于 500cm3，环刀直径不小于 100mm、高度不小于 64mm。需进行 2 次平行测定，其平行差值不得大于 0.03g/cm3，取其算术平均值。

（5）质量检测取样数量应符合下列要求：

①每次检测的施工作业面不宜过小，机械填筑时不宜小于 600 ㎡，人工填筑时不宜小于 300 ㎡；

②每层自检取样数量，可控制在填筑量每 100m3 ～ 150m3 取样 1 个；

③ 若作业面或局部返工部位按填筑量计算的取样数量不足 3 个时，也应取样 3 个；

④在压实质量可疑和特定部位抽样检测时，取样数量视具体情况而定，但检测成果仅作为质量检测参考，不作为碾压质量评定的统计资料；

（4）监理机构跟踪检测、平行检测、见证取样和送检。

①平行检测的数量土方试样不应少于施工单位检测数量的 5%，重要部位至少取样三组；

②跟踪检测数量土方试样不应少于施工单位检测数量的 10%；

③见证取样的数量不得少于施工单位自检数量的 30%；

④施工过程中，监理人员应按照见证取样和送检计划，对施工现场的取样和送检进行见证，取样人员应在试样或其包装做出标识、封志。标识和封志应标明工程名称、取样部位、取样的日期、样品名称和样品数量，并由监理人员和取样人员共同完成。监理人员和取样员应对试样的代表性和真实性负责；

⑤抽样后无法封志的必须有监理人员与取样员共同送检，发生费用由承包人承担；

⑥见证取样的试样送检时，应由送检单位填写《检验委托书》，委托单位有监理人员和送检人员签字、盖章；

⑦检测单位应检查委托单及式样上的标识和封志，确认无误后方可进行检测。见证取样和送检的检测报告必须加盖专用公章；

⑧未履行上述手续，监理部将不予承认检测报告有效性。

2. 工程质量验收

完成一个单元工程，承包人应及时进行土石方填筑单元工程质量验收评定。在各种资料齐备的情况下，依据施工承包合同、设计文件有关规定进行，按照批复的单元工程质量评定表格式进行单元工程的自评，在自评合格的基础上，由监理工程师予以最终核定与签认。

（七）质量缺陷处理

1. 填筑层若发现局部“弹簧土”、层间光面、层间中空、松土层或剪力破坏等质量问题时，应及时进行处理，并经检验合格后，经现场监理工程师签字确认方准铺填新土。处理过程要有照片，并进行详细记录。

2. 每一填筑层自检，抽检后，凡有取样不合格的点，应分析原因，按监理批准的措施进行补压或作局部处理，承包人按现场监理确定的复检取样部加倍进行复检，经承包人、监理复检合格后方可进行下道工序施工。在承包人两倍复检合格后，监理进行复检，如仍有不合格点，则对该层全部进行返工处理。补压、局部处理或返工处理过程要有照片，并进行详细记录。

（八）旁站监理方案

1. 旁站监理的工序：旁站监理的关键工序见表 4。

表 4　旁站监理工序设置表

项 目	旁站工序	备注
渠道粘性土填筑	铺料、碾压、层间面结合处理、缺陷处理	
渠道与建筑物接合部填筑	铺料、碾压、层间面结合处理、涂刷泥浆、缺陷处理	旁站项目包括：穿渠建筑物周边回填、河渠交叉建筑物进出口翼墙回填、渡槽墩柱周边回填

2. 旁站工作程序：

（1）施工单位根据监理机构制定的旁站监理方案，在需要实施旁站监理的重要部位、关键工序进行施工前 24 小时，应当书面通知现场监理工程师；

（2）现场监理工程师收到施工单位关于旁站点施工的通知后，应立即安排相关旁站监理人员，并组织对其的安全和技术交底，明确各项工作控制点。旁站监理人员在旁战前应充分了解和掌握施工所用材料、设备情况，以及施工图纸、设计要求、标准、规范等；

（3）旁站监理人员按约定时间到达施工现场，检查确认旁站点的施工条件是否具备，具备条件后同意开始施工；

（4）从旁站点施工开始至施工结束，旁站监理人员对整个施工过程进行全过程的跟班监督管理。

3. 旁站监理控制措施

（1）工序开工前督促并参加施工单位的各专业工种的施工交底、安全交底，检查交底记录，以对可能发生失控的部位或工序进行预控；

（2）检查施工现场质检员、施工员、安全员到岗到位和特殊工种持证上岗的情况；

（3）检查进场的施工机械及施工人员是否满足施工需要；

（4）检查进场材料是否经报验合格，土料质量、摊铺厚度、碾压遍数、回填土与建筑物接触面处理是否符合设计及规范要求；

（5）检查关键部位、关键工序的施工是否按批准的施工方案和工程建设强制性标准进行施工；

（6）检查检测、试验项目是否符合规范和试验方案要求，确认试验数据；

（7）在旁站监理过程中，凡发现有不符合要求的施工活动，旁站监理人员有权要求施工方立即进行整改。若不符合要求的施工活动已经或可能危及工程质量和安全施工的，旁站监理人员应及时采取应急措施，同时应向监理工程师或总监报告；

（8）认真做好旁站监理记录，要求记录内容及时、准确、完整。监理旁站记录表应经旁站监理人员和施工方质检员双方签字，否则不得进入下道工序施工。旁站监理记录表是重要的监理文件之一，应与其他反映监理工作情况的原始资料一起妥善保管。

五、其它

1. 每一单元工程施工结束后，承包人应及时对该单元工程质量进行评定，并报监理工程师核定；

2. 工程完工后，监理工程师应督促施工单位按合同规定和要求编制含工程竣工图在内的工程验收资料。工程验收资料中应附有全部质量检查文件及工程缺陷处理成果资料；

3. 本细则未列之其他施工技术要求、检验标准，按合同及有关技术规程、规范和质量评定标准执行；

4. 本细则未列的施工测量、施工进度控制、合同项目验收等内容，按有关监理实施细则的要求执行。

附件6　旁站监理实施方案

×××工程

旁站监理实施方案

×××监理公司×××工程项目监理部

二〇一六年九月

编制：
审核：
批准：

一、总则

（一）目的

旁站监理工作是监理对工程质量进行监理控制的三大手段之一，当工程的关键部位，关键工序的隐蔽过程和质量监控在施工工序完成后难以准确验收时，就必须由相关监理人员进行旁站监理，督促承包人严格按施工规范和强制性标准要求进行施工，以确保工程达到质量标准要求。

（二）依据

发包人与监理单位签订的合同文件。发包人与承包人签订的合同文件、招投标文件、设计文件以及有关工程规程、规范。

（三）适用范围

本工程项目中需要实行旁站监理的关键部位和工序，旁站监理主要施工项目有：

1. 地基处理工程：碎石换填、土方回填或混凝土回填；

2. 钻孔灌注桩：钢筋笼焊接和安放、混凝土浇筑；

3. 混凝土工程：原材料取样试验、塌落度试验、试件取样和试验、含气量试验、现场浇捣；

4. 土方回填：土料质量、土料摊铺厚度、碾压遍数、回填土与建筑物接触面处理、土方接头处、压实度和含水量检测；

5. 桥梁工程：试桩、钢筋笼焊接和安放、混凝土浇筑（包括各部位）、箱梁张拉、压浆、拱箱（劲型骨架）吊装、面层铺筑、试验工程；

6. 隧洞工程：隧洞锚杆安装、喷射混凝土、钢筋网片安装、衬砌混凝土、钢拱架安装、排水管（网）安装、观测仪器安装；

7. 金属结构：超声波及射线检测、吊装。

二、旁站监理工作程序和管理控制措施

1、旁站监理工作程序

（1）施工单位根据监理机构制定的旁站监理方案，在需要实施旁站监理的重要部位、关键工序进行施工前 24 小时，应当通知现场监理工程师。

2. 现场监理工程师收到施工单位关于旁站点施工的通知后，应立即安排相关旁站监理人员，并组织对其进行安全和技术交底，明确各项工作控制点。旁站监理人员在旁战前应充分了解和掌握施工所用材料、设备情况，以及施工图纸、设计要求、标准、规范等。

3. 旁站监理人员按约定时间到达施工现场，检查确认旁站点的施工条件是否具备，具备条件后同意开始施工。

4. 从旁站点施工开始至施工结束，旁站监理人员对整个施工过程进行全过程的跟班监督管理。

二、旁站监理控制措施

1. 工序开工前督促并参加施工单位的各专业工种的施工交底、安全交底，检查交底记录，以对可能发生失控的部位或工序进行预控。

2. 检查施工现场质检员、施工员、安全员到岗到位和特殊工种持证上岗的情况。

3. 对施工单位投入的施工人员、设备和其他材料进行检查，包括为了施工需要所必须配备的备用设备等，检查能够满足有关要求，同意其进行施工；否则，责令立即纠正后方可施工。

4. 检查关键部位、关键工序的施工是否按批准的施工方案和工程建设强制性标准进行施工。

5. 检查检测、试验项目是否符合规范和试验方案要求，确认试验数据。

6. 在旁站监理过程中，凡发现有不符合要求的施工活动，旁站监理人员有权要求施工方立即进行整改。若不符合要求的施工活动已经或可能危及工程质量和安全施工的，旁站监理人员应及时采取应急措施，同时应向监理工程师或总监报告。

7. 认真做好旁站监理记录，要求记录内容及时、准确、完整。监理旁站记录表应经旁站监理人员和施工方质检员双方签字，否则不得进入下道工序施工。旁站监理记录表是重要的监理文件之一，应与其他反映监理工作情况的原始资料一起妥善保管。旁站监理值班记录见附表。

三、旁站监理的管理

1. 监理部制定旁站监理工作制度，目前旁站监理的部位、工序，旁站监理人员的职责、交接班制度、奖惩措施等；

2. 对施工中连续作业时间较长的，及时安排人员轮换班，不得中断现场旁站监理工作；

3. 为保证旁站监理人员正常工作，需要加班旁站的发放加班补助，并配备必要的夜间照明及相关劳保用品；

4. 加强对旁站监理的工作进行指导和监督。总监理工程师应对所有进行旁站的监理项目进行巡视，以保证全过程旁站的有效性和真实性，并对旁站监理的工作进行考核评价，一旦发现有旁站监理人员缺场或玩忽职守者，应及时予以补充或更换，并对该旁站监理人按照规定进行处罚。对旁站监理工作中认真负责，坚守岗位，未出现任何质量和安全问题的给予表彰和奖励；

旁站监理值班记录

（监理 [2017] 旁站 2-0015 号）

合同名称：×× 工程合同编号：×××

<table>
<tr><td>工程部位</td><td colspan="2">闸底板</td><td>日期</td><td colspan="2">2017年5月8日</td></tr>
<tr><td>时间</td><td>9：00—13：00</td><td>天气：阴</td><td>温 度</td><td colspan="2">17—26</td></tr>
<tr><td>人员情况</td><td colspan="5">施工技术员：
施工班组长：
质检员：</td></tr>
<tr><td></td><td colspan="4">现场人员数量及分类人员数量</td><td></td></tr>
<tr><td></td><td>管理人员</td><td>1人</td><td>技术人员</td><td>2 人</td><td></td></tr>
<tr><td></td><td>特种作业人员</td><td>2人</td><td>普通作业人员</td><td>12 人</td><td></td></tr>
<tr><td></td><td>其他辅助人员</td><td>6人</td><td>合 计</td><td>23 人</td><td></td></tr>
<tr><td>主要施工设备及运转情况</td><td colspan="5">振动棒2台，8m³混凝土运输车5台，混凝土泵车1台。所有施工设备运转正常。</td></tr>
<tr><td>主要材料使用情况</td><td colspan="5"></td></tr>
<tr><td>施工过程描述</td><td colspan="5"></td></tr>
<tr><td>监理现场检查、检测情况</td><td colspan="5"></td></tr>
<tr><td>承包人提出的问题</td><td colspan="5"></td></tr>
<tr><td>监理人的答复或指示</td><td colspan="5"></td></tr>
<tr><td colspan="6">当班监理员：（签名） 施工技术员：（签名）</td></tr>
</table>

说明：本表单独汇编成册。

附件7　监理平行检测方案

×××工程

合同编号：×××-1-2017

监理平行检测方案

×××监理公司

×××工程监理部

二〇一八年一月

批准：

审核：

编制：

一、、检测目的

对 ×× 管道工程进行施工过程的各项检测，确保工程质量。

三、检测依据

《水利水电工程施工质量检验与评定规程》（SL176—2007）
《建筑结构检测技术标准》（GB/T50344-2004）
《混凝土结构工程施工质量验收规范》（GB50204-2000）
《水利水电工程测量规范》（SL197-97）
《水工混凝土施工规范》（SDJ207-82）
《水工混凝土试验规程》（SL 352-2006）
《建筑工程施工质量验收统一标准》（GB50300-2001）
《给水排水管规范管道工程施工及验收规范》-GB50268-2008
《水工金属结构焊接通用技术条件》SL36-2006
《水工金属结构防腐蚀规范》SL105-2007
《水利工程压力钢管制造安装及验收规范》SL432-2008
《土工试验规程》SL237-1999
《土工试验方法标准》GB/T50123-1999
《招、投标文件中的设计技术要求及相关规范》

四、检测内容和方法

根据施工进度和原材料进场情况，对施工过程中需要取样的试（检）验，必须在下一道工序进行前（或原材料使用之前）按照规范要求进行试验；平行检测的项目和数量（比例）按监理合同中约定。其中，混凝土试样不少于承包人检测数量的 3%，重要部位每种标号的混凝土至少取样一组；土方试样不少于承包人检测数量的 5%，重要部位至少取样三组。施工过程中，监理机构可根据工程质量控制工作需要和工程质量状况等确定平行检测的频次分布。根据施工质量情况需要增加平行检测项目、数量时，监理机构可向发包人提出建议，经发包人同意增加的平行检测费用由发包人承担。当平行检测试验结果与承包人的自检结果不一致时，监理机构应组织承包人及有关各方进行原因分析，提出处理意见。跟踪检测的项目和数量（比例）按监理合同中约定，其中，混凝土试样不少于承包人检测数量的 7%，土方试样不少于承包人检测数量的 10%。施工过程中，监理机构可根据工程质量控制工作需要和工程质量状况等确定跟踪检测的频次分布，但应对所有见证取样进行跟踪。对承包人生产的中间产品，承包人应按照合同约定和有关规定进行合同性检验。

基本试（检）验项目、频次、取样数量详见下表：

×标监理平行检测计划

序号	工程项目	单位	抽样频率	数量	施工单位检测次数	监理平检频率	监理平检次数	监理跟踪检测频率	监理跟踪检测次数
1	水泥	t	同一厂家，同一强度等级为一批，但总量不得超过200t	14800	80	10%	8	10%	8
2	砂	t	同一生产地，同一规格，同一进场时间，每400m^{3}或600t为一批。	32500	60	10%	6	10%	6
3	碎石	t	同一生产地，同一规格，同一进场时间，每400m^{3}或600t为一批。	31800	60	10%	6	10%	6
4	外加剂	t	同厂家、同批号、同品种、同出厂日期，每50t为一批。	147	15	10%	2	10%	2
5	钢筋	t	同一牌号，同一炉号，同一规格，同一交货状态，不大于60t为一批。	2060	42	10%	5	10%	5
6	混凝土试块	组	每工作班不少于1组	33640m^3	600	3%	18	7%	42
7	压实度	点	每1000-5000m^{2}为一单位，每层3点。	171522m^2	230	5%	12	10%	23
8	钢筋拉伸	吨	平均40吨检测一组	2133	54	3%	2	7%	4
9	钢筋焊接	根	每300根3根	7633根	77	10%	8	10%	8
10	焊缝超声波检测	道	100%	2655	2655	20%	532	10%	266
11	焊缝射线检测	道	2%	2665	54	10%	6	10%	6
12	钢管内外防腐检测	点	每节管（9m）15点	2664	39960	10%	3996	10%	3996
13	钢筋机械连接	组	每500根3根	2300	5	10%	1	10%	1
14	桩基	根	100%	486	486	10%	49	10%	49

×标监理平行检测计划

序号	工程项目	单位	抽样频率	数量	施工单位检测次数	监理平检频率	监理平检次数	监理跟踪检测频率	监理跟踪检测次数
1	水泥	t	同一厂家，同一强度等级为一批，但总量不得超过200t	11333	57	10%	6	10%	6
2	砂	t	同一生产地，同一规格，同一进场时间，每400m³或600t为一批。	16765	42	10%	5	10%	5
3	碎石	t	同一生产地，同一规格，同一进场时间，每400m³或600t为一批。	23000	58	10%	6	10%	6
4	外加剂	t	同厂家、同批号、同品种、同出厂日期，每50t为一批。	120	6	10%	1	10%	1
5	钢筋	t	同一牌号，同一炉号，同一规格，同一交货状态，不大于60t为一批。	5440	91	10%	10	10%	10
6	混凝土试块	组	每工作班不少于1组	33411	335	3%	11	7%	24
7	压实度	组	每300m³为一单位，每层3点。	232500	1163	5%	59	10%	117
8	灌注桩超声波检测	根	逐根检测	1500	1500	3%	45	7%	105
9	锚杆拉拔力	根	每300根3根	538	180	10%	18	10%	18
10	焊缝超声波检测	道	100%	2415	2415	10%	242	10%	242
11	焊缝射线检测	道	2%	2415	49	10%	5	10%	5
12	钢管内外防腐检测	点	每节管4点	2415	9660	10%	966	10%	966
13	钢筋连接（接头）	组	同一施工条件下，同一批材料的同等级，同规格的500个接头为一批。	54000	180	10%	18	10%	18

×标监理平行检测计划

序号	工程项目	单位	抽样频率	数量	施工单位检测次数	监理平检频率	监理平检次数	监理跟踪检测频率	监理跟踪检测次数
1	水泥	t	同一厂家，同一强度等级为一批，但总量不得超过200t	10173	60	10%	6	10%	6
2	砂	t	同一生产地，同一规格，同一进场时间，每400m3或600t为一批。	12013	30	10%	3	10%	3
3	碎石	t	同一生产地，同一规格，同一进场时间，每400m3或600t为一批。	26730	50	10%	5	10%	5
4	外加剂	t	同厂家、同批号、同品种、同出厂日期，每50t为一批。	102	10	10%	1	10%	1
5	钢筋	t	同一牌号，同一炉号，同一规格，同一交货状态，不大于60t为一批。	1512	50	10%	5	10%	5
6	混凝土试块	组	每工作班不少于1组	22164m^3	240	3%	8	7%	17
7	压实度	点	每1000-5000m^2为一单位，每层3点。	172530m2	550	5%	28	10%	55
8	灌注桩超声波检测	根	逐根检测	34	34	20%	8	10%	4
9	锚杆拉拔力	根	每300根3根	31783根	350	10%	35	10%	35
10	焊缝超声波检测	道	10%	2200道	2200	10%	220	10%	220
11	焊缝射线检测	道	2%	2200道	44	10%	5	10%	5
12	钢管内外防腐检测	点	每节管4点	1054节	4400	10%	440	10%	440
13	钢筋连接（接头）	组	同一施工条件下，同一批材料的同等级，同规格的500个接头为一批。	43630根	300	10%	30	10%	30

参考文献

［1］韩新华．中小型水利工程防渗墙施工技术［M］．杭州：浙江大学出版社．2014.

［2］王殿武，汪玉君．中小型水利工程建设监理的理论与实践［M］．哈尔滨：东北林业大学出版社．2002.

［3］胡先林，等．中小型水利水电工程施工管理实务［M］．郑州：黄河水利出版社．2011.

［4］王伟灵编著．中小型水利工程质量监督实践与示例［M］．中国水利水电出版社．2019.

［5］胡庆辉，胡能永．中小型水利工程招标指南［M］．杭州：浙江大学出版社．2003.

［6］席志强等编著．中小型水利工程建设监理理论与实践［M］．银川：宁夏人民出版社．2005.

［7］陕西省水利电力设计研究院．中小型农田水利工程设计手册［M］．北京：中国水利水电出版社．2020.

［8］韩彩霞，李俊琴等著．中小型水利水电工程环境影响评价技术研究［M］．北京：中国水利水电出版社．2013.

［9］《中小型水闸除险加固研究与处理措施》编委会编著．水利工程设计与研究丛书 中小型水闸除险加固研究与处理措施［M］．水利水电出版社．2014.

［10］中华人民共和国水利部．中小型水利水电工程地质勘察规范［M］．北京：中国水利水电出版社．2005.

［11］中国水电顾问集团贵阳勘测设计研究院主编．中小型水利水电工程典型设计图集 挡水建筑物分册 土石坝［M］．水利水电出版社．2010.

［12］浙江省水利水电勘测设计院主编．中小型水利水电工程典型设计图集 水电站机电分册 水力机械［M］．水利水电出版社．2010.

［13］水利部农村电气化研究所主编．中小型水利水电工程典型设计图集 电气一次与电气二次［M］．北京：中国水利水电出版社．2008.

［14］中水淮河工程有限责任公司主编．中小型水利水电工程典型设计图集 泵站分册［M］．北京：中国水利水电出版社．2007.

［15］河海大学水利水电工程学院主编．中小型水利水电工程典型设计图集 水工闸门分册［M］．北京：中国水利水电出版社．2007.

［16］湖南省水利水电勘测设计研究总院主编．中小型水利水电工程典型设计图集 溢洪道与泄洪隧洞分册［M］．北京：中国水利水电出版社．2007.